前沿技术系列：人工智能

TensorFlow 2 高级自然语言处理实战
Advanced Natural Language Processing with TensorFlow 2

［美］Ashish Bansal　编著

吴晓梅　译

U0245598

北京航空航天大学出版社

图书在版编目(CIP)数据

TensorFlow 2 高级自然语言处理实战 /(美)阿希
什·班萨尔(Ashish Bansal)编著;吴晓梅译. -- 北
京:北京航空航天大学出版社,2025.1
书名原文:Advanced Natural Language Processing
with TensorFlow 2
ISBN 978 - 7 - 5124 - 4316 - 7

Ⅰ. ①T… Ⅱ. ①阿… ②吴… Ⅲ. ①自然语言处理
Ⅳ. ①TP391

中国国家版本馆 CIP 数据核字(2024)第 027633 号

TensorFlow 2 高级自然语言处理实战
Advanced Natural Language Processing with TensorFlow 2
[美] Ashish Bansal 编著
吴晓梅 译
策划编辑 董宜斌 责任编辑 刘晓明
*
北京航空航天大学出版社出版发行
北京市海淀区学院路 37 号(邮编 100191) http://www.buaapress.com.cn
发行部电话:(010)82317024 传真:(010)82328026
读者信箱:emsbook@buaacm.com.cn 邮购电话:(010)82316936
涿州市新华印刷有限公司印装 各地书店经销
*
开本:710×1 000 1/16 印张:18.5 字数:394 千字
2025 年 1 月第 1 版 2025 年 1 月第 1 次印刷
ISBN 978 - 7 - 5124 - 4316 - 7 定价:129.00 元

若本书有倒页、脱页、缺页等印装质量问题,请与本社发行部联系调换。联系电话:(010)82317024

序　言

随着 Transformer-based 和 attention-based 网络的脱颖而出,对于自然语言处理(Natural Language Processing,NLP)来说,2017 年无疑是可以称为分水岭的一年。过去几年里,NLP 发生的变革就像是 2012 年 AlexNet 对于计算机视觉的变革一般。自然语言处理取得了巨大的进步,正从实验室研究转向应用。

这些进步跨越了自然语言理解(Natural Language Understanding,NLU)、自然语言产生(Natural Language Generation,NLG)和自然语言交互(Natural Language Interaction,NLI)等众多领域。随着对所涉及的众多领域的大量研究,我们发现,想要理解自然语言处理这些激动人心的进步是一项艰巨的任务。

本书重点介绍 NLP、语言产生、对话系统领域的前沿应用,涵盖了通过令牌化(tokenization)、词性(POS)标记,以及使用流行库(如 Stanford NLP 和 spaCy)进行词形还原等技术预处理文本的概念。命名实体识别(Named Entity Recognition,NER)模型是根据双向长短时记忆网络(Bi-directional Long Short-Term Memory networks,BiILSTMs)、条件随机场(Conditional Random Fields,CRFs)以及维特比解码构建的。从实际且注重应用的角度来说,本书涵盖了诸如用于语句填空和文本总结的文本生成、通过生成图像标题以连接图像和文本的多模式网络,以及聊天机器人对话方面的管理等一众关键的新兴领域。除此以外,本书还详细介绍了自然语言处理取得最新进展背后最重要的原因之一——迁移学习和微调。未标记的文本数据很容易获得,但相对而言,标记这些数据的成本很高。而可以简化文本数据标记的实用技术,同样也可以在本书中找到。

学完本书后,我希望您能掌握可用于解决复杂自然语言处理问题的工具、技术和深度学习体系结构的先进知识。本书包含编码器–解码器网络、长短时记忆网络(Long Short-Term Memory networks,LSTMs)和 BiLSTMs、CRFs、BERT、GPT－2、GPT－3、Transformers,以及使用 TensorFlow 的其他关键技术。

用于构建高级模型的高级 TensorFlow 技术同样包含在本书之中:
- 构建自定义模型以及层数;
- 构建自定义损失函数;
- 实现学习率退火;
- 利用 tf.data 高效加载数据;
- 检查点模型实现较长的训练时间(通常数天)。

本书包含了适用于您自己的用例的工作代码。希望您在阅读本书过程中能够获得新的技能,甚至能利用这些技能去进行新的研究。

本书假定阅读者对深度学习的基础知识和自然语言处理的基本概念有所熟悉、了解。本书重点介绍高级应用程序和能够完成复杂任务的自然语言处理系统。所有类型的读者都可阅读本书,而其中可获得最大收获的读者包括:

- 熟悉基础的监督学习和深度学习技术的中级机器学习开发人员。
- 已经将 TensorFlow/Python 用于数据科学、ML、研究、分析等目的的专业人员。

本书内容:

第 1 章:自然语言处理的要点,介绍了令牌化(tokenization)、词干(stemming)、引理化(lemmatization)、词性标注(POS tagging)、矢量化(vectorization)等。将提供 spaCy、Stanford NLP 和 NLTK 等常见 NLP 库的概述及其关键功能和用例;同时还将为垃圾邮件构建一个简单的分类器。

第 2 章:通过 BiLSTMs 理解自然语言中的情感,涵盖了情感分析的 NLU 用例,并概述了现代非线性规划模型的基本构建块:递归神经网络(Recurrent Neural Networks,RNN)、LSTMs 和 BiLSTMs。我们还将通过 tf. data 以高效使用 CPUs 和 GPUs 来加速数据管道和模型训练数据的获取。

第 3 章:基于 BiLSTMs、CRFs 和维特比解码的命名实体识别(NER),重点阐述 NER 关键的 NLU 问题。NER 是任务导向型聊天机器人的基本组成部分。我们将为 CFRs 构建一个自定义层,以提高 NER 和维特比解码的准确性,这种做法通常用于深度模型以提高输出质量。

第 4 章:基于 BERT 的迁移学习,涵盖了现代深度自然语言处理中的一些重要概念,例如迁移学习(transfer learning)的类型、预训练嵌入(pre-trained embeddings)、Transformers 概述和 BERT,以及第 2 章介绍的情感分析任务中的应用改进。

第 5 章:利用 RNN 和 GPT - 2 生成文本,重点是使用基于自定义字符的 RNN 生成文本,并使用波束搜索(beam search)对其进行改进;同时,还将介绍 GPT - 2 架构,并初步接触 GPT - 3 架构。

第 6 章:基于 seq2seq Attention 和 Transformer Networks 的文本总结,这两个文本总结承担了具有挑战性的抽象文本总结任务。BERT 和 GPT 是全编解码模型的两部分。我们将它们放在一起,构建了一个 seq2seq 模型,用于通过为新闻文章生成标题来总结新闻文章;此外,还介绍了如何使用 ROUGE 度量来评估总结。

第 7 章:基于 ResNets 和 Transformer Networks 的多模式网络和图像字幕,结合计算机视觉和自然语言处理,看看一张图片是否值得深究。我们将从头开始构建一个自定义 Transformer 模型,并对其进行训练以生成图像标题。

第 8 章:基于 Snorkel 分类的弱监督学习,重点关注一个关键问题:标记数据。NLP 有很多未标记的数据,对这些数据进行标记是一项相当艰巨的任务。本章介绍了 Snorkel 库,并展示了如何快速标记大量数据。

第 9 章:通过深度学习构建 AI 对话应用程序,结合本书涵盖的各种技术,展示了如何构建不同类型的聊天机器人,如问答机器人或填词机器人。

第 10 章:代码的安装和设置说明,按照说明步骤安装和配置系统以运行随书提供的代码。

为充分利用本书,您需要:

- 了解深度学习模型和 TensorFlow 的基础知识。
- 强烈建议使用 GPU。本书中的模型,特别是后面章节中所出现的模型,往往相当庞大复杂,它们可能需要数小时或数天的时间在 CPU 上进行彻底训练。如果不使用 GPU,RNN 的训练速度将非常慢。您可以在 Google Colab 上访问免费的 GPU,第 1 章提供了相关说明。

使用规定:

CodeInText:表示文本中的代码、数据库表名、文件夹名、文件名、文件扩展名、路径名、虚拟 URL、用户输入和 Twitter 句柄。例如:在 num_capitals()函数中,对英文大写字母进行替换。

代码块设置如下:

```
en = snlp.Pipeline(lang = 'en')
  def word_counts(x, pipeline = en):
    doc = pipeline(x)
    count = sum([len(sentence.tokens) for sentence in doc.sentences])
    return count
```

任何命令行输入或输出如下所示:

```
!pip install gensim
```

粗体:表示一个新术语、一个重要单词或您在屏幕上看到的单词,例如会出现在在菜单或对话框中;也会出现在文本中,如下所示。例如:"Select **System info** from the **Administration** panel."

 Warnings or important notes appear like this.

 Tips and tricks appear like this.

目　　录

1

第 1 章
自然语言处理的要点

语言是人类进化的产物,其发展使得人与人、部落与部落之间能够更好地交流。随着书面语言从最初的洞穴绘画演变到后来的文字,其记载的信息得以不断提炼、储存并代代相传。甚至可以说,曲棍球棒曲线式的发展进步,同样是信息不断积累缓存的结果。而随着存储的信息量越来越大,对于能够处理和提取数据的计算方法的需求也越来越迫切。在过去的十年里,图像和语音识别领域取得了很多进展。而尽管自然语言处理(NLP)的计算方法已经有了几十年的研究,自然语言处理却是最近才有所进展的。处理文本数据需要许多不同的构建块,在此基础上可以构建高级模型。其中一些构建本身可能非常具有挑战性和先进性。本章和下一章将重点介绍如何通过简单模型构建这些块的问题。

在本章中,将重点介绍预处理文本的基础知识,并构建一个简单的垃圾邮件检测器。具体来说,我们将了解以下内容:

- 典型的文本处理工作流程;
- 数据的收集和标记;
- 文本规范化(text normalization),包括大小写规范化(case normalization)、文本令牌化(text tokenization)、词干分析(stemming)和词形还原(lemmatization);
- 对文本规范化后的数据集进行建模;
- 文本矢量化(vectorizing);
- 对文本矢量化的数据集进行建模。

让我们从掌握大多数自然语言处理模型所使用的文本处理流程开始。

1.1 典型的文本处理工作流程

要想理解如何处理文本,首先要理解自然语言处理的一般流程。图 1.1 介绍了

1

其基本步骤。

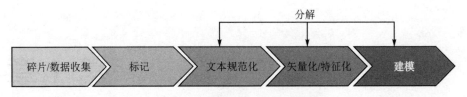

图 1.1　文本处理流程的基本步骤

图 1.1 所示流程中的前两个步骤涉及收集与标记数据。监督模型和半监督模型都需要数据来操作。下一步通常是对数据进行规范化和特征化,因为模型很难按原样处理文本数据。同时,给定的文本中有许多隐藏的结构需要进行处理并公开,这也是规范化和特征化这两个步骤重点处理的地方。最后一步是用处理后输入的数据建立模型。虽然自然语言处理有一些独特的模型,但本章将仅使用简单的深度神经网络,并更多地关注有关规范化和矢量化/特征化的内容。虽然图表可能给人以最后三个阶段是线性关系的印象,但通常来说,最后三个阶段往往在一个循环中运行。在行业中,附加功能需要投入更多的精力进行开发工作并投入更多的资源来保持运行。因此,功能增加价值是很重要的。采用这种方法,我们将使用一个简单的模型来验证不同的规范化/矢量化/特征化步骤。现在,让我们详细了解每个阶段。

1.2　数据的收集与标记

任何机器学习(ML)项目的第一步都是获取数据集。幸运的是,在文本域中,可以找到大量数据。通常的方法是使用诸如 Scrapy 或 Beautiful Soup 之类的库从Web 上搜集数据。然而,这些数据通常是未标记的,尽管其非常有用,但不能直接用于监督模型。利用迁移学习可以将语言模型按照无监督或半监督方法进行训练,并且进一步可以与特定于当前任务的小训练数据集一起使用。对于研究使用 BERT嵌入的迁移学习,我们将在第 3 章"基于 BiLSTMs、CRFs 和维特比解码的命名实体识别"中进行更加深入的介绍。

在标记步骤中,应使用正确的类别对来自数据收集步骤的文本数据进行标记。让我们举几个例子。如果任务是为电子邮件构建垃圾邮件分类器,那么前一步(收集步骤)将涉及收集大量电子邮件,而此标记步骤将在每封电子邮件上附加垃圾邮件或非垃圾邮件的标签。另一个例子是推特上的情感检测。数据收集步骤将涉及收集大量的推文,而标记步骤则将为每条推文添加标签作为基本事实。一个更复杂的例子是收集新闻文章,其中标签是对文章的总结。这种情况的另一个例子是电子邮件自动回复功能。像垃圾邮件案例一样,需要收集大量带有回复的电子邮件。在这种情况下,标签将是近似于回复的短文本。如果你在一个没有太多公共数据的特定领域工作,那么恐怕你需要自己完成这些步骤。

鉴于文本数据通常都可获取使用(医疗健康等特定领域除外),标记反而常常是最大的挑战。标记数据可能需要耗费大量时间或是耗费大量资源。最近有很多人关注使用半监督方法来标记数据。对于研究使用 Snorkel 进行分类的弱监督学习,我们将在第 7 章中介绍一些使用半监督方法和 Snorkel 库进行大规模标记数据的方法,即使用 ResNets 和 Transformer 的多模网络和图像字幕。

网络上有许多常用的数据集可用于训练模型。利用转移学习,这些通用数据集可用于初始化 ML 模型,然后您可以使用少量特定领域数据来优化模型。充分利用这些公开可用的数据将带给我们如下优势:首先,已经完成了所有数据的收集;其次,所有收集的数据都已经做了标记;最后,使用这样的数据集可以将结果与现有技术进行比较,大多数论文在其研究领域都会使用特定的数据集并发布相关基准。例如,斯坦福问答数据集(简称 SQuAD)经常被用作问答模型的基准。这也是一个很好的训练来源。

1.2.1　收集标记的数据

在本书中,我们将使用公开可用的数据集,相应的数据集将在其各自的章节中列出,并附有下载说明。为了在电子邮件数据集的基础上构建垃圾邮件检测系统,我们将使用加州大学欧文分校提供的 SMS 垃圾邮件收集数据集。可以使用下面提示框中的说明下载此数据集。

每条短信都被标记为"SPAM"或"HAM",后者表示它不是垃圾邮件。

 加州大学欧文分校是机器学习数据集的重要来源。您可以通过访问 http://archive.ics.uci.edu/ml/datasets.php. 来查看他们提供的所有数据集。特别是对于 NLP 来说,您可以在 https://github.com/niderhoff/nlp-datasets 上面看到一些公开可用的数据集。

开始处理数据前需要设置开发环境。让我们先花点时间来设置开发环境。

开发环境设置

在本章中,我们将使用 Google Colaboratory(简称 Colab)来编写代码。你可以使用已有的谷歌账号,或者注册一个新账号。Google Colab 可以免费使用,没有配置要求,同时还提供对 GPU 的访问。此外,其用户界面与 Jupyter 笔记本非常相似,因此使用时应该会感到很熟悉。开始时,请使用受支持的 Web 浏览器先导航到 colab.research.google.com。此时应出现类似于图 1.2 所示屏幕截图的网页。

下一步是创建一个新笔记本,有两种选择。第一种选择是在 Colab 中创建一个新笔记本,并输入本章中的代码。第二种则是将笔记本从本地驱动器上传到 Colab。此外,还可以将笔记本从 GitHub 拉入 Colab,Colab 网站上详细介绍了这一过程。为了达到本章预期的目标,我们提供了一个名为 SMS_Spam_ Detection.ipynb 的完整笔记本,可在本书 GitHub 存储库中的 chapter1-nlp-essentials 文件夹中找到。请

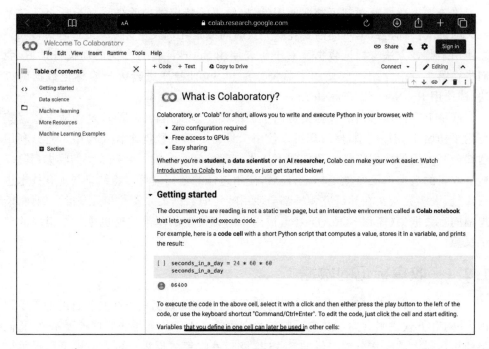

图 1.2　Google Colab 网站

点击文件|上传笔记本，将此笔记本上传到 Google Colab。本笔记本的特定章节将在本章提示框中的适当位置提及。主要说明中包含从头开始创建笔记本的说明。

单击左上角的"文件"菜单选项，然后单击"新建笔记本"。新的笔记本将在新的浏览器选项卡中打开。单击左上角"文件"菜单选项上方的笔记本名称，将其编辑为"SMS_Spam_Detection"。现在开发环境已经建立，是时候开始加载数据了。

首先，让我们编辑笔记本的第一行并导入 TensorFlow 2。在第一个单元格中输入以下代码并执行：

```
% tensorflow_version 2.x
import tensorflow as tf
import os
import io


tf.__version__
```

运行此单元格的输出应如下所示：

```
TensorFlow 2.x is selected.
'2.4.0'
```

这证实已加载 TensorFlow 库的 2.4.0 版本。前面代码块中突出显示的那行是 Google Colab 的一个神奇命令，指示它使用 TensorFlow 2＋版本。下一步是下载数据文件并解压缩到云上 Colab 笔记本中的某个位置。

　　　　　加载数据的代码位于笔记本"下载数据"部分。请特别注意,在撰写本文时,TensorFlow 的发布版本是 2.4。

可通过以下代码完成:

```
# Download the zip file
path_to_zip = tf.keras.utils.get_file("smsspamcollection.zip",
origin = "https://archive.ics.uci.edu/ml/machine - learning
databases/00228/smsspamcollection.zip",
                extract = True)

# Unzip the file into a folder
!unzip $ path_to_zip - d data
```

若输出以下内容则可确定已下载并提取数据:

Archive: /root/.keras/datasets/smsspamcollection.zip
inflating: data/SMSSpamCollection
inflating: data/readme

读取数据文件很简单:

```
# Let's see if we read the data correctly
lines = io.open('data/SMSSpamCollection').read().strip().split('\n')
lines[0]
```

最后一行代码显示了数据的样本行:

```
'ham\tGo until jurong point, crazy.. Available only in bugis n great
world'
```

此示例被标记为非垃圾邮件。下一步是将每行拆分为两列,一列包含了消息文本,另一列则作为标签。在分离这些标签时,需要将标签转换为数值以便进行分离。鉴于我们此处重点挑出的是垃圾邮件,因此可以将垃圾邮件的标签指定为值 1,合法消息则指定为值 0。

　　　　　此部分的代码位于笔记本的预处理数据部分。

请注意,为了清晰起见,以下代码非常详细:
现在,管道中的数据集已准备完毕,等待进一步处理。此时不妨先看看如何在 Google Colab 中配置 GPU 访问。

```
spam_dataset = []
for line in lines:
    label, text = line.split('\t')
    if label.strip() == 'spam':
        spam_dataset.append((1, text.strip()))
    else:
        spam_dataset.append(((0, text.strip())))
print(spam_dataset[0])
```

(0, 'Go until jurong point, crazy.. Available only in bugis n great world la e buffet... Cine there got amore wat...')

1.2.2　在 Google Colab 上启用 GPU

使用 Google Colab 的优点之一是在解决一些较小的任务时可以免费访问 GPU。GPU 对 NLP 模型的训练时间有很大的影响,尤其是在使用递归神经网络(RNN)时。启用 GPU 访问的第一步是启动"运行时",这可以通过在笔记本中执行命令来完成。然后,单击 Runtime 菜单选项并选择 Change Runtime 选项,如图 1.3 所示。

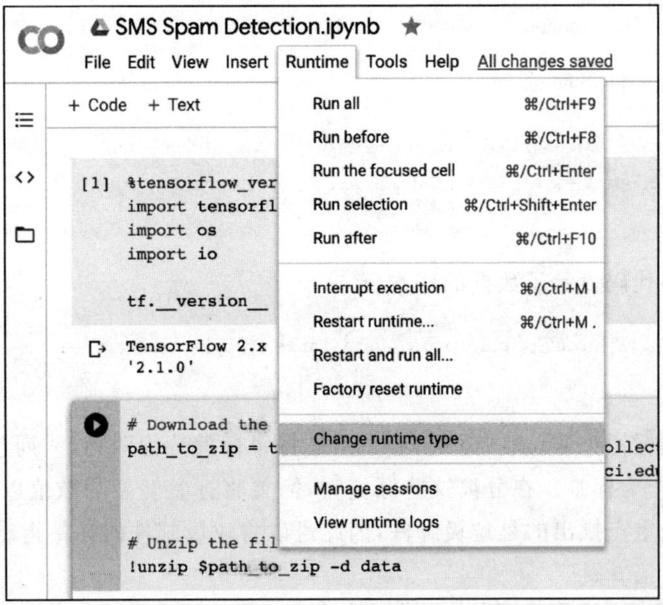

图 1.3　Colab 运行时设置菜单选项

接下来,将显示一个对话框,如图 1.4 所示。展开 Hardware Accelerator 选项并选择 GPU。

现在,您应该可以访问 Colab 笔记本中的 GPU 了。在 NLP 模型中,特别是在使用 RNN 时,GPU 可以节省大量的训练时间。

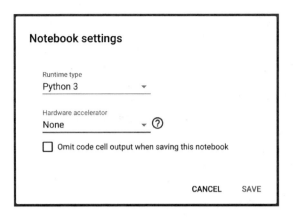

图 1.4　在 Colab 上启用 GPU

现在，让我们把注意力放回到已加载完成并准备好在模型中进一步处理的数据上。

1.3　文本规范化

文本规范化是一个预处理步骤，旨在提高文本质量并使其便于机器处理。其四个主要步骤是：大小写规范化、令牌化（tokenization）和停止词删除、词性标记以及词干提取。大小写规范化适用于使用大小写字母的语言。

所有基于拉丁字母或西里尔字母的语言（如俄语、蒙古语等）都使用大写和小写字母。其他如希腊语、亚美尼亚语、切罗基语和科普特语则有时会使用这种大小写语言。在大小写规范化中，所有字母都转换为相同的大小写，这在语义用例中非常有用。然而，在其他情况下，规范大小写反而可能会阻碍性能。以筛选垃圾邮件为例，与处理前常规邮件相比，垃圾邮件统一大小写后可能包含更多的单词。

另一个常见的文本规范化的步骤是删除文本中的标点符号。与大小写规范化相同，其便利性应视正在处理的任务而定。多数情况下，这一处理应该会起到利于任务的作用。然而，在某些情况下，例如在垃圾邮件模型或语法模型中，这一处理可能反而会影响运行性能。对于垃圾邮件模型来说，在处理中可能反而使用更多的感叹号之类的标点符号，以起到强调的作用。

　　　这部分的代码在笔记本的数据规范化部分。

首先我们需要构建一个具有三个简单特征的基线模型：
- 消息中的字符数；
- 消息中的大写字母数；
- 消息中标点符号数。

为此,我们首先将数据转化为 pandas DataFrame(数据帧):

```
import pandas as pd
df = pd.DataFrame(spam_dataset, columns = ['Spam', 'Message'])
```

然后需要构建一些可以计算消息的长度以及大写字母和标点符号数量的简单函数。而 Python 的正则表达式包 re 将用于实现以下功能:

```
import re
def message_length(x):
  # returns total number of characters
  return len(x)


def num_capitals(x):
  _, count = re.subn(r'[A-Z]', '', x) # only works in english
  return count
def num_punctuation(x):
  _, count = re.subn(r'\W', '', x)
  return count
```

利用 num_capitals()函数对英文大写字母进行替换。count 函数则可以用来计算替换后大写字母的数量。同样的方法也用于计算标点符号的数量。请注意,此处计算大写字母的方法仅适用于英语一种语言。

向 DataFrame 中添加额外的特征集,然后将该集拆分为测试集和训练集:

```
df['Capitals'] = df['Message'].apply(num_capitals)
df['Punctuation'] = df['Message'].apply(num_punctuation)
df['Length'] = df['Message'].apply(message_length)
df.describe()
```

操作完成后应该输出如图 1.5 所示的内容。

以下代码可用于将数据集拆分为训练集和测试集,其中 80% 的数据将记录在训练集中,其余的则记录在测试集中。此外,训练集和测试集中数据的标签也将被移除。

```
train = df.sample(frac = 0.8, random_state = 42)
test = df.drop(train.index)


x_train = train[['Length', 'Capitals', 'Punctuation']]
y_train = train[['Spam']]


x_test = test[['Length', 'Capitals', 'Punctuation']]
y_test = test[['Spam']]
```

	Spam	Capitals	Punctuation	Length
count	5574.000000	5574.000000	5574.000000	5574.000000
mean	0.134015	5.621636	18.942591	80.443488
std	0.340699	11.683233	14.825994	59.841746
min	0.000000	0.000000	0.000000	2.000000
25%	0.000000	1.000000	8.000000	36.000000
50%	0.000000	2.000000	15.000000	61.000000
75%	0.000000	4.000000	27.000000	122.000000
max	1.000000	129.000000	253.000000	910.000000

图 1.5　初版垃圾邮件模型的基础数据集

之后我们将构建一个简单的分类器来使用这些数据。

1.3.1　对规范化后的数据进行建模

建模是文本管道处理的最后一步。鉴于本章重在展示不同的 NLP 数据处理技术而不是展现建模的过程，我们将使用一个非常见的模型。此处我们将探究在原有基础上添加三种简单特征是否会对垃圾邮件的分类起到积极作用。每添加一个特征，我们都会通过相同的模型对其进行一次传递，以观察该特征化是有助于增加分类的准确性还是会降低分类的准确性。

 工作簿的"模型构建"部分的代码如本小节所示。

此处定义一个允许使用不同数量的输入和隐藏单元来构建模型的函数：

```
# Basic 1-Layer neural network model for evaluation
def make_model(input_dims = 3, num_units = 12):
    model = tf.keras.Sequential()

    # Adds a densely-connected Layer with 12 units to the model:
    model.add(tf.keras.layers.Dense(num_units,
                                    input_dim = input_dims,
                                    activation = 'relu'))
    # Add a sigmoid Layer with a binary output unit:
    model.add(tf.keras.layers.Dense(1, activation = 'sigmoid'))

    model.compile(loss = 'binary_crossentropy', optimizer = 'adam',
                  metrics = ['accuracy'])
    return model
```

9

该模型使用二进制交叉熵计算损失,使用 Adam 优化器进行训练。鉴于这是一个二进制分类问题,关键指标是准确性。虽然此处只传递了三个特性,但作为传递给函数的默认参数也已足够了。

如下所示,我们可仅使用三种特征来训练我们的简单基线模型:

```
model = make_model()
model.fit(x_train, y_train, epochs = 10, batch_size = 10)
```

```
Train on 4459 samples
Epoch 1/10
4459/4459 [==============================] – 1s 281us/sample – loss:
0.6062 – accuracy: 0.8141
Epoch 2/10
...
Epoch 10/10
4459/4459 [==============================] – 1s 145us/sample – loss:
0.1976 – accuracy: 0.9305
```

可以看到,三个简单特征可以帮助我们达到 93% 的准确率。快速检查表明,在总共 4 459 封垃圾邮件中,测试集中有 592 封垃圾邮件。因此,与猜测所有邮件全都是非垃圾邮件的极简模型相比,这个模型可谓相当成功。经实际测试后发现,该模型的准确率为 87%,与上述 93% 相比虽有差异,但这种差异在数据类别严重不平衡的分类问题中相当常见。该模型在训练集上评估的结果显示,其准确率约为 93.4%。

```
model.evaluate(x_test, y_test)
```

```
1115/1115 [==============================] – 0s 94us/sample – loss:
0.1949 – accuracy: 0.9336
[0.19485870356516988, 0.9336323]
```

请注意,由于数据分割和计算的不规则性,您看到的实际性能可能略有不同。可以通过绘制混淆矩阵(见表 1.1)来进行快速验证,以查看性能。

```
y_train_pred = model.predict_classes(x_train)
# confusion matrix
tf.math.confusion_matrix(tf.constant(y_train.Spam),
                                    y_train_pred)
< tf.Tensor: shape = (2, 2), dtype = int32, numpy =
array([[3771, 96],
    [186, 406]], dtype = int32) >
```

表 1.1　混淆矩阵

类　别	预测非垃圾邮件	预测垃圾邮件
实际非垃圾邮件	3 771	96
实际垃圾邮件	186	406

结果显示,3 867 封常规邮件中有 3 771 封得以正确分类,而 592 封垃圾邮件中则有 406 封得以正确分类。当然,您可能会得到稍微不同的结果。

如果要测试每一特征在这一模型中的具体价值,可以在删除其中一个特征(例如标点符号或一些大写字母)后重新运行模型,以了解它们对模型的贡献。这是留给读者的练习。

1.3.2 令牌化

在该步骤中,我们需要获取一段文本并将其转换成一系列的记号。举例来说,如果输入一个句子,那么将其中的单词分离就是令牌化(tokenization)的一种。根据模型的不同,可以选择不同的粒度。粒度级别最低时,每个字符都可以成为一个标记。而在某些情况下,段落的整个句子也可以被视为一个令牌,如图 1.6 所示。

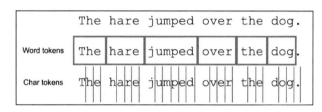

图 1.6 句子令牌化

图 1.6 显示了两种句子令牌化的方式。其中一种方式是将句子分隔成一个个的单词。另一种方法则是将句子切分成一个个的字符。然而,这种方法在遇到诸如汉语和日语之类的语言时,可能会变得相当复杂。

1.3.2.1 日语中的分段

许多语言都会使用单词分隔符(空格)来分隔单词,极大简化了单词的标记任务。然而,像是汉语和日语等语言,其句子中的单词之间并不会使用任何标记或分隔符。而在这些语言中,该任务称为分段。

以日语为例,日语主要使用三种不同类型的字符:平假名、汉字和片假名。汉字是由中国汉字改编而来的,与汉语相似,数目有数千。平假名用于语法元素和日语本族语,而片假名则主要用于外来词和名字。视前文内容而定,句子中的每个字可能是现有词语的一部分或新词的开头,这种组合的不确定性以及复合词的复杂性使日语成为世界上最复杂的语言之一。以复合词"选举管理委员会"(Election Administration Committee)为例:

选举管理委员会

除了将整个短语视为一个单词进行标记外,该短语还有另外两种不同的标记方式。以下是其令牌化示例(来自 Sudachi 库):

选举/管理/委员会(Election/Administration/Committee);

选举/管理/委员/会（Election/Administration/Committee/Meeting）。

常见的用于日语分割或令牌化的库有 MeCab、Juman、Sudachi 和 Kuromoji。MeCab 用于 Hugging Face、spaCy 和其他库中。

 本小节中显示的代码位于笔记本的令牌化和停止字删除部分。

然而大多数语言并没有日语那么复杂，往往会添加空格以分隔单词。在 Python 中，按空格分割划分标记十分简单。举例来说：

```
Sentence = 'Go until Jurong point, crazy.. Available only in bugis n
great world'
sentence.split()
```

该分割操作的输出如下所示：

```
['Go',
'until',
'jurong',
'point,',
'crazy..',
'Available',
'only',
'in',
'bugis',
'n',
'great',
'world']
```

上面输出中突出显示的两行表明，如果单单使用 Python 中自带的方法简单进行分割的话，将无法处理语句中包含的标点符号的问题。因此，这一步是利用像 StanfordNLP 这样的库来完成的。其安装包可以在 Colab 笔记本中利用 pip 进行安装：

```
!pip install stanfordnlp
```

StanfordNLP 软件需要在引擎盖以及许多其他软件包下使用 PyTorch。因此安装时会一并安装所需的依赖项。默认情况下，安装的软件包中并不包含语言文件，必须自行下载。代码如下所示：

```
Import stanfordnlp as snlp
en = snlp.download('en')
```

其英文文件大小约为 235 MB。此处会显示一条提示，如图 1.7 所示，让您确认下载内容和存储位置。

```
Using the default treebank "en_ewt" for language "en".
Would you like to download the models for: en_ewt now? (Y/n)
Y
```

图 1.7　下载英文模型的提示

　　Google Colab 在不工作状态下会回收运行时。也就是说,如果您在不同的时间执行书中的命令,您可能需要从头开始重新执行每个命令,包括下载和处理数据集、下载 StanfordNLP 英语文件等。本地笔记本服务器通常会保持运行时的状态,但处理能力可能有限。对于本章中的简单示例,使用 Google Colab 是一个不错的解决方案;而对于本书后面那些训练起来可能会运行数小时或数天的更高级的示例,最好是使用本地运行时或在云虚拟机(VM)上的运行时。

　　该软件包提供了现成的令牌化、词性标记和词形还原功能。为了解其工作原理,不妨从令牌化开始,实例化一个管道并对示例文本进行标记:

```
en = snlp.Pipeline(lang = 'en', processors = 'tokenize')
```

　　lang 参数用于指示时需要使用英制管道。第二个参数 processors 表示管道中所需的处理类型。该库还可以在管道中执行以下处理步骤:

- pos,用 pos 令牌标记每个令牌。下一小节提供了有关 POS 标签的更多详细信息。
- lemma,可以转换动词的形式,比如把所有动词转换为一般形式。这部分知识将在本章后面的词干和引理化部分进行详细介绍。
- depparse,用来分析句子中单词之间的依存关系。考虑下面这个句子:"Hari went to school."(哈里去上学了)。这句话中,Hari 被 POS-tagger 标记为名词,并成为单词 go 的管理者。单词 school 则作为动词的宾语依赖于单词 go。

剩下的只有对文本进行令牌化,因此只使用标记器即可:

```
tokenized = en(sentence)
len(tokenized.sentences)
```

2

　　这表明标记器正确地将文本分为两句。如果想要查明删除了哪些单词,可以使用以下代码:

```
for snt in tokenized.sentences:
    for word in snt.tokens:
```

```
        print(word.text)
    print(" <End of Sentence> ")
```

```
Go
until
jurong
point
,
crazy
..
<End of Sentence>
Available
only
in
bugis
n
great
world
<End of Sentence>
```

注意输出中突出显示的地方,可以看见标点符号被从其连着的单词中单独分离出来。文本被分成多个句子。这是对仅使用空间分割的改进。在某些应用中,可能需要删除标点符号。这将在下一小节中介绍。

再回过头看前面的日语示例,如果要查看 StanfordNLP 在日语令牌化方面的性能,可以使用以下代码:

```
jp = snlp.download('ja')
```

第一步是下载日语模型,类似于之前下载并安装英语模型。然后是实例化日语管道,并处理文字。

鉴于日文文本是"选举管理委员会",那么正确的令牌化应该会产生三个词,其中前两个词应分别有两个字符,最后一个词为三个字符:

```
for snt in jp_line.sentences:
    for word in snt.tokens:
        print(word.text)
```

```
选举
管理
委员会
```

结果与预期相符。StanfordNLP 支持 53 种语言,因此相同的代码可以用于标记支持的任何语言。

回到垃圾邮件检测的示例。我们可以使用上述的令牌化功能实现一个新功能：统计消息中的字数。

 此字数统计功能在笔记本的"添加字数统计"功能部分中实现。

鉴于垃圾邮件可能与普通邮件存在字数上的差异，因此首先应定义一种计算字数的方法：

```
en = snlp.Pipeline(lang = 'en')
def word_counts(x, pipeline = en)：
    doc = pipeline(x)
    count = sum([len(sentence.tokens) for sentence in doc.sentences])
    return count
```

接下来，使用训练和测试拆分，并在字数统计特征中添加一列：

```
train['Words'] = train['Message'].apply(word_counts)
test['Words'] = test['Message'].apply(word_counts)

x_train = train[['Length', 'Punctuation', 'Capitals', 'Words']]
y_train = train[['Spam']]

x_test = test[['Length', 'Punctuation', 'Capitals', 'Words']]
y_test = test[['Spam']]

model = make_model(input_dims = 4)
```

上述代码块中，最后一行创建了一个具有四个输入特征的新模型。

 PyTorch 警告

当您在 StanfordNLP 库中执行函数时，您可能会看到如下警告：

/pytorch/aten/src/ATen/native/LegacyDefinitions.

cpp：19：UserWarning：masked_fill_ received a mask with dtype torch.uint8，this behavior is now deprecated，please use a mask with dtype torch.bool instead.

在内部，StanfordNLP 使用 PyTorch 库。此警告是由于 Stanford-NLP 使用了现已弃用的旧版本函数。从各种目的考虑，可以忽略此警告。预计 StanfordNLP 的维护人员将更新其代码。

1.3.2.2 令牌化数据建模

该模型可以按照下示方法训练：

```
model.fit(x_train, y_train, epochs = 10, batch_size = 10)
Train on 4459 samples
Epoch 1/10
4459/4459 [==============================] - 1s 202us/sample - loss:
2.4261 - accuracy: 0.6961
...
Epoch 10/10
4459/4459 [==============================] - 1s 142us/sample - loss:
0.2061 - accuracy: 0.9312
```

可以发现，准确性只略有提高。一个可能的假设是，单词的数量对于准确性并没有用处。如果垃圾邮件的平均字数少于或多于普通邮件，那么这将非常有用。使用 pandas 可以快速验证这一点：

```
train.loc[train.Spam == 1].describe()
```

图 1.8 所示为垃圾邮件功能的统计信息。

	Spam	Capitals	Punctuation	Length	Words
count	592.0	592.000000	592.000000	592.000000	592.000000
mean	1.0	15.320946	29.086149	138.856419	29.511824
std	0.0	11.635105	7.083572	28.079980	7.474256
min	1.0	0.000000	2.000000	13.000000	3.000000
25%	1.0	7.000000	26.000000	132.000000	26.000000
50%	1.0	14.000000	30.000000	149.000000	30.000000
75%	1.0	21.000000	34.000000	157.000000	35.000000
max	1.0	128.000000	49.000000	197.000000	49.000000

图 1.8 垃圾邮件功能的统计信息

将上述结果与常规消息的统计数据进行比较：

```
train.loc[train.Spam == 0].describe()
```

图 1.9 所示为常规消息功能的统计信息。

通过对比两信息表中的数据，我们可以看到一些有趣的现象。首先，平均值一栏，通常垃圾邮件的偏差要小得多。而看 Capitals 一栏可以发现，普通邮件使用的大写字母数目远少于垃圾邮件。以第 75 个百分位为例，普通邮件中有 3 个大写字母，而垃圾邮件中则有 21 个大写字母。平均来看，普通邮件有 4 个大写字母，而垃圾邮

	Spam	Capitals	Punctuation	Length	Words
count	3867.0	3867.000000	3867.000000	3867.000000	3867.000000
mean	0.0	4.018878	17.325058	71.354538	17.344194
std	0.0	10.599291	14.826644	57.755351	13.811278
min	0.0	0.000000	0.000000	2.000000	1.000000
25%	0.0	1.000000	8.000000	33.000000	8.000000
50%	0.0	2.000000	13.000000	53.000000	13.000000
75%	0.0	3.000000	23.000000	92.000000	22.000000
max	0.0	129.000000	253.000000	910.000000	209.000000

图 1.9　常规消息功能的统计信息

件有 15 个。这种变化在字数类别中不太明显;普通邮件平均有 17 个单词,而垃圾邮件则有 29 个;在第 75 个百分位,普通邮件通常有 22 个单词,而垃圾邮件则有 35 个。通过快速检查可以发现添加单词特点的作用并不大。然而,此处应该将另几件事一同考虑进来。

首先,令牌化模型会将标点符号拆分成单词,而在理想情况下,这些由标点符号转化来的单词应该从计数中删除,以避免误差,毕竟在标点符号功能中显示垃圾邮件使用了更多标点符号。这将在词性标注(Parts-of-speech tagging)部分中介绍。其次,语言中有一些通常被排除在外的常用词。这称为停止词删除(stop word removal),这是下一小节的重点。

1.3.3　停止词删除

停止词删除(stop word removal)是指删除包括如冠词(the、an)和连词(and、but)等在内的常用词。在进行信息检索或搜索时,这些词无助于识别和查询与内容匹配的文档或网页。举例来说,查询"Where is Google based?"(谷歌的总部在哪里?)时,搜索内容中的 is 是一个停止词,无论是否包含 is,查询都会产生类似的结果。要确定停止词,一种简单的方法是使用语法线索(grammar clues)。

在英语中,冠词和连词通常是可以删除的单词类别。确定单词是否可以删除的一种更稳健的方法是考虑该词汇在语料库、文档集或文本中出现的频率,把出现最频繁的词列为停止词的候选词。建议手动查看此列表。在某些情况下,一个单词可能在文档集合中出现的频率相当高,但仍有其存在的意义。如果集合中的所有文档都属于特定领域或有着特定的主题,便可能发生这种情况。以与美联储相关的系列文件为例,在这一系列相关文件中,"经济"一词可能出现得相当频繁,然而,它不太可能作为停止词被删除。

在某些情况下,停止词实际上可能包含信息。这可能适用于短语。考虑短语

"flights to Paris(飞往巴黎的航班)"。在这种情况下，to 提供了有价值的信息，删除它可能会改变语段的含义。

回忆一下文本处理工作的各个步骤。文本规范化(text normalization)之后的是文本矢量化(text vectorization)。这一步将在本章的矢量化文本(vectorization text)部分中详细讨论，而矢量化的关键步骤是构建一个包含所有标记(token)的词汇表或字典。该词汇表的大小可以通过删除停止词来减少。在训练和评估模型时，删除停止词可以减少需要执行的计算步骤。因此，删除停止词对于计算速度和存储空间来说有着诸多益处。随着编码方案和计算方法发展得越来越高效，自然语言处理(NLP)的现代进展见证了停止词列表的不断简化。让我们试着看看停止词对垃圾邮件问题的影响，以便对其价值及作用有一个直观的感受。

许多 NLP 软件包都会提供停止词列表。文本令牌化后，可以从文本中删除这些内容。之前的步骤中，令牌化是通过 StanfordNLP 库完成的，但该库中并没有停止词列表。NLTK 和 spaCy 为一组语言提供了停止词。对于这个例子，我们将使用一个名为 stopwordsiso 的开源软件包。

 笔记本的 Stop Word Removal 部分包含此部分的代码。

该 Python 包从位于 https://github.com/stopwords-iso/stopwords-iso. 的 stopwords-iso GitHub 项目中获取停止词列表，该软件包提供了 57 种语言的停止词。第一步是安装提供停止词列表访问的 Python 包。

以下命令将通过笔记本安装软件包：

```
!pip install stopwordsiso
```

可以使用以下命令检查支持的语言：

```
import stopwordsiso as stopwords
stopwords.langs()
```

还可以检查英语中的停止词，了解其中的一些词：

```
sorted(stopwords.stopwords('en'))
```

```
["'ll",
 "'tis",
 "'twas",
 "'ve",
 '10',
 '39',
 'a',
 "a's",
```

```
'able',
'ableabout',
'about',
'above',
'abroad',
'abst',
'accordance',
'according',
'accordingly',
'across',
'act',
'actually',
'ad',
'added',
...
```

鉴于前面的 word_counts()方法已经实现了令牌化,可以通过更新该方法的实现方式,使其包括删除停止词的功能。然而,可以发现,所有的停止词都是小写的。在前面有关大小写规范化(Case normalization)的讨论中,我们发现大写字母个数是检测垃圾邮件的有用特征。在这种情况下,需要将令牌转换为小写以将其有效删除:

```
en_sw = stopwords.stopwords('en')

def word_counts(x, pipeline = en):
    doc = pipeline(x)
    count = 0
    for sentence in doc.sentences:
        for token in sentence.tokens:
            if token.text.lower() not in en_sw:
                count += 1
    return count
```

使用停止词删除后,会出现诸如"When are you going to ride your bike?"(你打算什么时候骑自行车)一句话仅计 3 个单词的情况。当我们查看这是否对字长统计数据产生了任何影响时,出现了如图 1.10 所示的结果。

与删除停止词之前的数据相比,平均单词数已从 29 个减少到 18 个,几乎减少了 30%。第 25 百分位从 26 变为 14,最大值也从 49 减至 33。

而其对常规消息的影响则更为显著,如图 1.11 所示。

将这些统计数据与删除停止词之前的数据进行比较,平均单词数减少了一半以上,接近 8 个。最大单词数也从 209 个减少到 147 个。常规消息的标准偏差与其平均值大致相同,表明常规消息中的单词数变化很大。现在,让我们看看这是否有助于

	Spam	Capitals	Punctuation	Length	Words
count	592.0	592.000000	592.000000	592.000000	592.000000
mean	1.0	15.320946	29.086149	138.856419	18.464527
std	0.0	11.635105	7.083572	28.079980	6.100852
min	1.0	0.000000	2.000000	13.000000	2.000000
25%	1.0	7.000000	26.000000	132.000000	14.000000
50%	1.0	14.000000	30.000000	149.000000	19.000000
75%	1.0	21.000000	34.000000	157.000000	23.000000
max	1.0	128.000000	49.000000	197.000000	33.000000

图 1.10　删除停止词后的垃圾邮件字数

	Spam	Capitals	Punctuation	Length	Words
count	3867.0	3867.000000	3867.000000	3867.000000	3867.000000
mean	0.0	4.018878	17.325058	71.354538	7.911042
std	0.0	10.599291	14.826644	57.755351	7.326390
min	0.0	0.000000	0.000000	2.000000	0.000000
25%	0.0	1.000000	8.000000	33.000000	4.000000
50%	0.0	2.000000	13.000000	53.000000	6.000000
75%	0.0	3.000000	23.000000	92.000000	10.000000
max	0.0	129.000000	253.000000	910.000000	147.000000

图 1.11　删除停止词后常规消息的单词数

训练模型并提高其准确性。

删除停止词后的数据建模

现在编码了不带停止词的特征,可以将其添加到模型中以查看其影响:

```
train['Words'] = train['Message'].apply(word_counts)
test['Words'] = test['Message'].apply(word_counts)


x_train = train[['Length', 'Punctuation', 'Capitals', 'Words']]
y_train = train[['Spam']]


x_test = test[['Length', 'Punctuation', 'Capitals', 'Words']]
y_test = test[['Spam']]


model = make_model(input_dims = 4)
```

```
model.fit(x_train, y_train, epochs = 10, batch_size = 10)
```

Epoch 1/10

4459/4459 [=============================] － 2s 361us/sample － loss：

0.5186 － accuracy：0.8652

Epoch 2/10

...

Epoch 9/10

4459/4459 [=============================] － 2s 355us/sample － loss：

0.1790 － accuracy：0.9417

Epoch 10/10

4459/4459 [=============================] － 2s 361us/sample － loss：

0.1802 － accuracy：0.9421

可以看出精度比先前模型略有改进：

```
model.evaluate(x_test, y_test)
```

1115/1115 [=============================] － 0s 74us/sample － loss：

0.1954 － accuracy：0.9372

[0.19537461110027382，0.93721974]

在自然语言处理中,停止词删除曾经是标准做法。在更现代的应用程序中,删除停止词实际上可能会在某些用例中阻碍性能,而不是起到帮助作用,因此不删除停止词越来越普遍。删除停止词的利弊应视正在进行的任务而定。

请注意,StanfordNLP 会将"can't"等词分隔为"ca"和"n't"。这代表了简短形式扩展到其组成部分:can 和 not。这些缩略词可能出现在停止词列表中,也可能不出现。如何完善停止词检测器的性能则交由各位读者完成。

StanfordNLP 使用具有双向长短时记忆(Bi-directional Long Short-Term Memory)(BiLSTM)单元的监督 RNN。该架构使用词汇表并通过词汇表的矢量化生成嵌入。矢量化和嵌入生成将在本章后面的矢量化文本(vectorizing text section)部分中介绍。这种带有嵌入的 BiLSTM 架构通常是 NLP 任务中的一个常见起点。这将在后续章节中详细介绍和使用。在撰写本书时,这种特殊的令牌化架构被认为是最先进的。在此之前,基于隐马尔可夫模型(Hidden Markov Model,HMM)的模型很流行。

根据实际问题所涉及的语言,基于正则表达式(regular expression)的令牌化是另一种删除停止词的方法。NLTK 库提供了基于 sed 脚本中正则表达式的 Penn

Treebank 令牌化器。在之后的章节中,我们还将介绍其他令牌化或分段方案,如:字节对编码(Byte Pair Encoding,BPE)和字块(Word Piece)。

文本规范化的下一个任务是通过词性标注(POS tagging)理解文本的结构。

1.3.4 词性标注

语言有语法结构。在大多数语言中,词的类别主要可分为动词、副词、名词和形容词四类。在词性标注步骤中,我们将获取一段文本,并用 POS 标识符标记每个单词令牌。请注意,该步骤仅在将文本分割成字级令牌的情况下才有意义。通常来说,多数函数库都使用 Penn Treebank POS 标记器来标记单词,如 StandfordNLP 函数库。常用的 POS 标记添加方法是在所给单词后面添加代码并用斜杠进行分隔。例如,NNS 是复数名词的标记,用其对 goats 一词进行标记,则结果显示为 goats/NNS. StandfordNLP 库使用 Universal POS(UPOS)进行标记。

以下标记是 UPOS 标记集的一部分。有关将标准 POS 标记映射到 UPOS 标记的更多详细信息,请参考 https://universaldependencies.org/docs/tagset-conversion/en-penn-uposf.html. 表 1.2 列出了最常见的标记、种类和例子。

表 1.2 最常见的标记、种类和例子

标 记	种 类	例 子
ADJ	**Adjective**:Usually describes a noun. Separate tags are used for comparatives and superlatives. (形容词:通常用来描述名词,比较级和最高级使用单独的标记)	great,pretty
ADP	**Adposition**:Used to modify an object such as a noun, pronoun, or phrase; for example, "Walk up the stairs." Some languages like English use prepositions while others such as Hindi and Japanese use postpositions. (位置:用来修饰一个宾语,如名词、代词或短语;例如,"走上楼梯"。一些语言如英语使用介词,而其他语言如印地语和日语使用后置词)	up,inside
ADV	**Adverb**:A word or phrase that modifies or qualifies an adjective, verb, or another adverb. (副词:用于修饰形容词、动词或其他副词的单词或短语)	loudly,often
AUX	**Auxiliary verb**:Used in forming mood, voice, or tenses of other verbs. (助动词:用于构成语气、语态或其他动词的时态)	will,can,may
CCONJ	**Co-ordinating conjunction**:Joins two phrases, clauses, or sentences. (协调连词:连接两个短语、从句或句子)	and,but,that
INTJ	**Interjection**:An exclamation, interruption, or sudden remark. (感叹词:感叹、打断或突然的评论)	oh,uh,lol
NOUN	**Noun**:Identifies people, places, or things. (名词:标识人、地方或事物)	office,book

标　记	种　　类	例　子
NUM	**Numeral**：Represents a quantity. （数词：表示数量）	six，nine
DET	**Determiner**：Identifies a specific noun, usually as a singular. （限定词：识别特定名词，通常为单数）	a，an，the
PART	**Particle**：Parts of speech outside of the main types. （助词：主要类型之外的词类）	to，n't
PRON	**Pronoun**：Substitutes for other nouns, especially proper nouns. （代词：其他名词的代词，尤指专有名词）	she，her
PROPN	**Proper noun**：A name for a specific person, place, or thing. （专有名词：特定的人、地方或事物的名称）	gandhi，US
PUNTCT	Different punctuation symbols. （不同的标点符号）	，？/
SCONJ	**Subordinating conjunction**：Connects independent clause to a dependent clause. （从属连词：将独立子句连接到从属子句）	because，while
SYM	Symbols including currency signs, emojis, and so on. （符号，包括货币符号、表情符号等）	$，#，% :)
VERB	**Verb**：Denotes action or occurrence. （动词：表示动作或发生）	go，do
X	**Other**：That which cannot be classified elsewhere. （其他：无法在其他地方分类的）	etc，4.（a numbered list bullet）

实践是了解词性标注工作原理的最佳方法：

 此部分的代码位于笔记本的 POS Based Features 功能部分。

```
en = snlp.Pipeline(lang = 'en')

txt = "Yo you around? A friend of mine's lookin."
pos = en(txt)
```

上示代码实例化了一个英文管道并处理了一段示例文本。下示代码是一个可重用函数，用于输出带有 POS 标记的句子令牌：

```
def print_pos(doc):
    text = ""
    for sentence in doc.sentences:
```

23

```
        for token in sentence.tokens:
            text += token.words[0].text + "/" + \
                    token.words[0].upos + " "
        text += "\n"
    return text
```

此方法可用于检查前面示例句子的标记：

```
print(print_pos(pos))
```

Yo/PRON you/PRON around/ADV ? /PUNCT
A/DET friend/NOUN of/ADP mine/PRON 's/PART lookin/NOUN ./PUNCT

这些标签中的大多数都是有意义的，尽管可能有一些不准确之处，例如，lookin 一词被误归类为名词。无论是 StanfordNLP 或是别的任一软件包的模型，都难以说是完美无缺的，而这也是我们在使用此类软件包的特征构建模型时必须考虑的问题。通过利用这类 POS，我们可以构建多个不同的特征。首先，我们可以更新 word_counts() 算法，与当前算法在统计单词数目时无法区分标点符号和单词区别相比，新的算法可以将标点符号从单词计数中排除，不再作为计数对象。还可以创建其他特征，以查看消息中不同类型语法元素的比例。需要特别强调的是，到目前为止，所有特征都基于文本的结构运行，而不是内容本身。在本书后面的内容中，将更详细地介绍内容特征。

接下来，让我们更新 word_counts() 算法，并添加一个特征来显示消息中标点符号和所有符号间的比例——假设垃圾邮件可能使用更多的标点符号。此外，我们还可以围绕不同类型的语法元素构建其他特征，这部分留给读者自己研究，此处不作讨论。word_counts() 算法更新如下：

```
en_sw = stopwords.stopwords('en')

def word_counts_v3(x, pipeline = en):
    doc = pipeline(x)
    totals = 0.
    count = 0.
    non_word = 0.
    for sentence in doc.sentences:
        totals += len(sentence.tokens) #(1)
        for token in sentence.tokens:
            if token.text.lower() not in en_sw:
                if token.words[0].upos not in ['PUNCT', 'SYM']:
                    count += 1.
                else:
                    non_word += 1.
```

```
non_word = non_word / totals
return pd.Series([count, non_word], index = ['Words_NoPunct', 'Punct'])
```

与前一个函数相比,此函数略有不同。由于需要对每行中的消息执行多个计算,因此该函数将多个操作组合起来,并返回带有列标签的一系列(Series)对象。该对象可以与主数据帧合并,如下所示:

```
train_tmp = train['Message'].apply(word_counts_v3)
train = pd.concat([train, train_tmp], axis = 1)
```

测试集也可执行类似的过程:

```
test_tmp = test['Message'].apply(word_counts_v3)
test = pd.concat([test, test_tmp], axis = 1)
```

对培训集中垃圾邮件和非垃圾邮件统计信息进行快速检查,首先显示以下非垃圾邮件的统计信息,如图 1.12 所示。

	Spam	Capitals	Punctuation	Length	Words	Words_NoPunct	Punct
count	3867.0	3867.000000	3867.000000	3867.000000	3867.000000	3867.000000	3867.000000
mean	0.0	4.018878	17.325058	71.354538	7.911042	5.356866	0.147485
std	0.0	10.599291	14.826644	57.755351	7.326390	4.818043	0.097180
min	0.0	0.000000	0.000000	2.000000	0.000000	0.000000	0.000000
25%	0.0	1.000000	8.000000	33.000000	4.000000	2.000000	0.090909
50%	0.0	2.000000	13.000000	53.000000	6.000000	4.000000	0.142857
75%	0.0	3.000000	23.000000	92.000000	10.000000	7.000000	0.200000
max	0.0	129.000000	253.000000	910.000000	147.000000	54.000000	0.750000

图 1.12　使用 POS 标记后的常规消息统计

垃圾邮件的统计:

```
train.loc[train['Spam'] == 1].describe()
```

使用 POS 标记后的垃圾邮件统计如图 1.13 所示。

一般来说,在删除停止字后,字数会进一步减少。此外,新的 Punct 特征可以计算消息中标点符号相对于总符号的比率。现在我们可以用这些数据建立一个模型。

基于词性标注的数据建模

将上述特征插入模型中,可获得以下结果:

```
x_train = train[['Length', 'Punctuation', 'Capitals', 'Words_NoPunct',
'Punct']]
y_train = train[['Spam']]
```

	Spam	Capitals	Punctuation	Length	Words	Words_NoPunct	Punct
count	592.0	592.000000	592.000000	592.000000	592.000000	592.000000	592.000000
mean	1.0	15.320946	29.086149	138.856419	18.464527	14.199324	0.140939
std	0.0	11.635105	7.083572	28.079980	6.100852	4.726081	0.064785
min	1.0	0.000000	2.000000	13.000000	2.000000	1.000000	0.000000
25%	1.0	7.000000	26.000000	132.000000	14.000000	11.000000	0.096774
50%	1.0	14.000000	30.000000	149.000000	19.000000	14.000000	0.137931
75%	1.0	21.000000	34.000000	157.000000	23.000000	17.000000	0.181818
max	1.0	128.000000	49.000000	197.000000	33.000000	27.000000	0.363636

图 1.13　使用 POS 标记后的垃圾邮件统计

```
x_test = test[['Length', 'Punctuation', 'Capitals' , 'Words_NoPunct',
'Punct']]
y_test = test[['Spam']]

model = make_model(input_dims = 5)
# model = make_model(input_dims = 3)


model.fit(x_train, y_train, epochs = 10, batch_size = 10)
```

Train on 4459 samples

Epoch 1/10

4459/4459 [==============================] - 1s 236us/sample - loss：

3.1958 - accuracy：0.6028

Epoch 2/10

...

Epoch 10/10

4459/4459 [==============================] - 1s 139us/sample - loss：

0.1788 - *accuracy：0.9466*

准确度略有提高，现已达到 94.66％。经过测试，该模型可以大体保持该精确度：

```
model.evaluate(x_test, y_test)
```

1115/1115 [==============================] - 0s 91us/sample - loss：

0.2076 - *accuracy：0.9426*

[0.20764057086989485, 0.9426009]

文本规范化的最后一部分是词干提取（stemming）和词形还原（lemmatization）。

虽然在垃圾邮件模型中并不会使用该部分构建特征，但它在其他情况下可能非常有用。

1.3.5　词干提取与词形还原

在某些语言中，视使用情况而异，同一个单词可能在形式上会有差异。考虑"depend"（依赖）这个单词，以下陈列了单词 depend 的所有有效形式：depends、depending、dependent、depend。通常，动词的形式视所使用的时态而异。而在一些语言中，如印地语，同一动词针对不同的性别使用时也可能有不同的形式。还有一种词形变化的形式是派生词，如 sympathy、sympathetic、sympathize 和 sympathizer。在其他语言中，该种词形变化可能有其他形式。在俄语中，专有名词根据用法有不同的形式。假设有一份关于 London（Лондон）（伦敦）的文件。London 一词在短语"in London(в Лондоне)"（在伦敦）中的拼写与在短语"from London(из Лондона)"（从伦敦）中的拼写就不一样。因此，当我们输入内容来查找文档中匹配的章节或单词时，London 的拼写差异可能会影响匹配的结果。

当处理和令牌化文本以构建语料库中出现的词汇表时，识别词根的功能可以减少词汇表的大小，同时提高匹配的准确性。在前面的俄语示例中，如果在令牌化后将所有单词形式规范化为普通形式表示，那么输入单词 London 的任何形式都可以与其任何其他形式相匹配。这种规范化过程称为词干提取（stemming）或词形还原（lemmatization）。

词干提取和词形还原的方法和复杂程度不同，但服务于相同的目标。词干提取是一种更简单、启发式、基于规则的方法，可以去除词缀。最著名的词干提取器（stemmer）是 Potter 词干提取器，由 Martin Porter（马丁·波特）于 1980 年发布。官方网站是 https://tartarus.org/martin/PorterStemmer/，链接提供了基于各种语言实现的算法的各种版本。

这个词干分析器只适用于英语，它的规则包括删除复数单词末尾的 s，以及删除 -ed 或 -ing 等词尾。考虑以下句子：

"Stemming is aimed at reducing vocabulary and aid understanding of morphological processes. This helps people understand the morphology of words and reduce size of corpus."

（"词干分析旨在减少词汇量，帮助理解词形过程。这有助于人们理解词的词形，减少语料库的大小。"）

使用波特算法进行词干分析（stemming）后，这句话将简化为

"Stem is aim at reduce vocabulari and aid understand of morpholog process. Thi help peopl understand the morpholog of word and reduc size of corpu."

（"词干研究旨在减少词汇，帮助理解形态过程。这有助于人们理解单词的词形，并缩小 corpu 的大小。"）

请注意不同形式的 morphology(词形)、understand(理解)和 reduce(缩减)都令牌化为同一形式。

词形还原则要相对复杂得多,处理过程中涉及使用词汇表和词形分析。在语言学研究中,语素(morpheme)是小于或等于一个词的单位。当语素本身是一个词时,它被称为词根或自由语素。相反,每个词都可以分解成一个或多个语素。对于语素的研究叫作形态学。使用此形态信息,可以在令牌化后返回单词的词根形式,这种基本形式或字典形式被称为引理,因此这个过程被称为"引理化"。StanfordNLP 将词形还原作为处理的一部分。

 笔记本的术语化部分有这里所示的代码。

下面是一段简单的代码,用于提取前面的句子并对其进行解析:

```
text = "Stemming is aimed at reducing vocabulary and aid understanding
of morphological processes. This helps people understand the morphology
of words and reduce size of corpus."


lemma = en(text)
```

在处理之后,我们可以迭代令牌以获得每个单词的引理。这在下面的代码片段中显示。一个单词的引理作为令牌中每个单词的 lemma 属性公开。为了代码的简洁性,这里做了一个简化的假设,即每个令牌只有一个字。

每个单词的位置也会同时输出显示,以帮助我们理解该过程是如何执行的。以下输出中的一些关键词突出显示:

```
lemmas = ""
for sentence in lemma.sentences:
    for token in sentence.tokens:
        lemmas += token.words[0].lemma +"/" + \
                  token.words[0].upos + " "
    lemmas += "\n"
print(lemmas)
```

stem/NOUN be/AUX aim/VERB at/SCONJ *reduce/VERB* vocabulary/NOUN and/
CCONJ aid/NOUN *understanding/NOUN* of/ADP *morphological/ADJ* process/NOUN
./PUNCT
this/PRON help/VERB people/NOUN *understand/VERB* the/DET *morphology/NOUN*
of/ADP word/NOUN and/CCONJ *reduce/VERB* size/NOUN of/ADP corpus/ADJ ./
PUNCT

将上述输出内容与前面的 Porter 词干提取器输出的内容进行比较。需要特别注意的是，无论是上述处理还是 Potter 词干提取器的操作，引理化后得到的都是实际的单词，而不是词语片段。

对于单词"reduce"的引理化，由于两个句子中的用法都是动词形式，因此引理的选择是一致的。重点关注输出中的"understand"和"understanding"两个词，如 POS 标签所示，其输出了两种不同的形式，即其并没有简化为相同的引理。这点与 Potter 词干提取器处理后的结果不同，"morphology"和"morphological"也是相同的状况。这是一种非常复杂的操作。

在文本规范化完成后，我们就可以开始文本的矢量化了。

1.4　矢量化文本

迄今为止，在建立短信垃圾邮件检测模型时，我们只考虑了基于词汇或语法的计数特征或分布特征的聚合特征。而对于文本中的单词信息却始终没有使用。在使用消息的文本内容时有两大难题。首先，文本长度是任意不确定的，此处不妨与图像数据作个比较。通常来说，图像具有固定的宽度和高度，即使图像语料库具有多种大小的混合，我们也可以在通过使用各种压缩机制将图像大小调整为公共大小的同时使得信息损失最小，这点就与文本内容不同。在自然语言处理（NLP）中，与计算机视觉（computer vision）相比，这是一个更大的问题。处理此问题的常用方法是截断文本。我们将在本书的各个示例中看到处理任意长度文本的各种方法。

另一个问题是具有数字量或数字特征的词的表示。在计算机视觉中，最小的单位是像素，每个像素都具有一组指示颜色或强度的数值。而在文本中，最小的单位可以是一个词，而单纯地将每个字的统一码（unicode values）放在一起并不能传达或体现单词本身的含义。事实上，这些字符代码根本不包含有关字符的任何信息，例如其流行程度、是辅音还是元音等。然而，将图像中某区域的像素平均化后却可能得到该区域的合理近似，它可以表示该区域从远处观看时显示的外观。此外，还有一个核心问题是构造单词的数字表示。矢量化是将一个单词转换为包含单词中信息的数字向量的过程。根据矢量化技术的不同，该矢量可能会添加一些可以与其他单词进行比较的特征，如本章后面的"单词矢量（word vectors）"部分所展示的一般。

矢量化的最简单方法是使用文本的计数。第二种方法更复杂，起源于信息检索（information retrieval），称为 TF-IDF。第三种方法于 2013 年发布，相对较新，即使用 RNN 生成嵌入或词向量。这种方法称为 Word2Vec。截至撰写本书时，该领域的最新方法是 BERT，该方法于 2018 年第四季度问世。前三种方法将在本章中讨论。BERT 将在第 3 章"基于 BiLSTMs、CRFs 和维特比解码的命名实体识别"（NER）中详细讨论。

1.4.1　基于计数的矢量化

基于计数的矢量化的实现原理非常简单。先将语料库中出现的每个独特单词在词汇表中指定一列,再将每个对应于垃圾邮件中单个消息的文档指定一行。此时,出现在该文档中的单词的计数被输入到对应于该文档和单词的相关单元格中。对于包含 m 个唯一单词的 n 个唯一文档,将生成 n 行乘 m 列的矩阵。考虑这样一个语料库:

```
corpus = [
        "I like fruits. Fruits like bananas",
        "I love bananas but eat an apple",
        "An apple a day keeps the doctor away"
]
```

在这个文本语料库中有三个文档。scikit-learn(sklearn)库提供了进行基于计数的矢量化的方法。

基于计数的矢量化后的建模

在 Google Colab 中,应该已经安装了 scikit-learn(sklearn)库。如果未安装在 Python 环境中,则可以通过笔记本安装,如下所示:

```
!pip install sklearn
```

CountVectorizer 类提供了一个内置的分词器,用于分隔长度大于或等于两个字符的令牌。该类采用包括自定义分词器、停止词列表、在令牌化之前将字符转换为小写在内的选项,以及将每个正计数转换为 1 的二进制模式。

默认值为英语语料库提供了合理的选择:

```
from sklearn.feature_extraction.text import CountVectorizer

vectorizer = CountVectorizer()
X = vectorizer.fit_transform(corpus)

vectorizer.get_feature_names()
```

```
['an',
 'apple',
 'away',
 'bananas',
 'but',
 'day',
 'doctor',
```

```
'eat',
'fruits',
'keeps',
'like',
'love',
'the']
```

在前面的代码中,一个模型与语料库相关联。最后一行输出用作列的令牌。完整矩阵如下所示:

```
X.toarray()
```

```
array([[0, 0, 0, 1, 0, 0, 0, 0, 2, 0, 2, 0, 0],
       [1, 1, 0, 1, 1, 0, 0, 1, 0, 0, 0, 1, 0],
       [1, 1, 1, 0, 0, 1, 1, 0, 0, 1, 0, 0, 1]])
```

经过上述过程,我们已经将"I like fruits. Fruits like bananas"("我喜欢水果。水果喜欢香蕉")这样的句子转换成了一个向量$(0,0,0,1,0,0,0,2,0,2,0,0)$。这是一个上下文无关矢量化(context-free vectorization)的示例。上下文无关(context-free)是指文档中单词的顺序对向量的生成没有任何影响,仅仅是计算文档中单词出现的次数。因此,具有多个含义的词可以组合成一个词,例如:bank,既可以指靠近河流的地方,也可以指存放钱的地方。然而,它确实提供了一种方法来比较文档并获得相似性:通过计算两个文档之间的余弦相似性或距离,以查看不同文档之间的相似性。

```
from sklearn.metrics.pairwise import cosine_similarity

cosine_similarity(X.toarray())
```

```
array([[1.        , 0.13608276, 0.        ],
       [0.13608276, 1.        , 0.3086067 ],
       [0.        , 0.3086067 , 1.        ]])
```

这表明第一句和第二句的相似度得分为 0.136(得分从 0～1)。第一句和第三句没有任何共同之处。第二句和第三句的相似度得分为 0.308,是该组中最高的。该技术的另一个常见用途是检查文档与给定关键字的相似性。假设要查询 apple and banana(苹果和香蕉),第一步是计算该查询的向量,然后根据语料库中的文档计算余弦相似度分数:

```
query = vectorizer.transform(["apple and bananas"])

cosine_similarity(X, query)
```

```
array([[0.23570226],
       [0.57735027],
       [0.26726124]])
```

这表明该查询与语料库中的第二个句子匹配得最好,第三个句子其次,第一个句子匹配度最差。在上述短短几行代码中,我们便实现了一个具有服务查询的逻辑基本的搜索引擎。从规模上看,这是一个非常困难的问题,因为网络爬虫(web crawler)中的单词或列数将超过 30 亿。每个网页都将表示为一行,因此也需要数十亿行。通过计算以毫秒为单位的余弦相似度来实现在线查询并保持矩阵的内容更新是一项艰巨的任务。

该矢量化方案的下一步是在构建矩阵时考虑每个单词的信息内容。

1.4.2 词频–逆文档频率

在创建文档的矢量表示时,仅包含单词本身在内即可,不需考虑该单词在文档中的重要性。如果正在处理的文档集是关于水果食谱的,那么像 apples(苹果)、raspberries(覆盆子)和 washing(洗涤)这样的词可能会经常出现。术语频率(TF)表示单词或令牌在给定文档中出现的频率,这也正是我们在上一小节中所计算的。在一系列关于水果和烹饪的文件中,像 apple(苹果)这样的词可能并不能帮助确定食谱。然而,在水果食谱中,像.tuile(杏仁薄脆饼)这样的词可能并不常见。因此,该词可能有助于缩小搜索食谱的范围,比通过 raspberry(树莓)这样的词缩小搜索范围要有效得多。当然,也可以直接在网上搜索 raspberry tuile(树莓脆饼)食谱。对于一个相对罕见的词,考虑到它可能包含比普通的词更多的信息,我们通常会赋予它更高的权重。一个项可以按其出现在文档中的数量的倒数进行加权。因此,与出现在较少文档中的术语相比,出现在大量文档中的词语得分较低。这称为逆文档频率(IDF)。

从数学上讲,文档中每个术语的得分可以计算如下:
$$TF-IDF(t,d) = TF(t,d) \times IDF(t)$$
其中,t 表示单词或术语,d 表示特定文档。

通常通过文档中令牌的总数来规范文档中术语的 TF。

IDF 定义如下:
$$IDF(t) = \log[N/(1+nt)]$$
其中,N 表示语料库中的文档总数,nt 表示存在术语的文档数量。分母中加 1 可避免零除误差。幸运的是,sklearn 提供了计算 TF-IDF 的方法。

 笔记本的 TF-IDF 矢量化部分包含此部分的代码。

让我们将上一小节中的计数转换为 TF-IDF 等效值:

```
import pandas as pd
from sklearn.feature_extraction.text import TfidfTransformer

transformer = TfidfTransformer(smooth_idf = False)
tfidf = transformer.fit_transform(X.toarray())

pd.DataFrame(tfidf.toarray(),
             columns = vectorizer.get_feature_names())
```

输出如下所示：

	an	apple	away	bananas	but	day	doctor	eat	fruits	keeps	like	love	the
0	0.000000	0.000000	0.000000	0.230408	0.000000	0.000000	0.000000	0.000000	0.688081	0.000000	0.688081	0.000000	0.000000
1	0.321267	0.321267	0.000000	0.321267	0.479709	0.000000	0.000000	0.479709	0.000000	0.000000	0.000000	0.479709	0.000000
2	0.275785	0.275785	0.411797	0.000000	0.000000	0.411797	0.411797	0.000000	0.000000	0.411797	0.000000	0.000000	0.411797

这应该会让我们对如何计算 TF-IDF 有一些基础、直观的了解。即使只有三个短句和非常有限的词汇表，每行中的许多列仍是 0。

这种矢量化会产生稀疏表示（sparse representations）。

现在将其应用于检测垃圾邮件的问题。到目前为止，每条消息的特征都是基于一些聚合统计数据计算的，并添加到 pandas 数据帧中。现在，消息的内容将被令牌化并转换为一组列，并为阵列中的每条消息计算每个单词或令牌的 TF-IDF 分数。使用 sklearn 可以非常容易地做到这一点，如下所示：

```
from sklearn.feature_extraction.text import TfidfVectorizer
from sklearn.pre-processing import LabelEncoder

tfidf = TfidfVectorizer(binary = True)

X = tfidf.fit_transform(train['Message']).astype('float32')

X_test = tfidf.transform(test['Message']).astype('float32')

X.shape
```

(4459, 7741)

第二个参数显示，共计 7 741 个令牌被唯一标识。这些是稍后将在模型中使用的特征列。请注意，矢量器是使用二进制标志创建的。这意味着，即使某个令牌在消息中多次出现，也将被视为一个令牌。下一行在训练数据集上训练 TF-IDF 模型。然后，它根据从训练集中学习的 TF-IDF 分数转换测试集中的单词。让我们就这些 TF-IDF 功能训练一个模型。

33

利用 TF – IDF 特征建模

有了 TF – IDF 特征后,让我们训练一个模型,看看它是如何操作的:

```
_, cols = X.shape
model2 = make_model(cols) # to match tf - idf dimensions

y_train = train[['Spam']]
y_test = test[['Spam']]

model2.fit(X.toarray(), y_train, epochs = 10, batch_size = 10)
```

```
Train on 4459 samples
Epoch 1/10
4459/4459 [==============================] - 2s 380us/sample - loss:
0.3505 - accuracy: 0.8903
...
Epoch 10/10
4459/4459 [==============================] - 1s 323us/sample - loss:
0.0027 - accuracy: 1.0000
```

哇——我们能够正确地对每个示例进行分类了!老实说,该模型可能过拟合了,所以应该应用一些正则化(regularization)。测试集给出以下结果:

```
model2.evaluate(X_test.toarray(), y_test)
```

```
1115/1115 [==============================] - 0s 134us/sample - loss:
0.0581 - accuracy: 0.9839
[0.05813191874545786, 0.9838565]
```

到目前为止,98.39%的准确率是我们在所有模型中获得的最高准确率。通过检查混淆矩阵,可以进一步明显看出该模型精度确实很高。

```
y_test_pred = model2.predict_classes(X_test.toarray())
tf.math.confusion_matrix(tf.constant(y_test.Spam),
                         y_test_pred)

<tf.Tensor: shape = (2, 2), dtype = int32, numpy =
array([[958, 2],
       [ 16, 139]], dtype = int32)>
```

仅 2 条普通邮件和 16 条垃圾邮件被错误归类,由此可见,该模型确实较之前有很大提升。请注意,此数据集中包含印度尼西亚语(或巴哈萨语)单词和英语单词。巴哈萨语使用拉丁字母表。这个模型在没有使用大量的预训练和语言、词汇和语法知识的前提下,便能非常漂亮地处理手头的任务。

然而,该模型完全忽略了单词之间的关系,将文档中的单词视为集合中的无序项。而在下一小节中,我们将探究一种可以在保留令牌间关系的同时对令牌矢量化的方法。

1.4.3 词向量

在前面的示例中,行向量用于表示文档,作为分类模型预测垃圾邮件标签的特征。然而,该处理却无法可靠地从单词之间的关系中收集信息。在自然语言处理中,许多研究都集中在以无监督的方式学习单词或表征,即所谓的表征学习。这种方法的输出是单词在某个向量空间中的表示,可以将单词视为嵌入在该空间中。因此,这些词向量也称为嵌入。

词向量算法背后的核心假设是,出现在彼此相邻的词之间且彼此相关。直观来想的话,不妨考虑两个单词:bake(烘焙)和 oven(烤箱)。假如给定一个由 5 个单词组成的短句,当其中一个单词出现时,另一个单词也出现的概率是多少?没错,概率可能相当高。现在假设单词被映射到某个二维空间。在这个空间里,这两个词应该更接近对方,距离 astronomy(天文学)和 tractor(拖拉机)之类的词更远。

学习嵌入这些单词的任务可以看作是在一个巨大的多维空间中调整单词,在这个空间中相似的单词彼此间距离更近,而不相似的单词彼此则距离更远些。

而完成该任务的一种革命性的方法叫作 Word2Vec。该算法由 Tomas Mikolov 和谷歌的合作者于 2013 年发布。该方法通常产生 50~300 维的密集向量(尽管已知可以产生更大维度),其中大多数为非零向量。与其相对的是,在我们之前的普通垃圾邮件示例中,TF - IDF 模型有 7 741 个维度。原始论文中提出了两种算法:连续词袋/连续单词包(continuous bag-of-words)和连续跳跃图(continuous skip-gram)。在语义任务和总体上,skip-gram 在发布时是最先进的。因此,具有负采样的连续跳跃图模型便成为了 Word2Vec 的同义词。这个模型的直观表述相当直接。

以食谱中的一句话为例:"Bake until the cookie is golden brown all over"(将饼干烘焙至金色)。假设一个单词与出现在它附近的单词相关,那么可以从这个片段中挑选一个单词,并训练分类器使其预测该单词周围的单词。

以 5 个单词的窗口为例,中心的单词用于预测前两个单词和后两个单词。在图 1.14 中,片段一直持续到 cookie is golden,重点放在单词 cookie 上。假设词汇表中有 10 000 个单词,可以训练一个网络来预测给定一对单词的二元决策。训练目标是网络预测像(cookie,golden)这样的配对为真(true),而预测像(cookie,kangaroo)这样的配对为假(false)。

这种特殊的方法称为跳跃图负采样(Skip-Gram Negative Sampling,SGNS),它大大减少了大型词汇表所需的训练时间。与上一节中的单层神经模型非常相似,可以使用一对多(one-to-many)作为输出层来训练模型。sigmoid 函数激活将更改为 softmax 功能。如果隐藏层有 300 个单位,那么它的尺寸将是 10 000×300,也就是

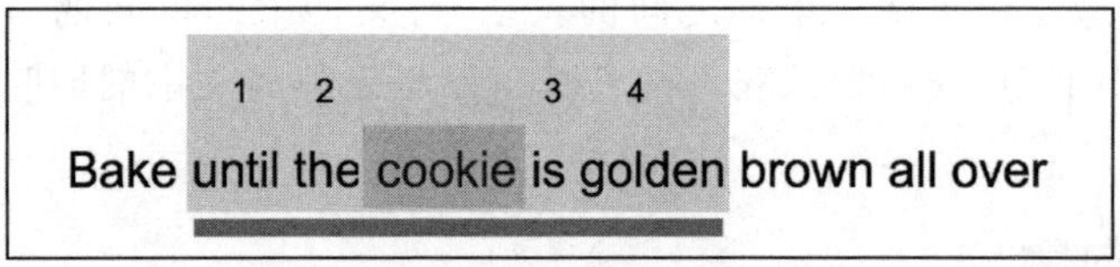

图 1.14　以 cookie 为中心的窗口

说每个单词都有一组权重。训练的目的便是让模型学习这些权重。事实上,一旦训练完成,这些权重就会转变为该单词的嵌入。

隐藏层中单位的选择是一个超参数(hyperparameter),可适用于特定应用。300 作为常用单位,可以通过谷歌新闻数据集上的预训练嵌入来获得。最后,将误差计算为负示例和正示例中所有词对的分类交叉熵之和。

该模型的优点在于它不需要任何有监督的训练数据。

连续句可以用来提供正面的例子。为了让模型高效学习,提供负样本也很重要。使用单词在训练语料库中的出现概率对单词进行随机抽样,并将其作为反例输入。

为了解 Word2Vec 嵌入的工作原理,我们需要下载一组预训练的嵌入。

> 下一节中显示的代码可以在笔记本的词向量部分找到。

使用 Word2Vec 嵌入的预训练模型

鉴于我们只需研究预训练模型,故可以使用 Gensim 库及其预训练嵌入。Gensim 应该已经安装在 Google Colab 中。安装方法如下:

```
!pip install gensim
```

在必要的导入之后,可以下载和加载预训练的嵌入。

请注意,这些特定嵌入的大小约为 1.6 GB,因此加载可能需要很长时间(您可能还会遇到一些内存问题):

```
from gensim.models.word2vec import Word2Vec
import gensim.downloader as api
model_w2v = api.load("word2vec - google - news - 300")
```

另一个可能遇到的问题是,下载过程中若长时间处于空闲状态,则 Colab 会话将过期。这也许是一个切换到本地笔记本的好时机,在以后的章节中也会有所帮助。现在,我们准备检查类似的词语:

```
model_w2v.most_similar("cookies",topn = 10)
```

```
[('cookie', 0.745154082775116),
('oatmeal_raisin_cookies', 0.6887780427932739),
```

```
('oatmeal_cookies', 0.662139892578125),
('cookie_dough_ice_cream', 0.6520504951477051),
('brownies', 0.6479344964027405),
('homemade_cookies', 0.6476464867591858),
('gingerbread_cookies', 0.6461867690086365),
('Cookies', 0.6341644525527954),
('cookies_cupcakes', 0.6275068521499634),
('cupcakes', 0.6258294582366943)]
```

结果显示良好。接下来观察模型在单词类比任务中的表现：

```
model_w2v.doesnt_match(["USA","Canada","India","Tokyo"])
```

```
'Tokyo'
```

该模型能推测出，东京是座城市，与其他的国家名不属同类。现在，让我们尝试一个关于这些词向量的非常著名的数学示例：

```
king = model_w2v['king']
man = model_w2v['man']
woman = model_w2v['woman']

queen = king - man + woman
model_w2v.similar_by_vector(queen)
```

```
[('king', 0.8449392318725586),
('queen', 0.7300517559051514),
('monarch', 0.6454660892486572),
('princess', 0.6156251430511475),
('crown_prince', 0.5818676948547363),
('prince', 0.5777117609977722),
('kings', 0.5613663792610168),
('sultan', 0.5376776456832886),
('Queen_Consort', 0.5344247817993164),
('queens', 0.5289887189865112)]
```

考虑到 King 是作为输入提供的，因此很容易从输出中过滤，则 Queen 将是最重要的结果。可以使用这些嵌入来尝试 SMS 垃圾邮件分类。未来章节将介绍 GloVe 嵌入和 BERT 嵌入在情感分析（sentiment analysis）中的使用。

可以使用前面所述的预训练模型对文档进行矢量化。利用这些嵌入，可以为特定目的训练模型。在后面的章节中，将详细讨论生成上下文嵌入的新方法，如 BERT。

1.5 总 结

在本章中,我们学习了自然语言处理的基础知识,包括收集和标记训练数据、令牌化(tokenization)、停止词删除(stop word removal)、大小写规范化(case normalization)、词性标记(POS tagging)、词干提取(stemming)和词形还原(lemmatization),并且在学习过程中,我们还探讨了一些方法在如俄语和日语这类复杂语言中的应用。利用从这些方法中学到的各种特征,我们训练了一个可以对包含英语和印尼语单词组合的垃圾邮件进行分类的模型,并使其准确率提高到了94%。

然而,想要在上述基础上继续利用消息内容的困难在于:定义一种将单词表示为向量,以便对其进行计算的方法。我们从一个简单的基于计数的矢量化方案开始,然后逐步发展到更复杂的 TF-IDF 方法,这两种方法都产生稀疏向量。这种 TF-IDF 方法在垃圾邮件检测任务中将模型准确率提高到了98%以上。

最后,我们学习了一种生成密集单词嵌入的方法:Word2Vec。在该方法发布至今的几年内,其在许多生产应用中始终非常有用。该方法一旦生成了单词嵌入,便可缓存这些嵌入并进行推断,且让利用这些嵌入的 ML 模型能够以相对较低的延迟运行。

我们使用了一个基本的深度学习模型来解决 SMS 垃圾邮件分类任务。就像卷积神经网络(Convolutional Neural Networks,CNN)是计算机视觉中的主导架构一样,递归神经网络(Recurrent Neural Networks,RNN),尤其是基于长短时记忆(Long Short-Term Memory,LSTM)和双向长短时记忆(Bi-directional LSTMs,BiLSTMs)的网络,最常用于构建 NLP 模型。在下一章中,我们将介绍 LSTM 的结构,并使用 BiLSTM 构建情感分析模型。在后面的章节中,这些模型将以创造性的方式广泛用于解决不同的自然语言处理问题。

第 2 章

通过 BiLSTM 理解自然语言中的情感

自然语言理解（Natural Language Understanding，NLU）是自然语言处理的一个重要分支。在过去的十年中，随着亚马逊的 Alexa 和苹果的 Siri 等聊天机器人的巨大成功，人们对这一领域的兴趣被重新唤醒。本章将介绍自然语言理解的广阔领域及其主要应用。

人们开发了一种拥有长短时记忆（Long Short-Term Memory，LSTM）单元的特殊单元的递归神经网络（Recurrent Neural Networks，RNN）的特定模型结构，来辅助理解自然语言。NLP 中的 LSTM 类似于计算机视觉中的卷积块（convolution blocks）。我们将通过两个例子来构建能够理解自然语言的模型。第一个例子同时也是本章的重点，是理解电影评论的情感；另一个例子则是 NLU 的基本构建块之一，命名实体识别（Named Entity Recognition，NER），是下一章的重点。

除了使用第 1 章"自然语言处理的要点"中的技术外，构建能够理解情感的模型还需要使用双向长短时记忆（Bi-Directional LSTMs，BiLSTMs）。具体而言，本章将涵盖以下内容：

- NLU 及其应用概述；
- 使用 LSTM 和 BiLSTM 的 RNN 和 BiRNN 概述；
- 用 LSTM 和 BiLSTM 分析电影评论的情感；
- 使用 tf.data 和 TensorFlow 数据集包管理加载的数据；
- 优化数据加载性能以有效利用 CPU 和 GPU。

我们将先快速学习一下 NLU，然后进入 BiLSTM 部分。

2.1　自然语言理解

NLU 支持处理非结构化文本，并提取可操作的信息含义和关键信息。让计算机理解文本中的句子是一项艰巨的任务。NLU 的一个应用方面是理解句子的含义并在此基础上分析其情感；另一常见应用是对句子进行主题分类，有助于消除实体歧义。考虑下列句子："A CNN helps improve the accuracy of object recognition"（CNN 有助于提高对象识别的准确性）。在不理解该句主题是机器学习的前提下，可能会对句子里的实体 CNN 做出错误的推断，比如说将其理解为新闻组织 CNN，而不是计算机视觉中使用的深度学习架构。在本小节后面将提供一个通过 BiLSTM 构建的特殊 RNN 架构的情感分析模型的示例。

NLU 的又一用途是从自由格式文本中提取信息或命令。该文本可以由语音转文本得到，例如，通过亚马逊的回声设备进行语音转换。随着语音识别的快速发展，现在已可以将语音等同于文本。从文本中提取的命令，比如要执行的对象和动作，可以通过语音来控制设备。考虑示例句子"降低音量"。这里，对象是"音量"，动作是"降低"。从文本中提取后，这些动作可以与可用动作列表匹配并执行。此功能支持高级人机交互（Human-Computer Interaction，HCI），允许通过语音命令控制家用电器。NER 用于检测句子中的关键令牌。

NER 技术除可用在构建表单填充或插槽填充聊天机器人外，还是其他 NLU 技术执行诸如"关系提取"这类任务时的技术基础。以"Sundar Pichai is the CEO of Google"（Sundar Pichai 是谷歌的首席执行官）为例说明。依赖于 NER 的实体识别作用，关系提取可以将该句中"Sundar Pichai"和"Google"间的关系"CEO"找出并提取。而在下一章里，我们还将重点介绍应用了该领域非常有效的特定体系结构的 NER。

双向 RNN 模型是情绪分析和 NER 模型的共同构建块。而在下一节里我们将重点介绍一种使用 LSTM 单元的特殊双向 RNN 模型——BiLSTM，并用其构建情感分析模型。

2.2　双向长短时记忆

首先简单介绍 RNN。已知 RNN 可以通过序列中当前项及上一项的输出来生成下一项的输出，并以此处理序列并学习序列的结构。而 LSTM 则是递归神经网络（RNN）的一种类型。

其数学形式如下所示：

$$ft(xt) = f(f\{t-1\}(xt-1, xt; \theta))$$

也就是说，为计算时间 t 处的输出，需将 $t-1$ 处的输出及其输入数据 xt 在同一时间步长中一起输入。同时还需将 θ 代表的数据和学习权重一同输入用以计算。而训练 RNN 的目的便是学习这些权重 θ。RNN 的这种特定公式是独特的。在前面的示例中，我们并未通过已有的输出去推测未来的输出，而其相关 RNN 公式也是十分独特的。我们之前一直关注 RNN 在语言中的应用，介绍如何利用 RNN 将句子建模

成一个接一个的单词序列,并未关注利用其构建一般的时间序列模型。但是,RNN
确实有相关方面的应用。

2.2.1　RNN 构建块

上一节概述了递归函数的基本数学直观,该函数是 RNN 构建块的简化。图 2.1
中展示了几个标有详细信息的时间步长,以显示用于计算基本 RNN 构建块或单元
的不同权重。

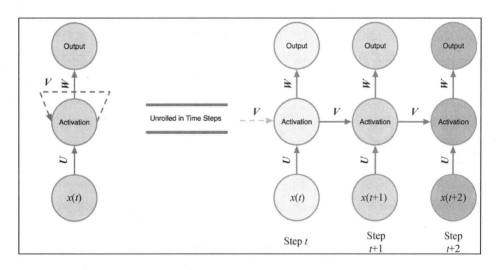

图 2.1　RNN 分解

基本单元格显示在左侧。将特定时间或序列步骤 t 的输入向量乘以权重向量
(图 2.1 中 U),以在中间部分生成激活。该架构的关键部分是激活部分中的循环。
在循环中(以 $t+1$ 步为例),步骤 t 中所得激活乘以权重 V 并添加到步骤 $t+1$ 所得
激活中,然后乘以另一权重向量 W 可得到第 $t+1$ 步的输出(如图中顶部所示)。同
时,根据顺序或时间步长,可对该网络进行虚拟展开,如图的右侧所示。时间步长 t
处的激活的数学表示为

$$at = U * xt + V * at - 1$$

输出如下所示:

$$ot = W * at$$

RNN 的数学表达已简化,以提供有关 RNN 的直观信息。

单从结构上谈,该网络仅包含一个单元,结构十分简单。同时,为了利用和学习
输入序列,该网络的权重向量 U、V 和 W 可跨时间步长共享。该网络层数看似并不
像完全连接或卷积网络那么多,但由于其随时间步长展开的特性,可以认为其层数与

输入序列的时间步长数相等。而想要在此基础上进行深度 RNN,需要满足更多标准,这将在本章节后面进行详细介绍。这些网络使用反向传播和随机梯度下降技术进行训练。这里特别需要注意的是,反向传播是在通过层反向传播之前通过序列或时间步长发生的。

该结构理论上可以处理任意长度的序列。但随着序列长度的增加,出现了两大挑战:

- 消失和爆炸梯度(Vanishing and exploding gradients):随着序列长度的增加,返回的梯度将变得越来越小,导致网络训练速度变慢甚至根本不学习。这种效应将随着序列长度的增加变得愈加明显。在上一章中,我们构建了一个由少量层组成的网络。而在这里,一个包含 10 个单词的句子便相当于一个 10 层的网络,对 1 min 音频进行采样的 1 ms 内将产生 6 000 个步骤。如果输出继续增加,梯度也会爆炸。管理消失梯度可以使用 ReLU,而管理爆炸梯度则要用到一种称为梯度剪裁的技术。当梯度的大小超过阈值时,该技术会对梯度进行人工剪辑,以防止梯度过大或爆炸。

- 无法管理长期依赖关系(Inability to manage long-term dependencies):当句子过长时,标准 RNN 处理会出现问题。以"I think soccer is the most popular game across the world"(我认为足球是世界上最受欢迎的游戏)为例解释。在该句子中,第三个单词"soccer"包含关键信息。当最后预测单词"world"时,不仅需要基于前几个词进行预测,甚至需要从更前面的"soccer"开始预测,而由于处理过程中与向量 V 重复相乘,序列中排在前面的单词对于结果预测的贡献将变得越来越小,导致最后得到的结果可能并不符合预期,即标准 RNN 无法连接过远的距离。

两种特定的 RNN 单元设计缓解了这些问题:长短时记忆(LSTM)和门控循环单元(GRUs)。下面将重点介绍这两种设计单元。鉴于 TensorFlow 已安装了这两种单元,故可直接应用,因此用 LSTM 和 GRU 构建 RNN 将变得相当简单。

2.2.2　长短时记忆网络

LSTM 网络于 1997 年提出,经过无数研究人员的改进和推广,如今已被广泛用于各种任务,并取得了惊人的成果。

LSTM 有 4 个主要部分:

- 细胞值(cell value),存储累积知识的网络细胞值或存储器,也称为细胞;
- 输入门(input gate),控制在新细胞值中有多少输入;
- 输出门(output gate),控制在输出中有多少新细胞值;
- 遗忘门(forget gate),控制在新细胞值中有多少旧细胞值。

LSTM 单元如图 2.2 所示。

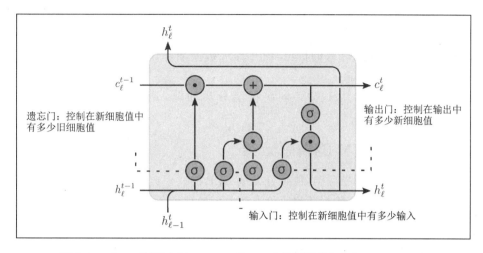

图 2.2　LSTM 单元(来源:Madsen,"RNN 中的可视化记忆",Distill,2019)

　　　　训练 RNN 是一个非常复杂的过程,充满了许多挫折。TensorFlow 等现代工具在很大程度上减少了管理的复杂性和痛苦。然而,训练 RNN 仍然是一项具有挑战性的任务,特别是在没有 GPU 支持的情况下。但成功后的回报值得任何努力,尤其是在自然语言处理领域。

　　在快速介绍 GRUs 之后,我们将重点学习 LSTM 并讨论 BiLSTM,然后构建情感分类模型。

2.2.3　门控循环单元

　　门控循环单元(GRU)(见图 2.3)是另一种流行的、更新的 RNN 单元类型,于 2014 年发布,比 LSTM 要更简单。

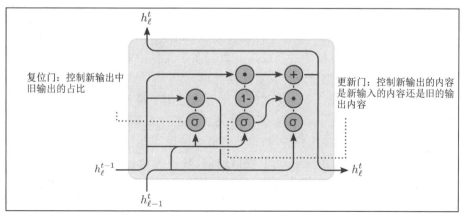

图 2.3　门控循环单元(GRU)架构

与 LSTM 相比,GRU 门数更少。输入门和遗忘门统合成更新门,一些内部细胞状态和隐藏状态也合并在一起,大大降低了其复杂度,使其更易训练。虽然 GRU 在语音和声音领域展现了巨大的价值,但在神经机器翻译任务中,LSTM 却表现出了超越 GRU 的优越性能。

在本章中,我们将用 LSTM 解决情感分类问题,并尝试使用 BiLSTM 改进模型。

2.2.4 基于 LSTM 的情感分类

先简单介绍一下情感分类,情感分类是 NLP 的一个典型用例。通过推特上的情绪分析特征构建的模型,除在预测股价走势方面展现了令人鼓舞的结果外,还可用于了解客户对于品牌的看法。情感分类的另一个常见用处是处理电子商务或其他网站上用户对于电影或产品的评价。而要想实际地运行 LSTM,我们需要使用 IMDb 的电影评论数据集(于 2011 年 ACL 会议发表在 *Learning Word Vectors for Sentiment Analysis* 中),该数据集在训练集中有 25 000 个评审样本,在测试集中有 250 000 个评审样本。

本例的代码将使用本地笔记本。第 10 章"代码的安装和设置说明"中提供了有关如何设置开发环境的详细说明。简而言之,您需要 Python 3.7.5 和以下库才能启动:

- pandas 1.0.1;
- NumPy 1.18.1;
- TensorFlow 2.4 and the tensorflow_datasets 3.2.1 package;
- Jupyter notebook。

我们将遵循第 1 章"自然语言处理的要点"中概述的总体流程,从加载数据开始操作。

2.2.4.1 加载数据

在第 1 章中,我们下载了数据并将其加载到 pandas 库中。这种方法将整个数据集加载到内存中。但当数据集过大或是分散到多个文件中时,这种方法则可能因为数据集过大而无法加载,需要进行大量的预处理。

文本数据至少需要经过规范化和矢量化后才能用于模型,而这些步骤通常需要在使用 Python 函数的 TensorFlow 图之外完成。这可能会导致代码的再现性问题;同时,鉴于不同阶段是单独执行的,数据管道破裂的可能性也会增大。

TensorFlow 通过 tf.data 提供了数据加载、转换和批处理的解决方案。此外,tensorflow_ datasets 包提供了许多可供下载的数据集。我们将组合使用这些方法来下载 IMDb 数据,并在训练 LSTM 模型之前执行令牌化、编码和矢量化步骤。

情感评论示例的所有代码都可以在 chapter2-nlu-sentiment-analysis-bilstm 文件夹下的 GitHub repo 中找到。代码在一个名为 IMDB Sentiment analysis.ipynb 的 IPython 笔记本中。

第一步是安装适当的软件包并下载数据集：

```
!pip install tensorflow_datasets
import tensorflow as tf
import tensorflow_datasets as tfds
import numpy as np
```

tfds 包在不同的域中提供了大量数据集，如图像、音频、视频、文本、总结等。要查看可用的数据集，请执行以下操作：

```
", ".join(tfds.list_builders())
```

```
'abstract_reasoning, aeslc, aflw2k3d, amazon_us_reviews, arc,
bair_robot_pushing_small, beans, big_patent, bigearthnet, billsum,
binarized_mnist, binary_alpha_digits, c4, caltech101, caltech_
birds2010, caltech_birds2011, cars196, cassava, cats_vs_dogs, celeb_a,
celeb_a_hq, cfq, chexpert, cifar10, cifar100, cifar10_1, cifar10_
corrupted, citrus_leaves, cityscapes, civil_comments, clevr, cmaterdb,
cnn_dailymail, coco, coil100, colorectal_histology, colorectal_
histology_large, cos_e, curated_breast_imaging_ddsm, cycle_gan, deep_
weeds, definite_pronoun_resolution, diabetic_retinopathy_detection,
div2k, dmlab, downsampled_imagenet, dsprites, dtd, duke_ultrasound,
dummy_dataset_shared_generator, dummy_mnist, emnist, eraser_multi_
rc, esnli, eurosat, fashion_mnist, flic, flores, food101, gap,
gigaword, glue, groove, higgs, horses_or_humans, i_naturalist2017,
image_label_folder, imagenet2012, imagenet2012_corrupted, imagenet_
resized, imagenette, imagewang, imdb_reviews, iris, kitti, kmnist,
lfw, librispeech, librispeech_lm, libritts, lm1b, lost_and_found,
lsun, malaria, math_dataset, mnist, mnist_corrupted, movie_rationales,
moving_mnist, multi_news, multi_nli, multi_nli_mismatch, natural_
questions, newsroom, nsynth, omniglot, open_images_v4, opinosis,
oxford_flowers102, oxford_iiit_pet, para_crawl, patch_camelyon,
pet_finder, places365_small, plant_leaves, plant_village, plantae_k,
qa4mre, quickdraw_bitmap, reddit_tifu, resisc45, rock_paper_scissors,
rock_you, scan, scene_parse150, scicite, scientific_papers, shapes3d,
smallnorb, snli, so2sat, speech_commands, squad, stanford_dogs,
stanford_online_products, starcraft_video, sun397, super_glue, svhn_
cropped, ted_hrlr_translate, ted_multi_translate, tf_flowers, the300w_
```

lp, tiny_shakespeare, titanic, trivia_qa, uc_merced, ucf101, vgg_face2, visual_domain_decathlon, voc, wider_face, wikihow, wikipedia, wmt14_translate, wmt15_translate, wmt16_translate, wmt17_translate, wmt18_translate, wmt19_translate, wmt_t2t_translate, wmt_translate, xnli, xsum, yelp_polarity_reviews'

以上罗列了 155 个数据集。有关数据集的详细信息,请访问目录页:https://www.tensorflow.org/datasets/catalog/overview.

IMDb 数据分三部分提供,即训练、测试和无监督。训练和测试部分各有 25 000 行、2 列。第一列是评论的文本,第二列是标签。"0"代表负面情绪的评论,"1"代表正面情绪的评论。以下代码加载训练和测试数据部分:

```
imdb_train, ds_info = tfds.load(name = "imdb_reviews", split = "train",
                                with_info = True, as_supervised = True)
imdb_test = tfds.load(name = "imdb_reviews", split = "test",
                      as_supervised = True)
```

请注意,在下载数据时执行此命令可能需要一点时间。ds_info 包含数据集的相关信息。提供 with_info 参数时将获得以下信息,不妨看一下 ds_info 中包含的信息:

```
print(ds_info)
```

```
tfds.core.DatasetInfo(
name = 'imdb_reviews',
version = 1.0.0,
description = 'Large Movie Review Dataset.
This is a dataset for binary sentiment classification containing
substantially more data than previous benchmark datasets. We provide a
set of 25,000 highly polar movie reviews for training, and 25,000 for
testing. There is additional unlabeled data for use as well.',
homepage = 'http://ai.stanford.edu/~amaas/data/sentiment/',
features = FeaturesDict({
'label': ClassLabel(shape = (), dtype = tf.int64, num_classes = 2),
'text': Text(shape = (), dtype = tf.string),
}),
total_num_examples = 100000,
splits = {
'test': 25000,
'train': 25000,
'unsupervised': 50000,
},
supervised_keys = ('text', 'label'),
```

```
citation = """@InProceedings{maas-EtAl:2011:ACL-HLT2011,
Author    = {Maas, Andrew L. and Daly, Raymond E. and
Pham, Peter T. and Huang, Dan and Ng, Andrew Y. and Potts,
Christopher},
title     = {Learning Word Vectors for Sentiment Analysis},
booktitle = {Proceedings of the 49th Annual Meeting of
the Association for Computational Linguistics: Human Language
Technologies},
month     = {June},
year      = {2011},
address   = {Portland, Oregon, USA},
publisher = {Association for Computational Linguistics},
pages     = {142--150},
url       = {http://www.aclweb.org/anthology/P11-1015}
}""",
redistribution_info = ,
)
```

我们可以看到,在监督模式下有两个键,即文本和标签。使用 as_ supervised 参数是将数据集加载为值元组的关键。如果未指定此参数,则将加载数据并作为字典键提供。在数据具有多个输入的情况下,该方法可能是优选。查看已加载的数据,请执行以下操作:

```
for example, label in imdb_train.take(1):
    print(example, '\n', label)
```

```
tf.Tensor(b"This was an absolutely terrible movie. Don't be lured in by
Christopher Walken or Michael Ironside. Both are great actors, but this
must simply be their worst role in history. Even their great acting
could not redeem this movie's ridiculous storyline. This movie is an
early nineties US propaganda piece. The most pathetic scenes were those
when the Columbian rebels were making their cases for revolutions.
Maria Conchita Alonso appeared phony, and her pseudo-love affair with
Walken was nothing but a pathetic emotional plug in a movie that was
devoid of any real meaning. I am disappointed that there are movies
like this, ruining actor's like Christopher Walken's good name. I could
barely sit through it.", shape=(), dtype=string)
tf.Tensor(0, shape=(), dtype=int64)
```

上述审查是负面审查的一个例子。下一步是评论的令牌化与矢量化。

2.2.4.2　令牌与矢量化

第 1 章"自然语言处理的要点"中列出了多种不同的规范化方法,而此处,我们只将文本令牌化为单词并构建词汇表,然后使用该词汇表对单词进行编码。该简单方法可以有许多不同的方式用于构建附加特征。利用第 1 章提到的技术,如词性标注,可以构建诸多特征,这部分留给读者自己体验。在本例中,我们的目标是在基于 LSTM 的 RNN 上使用相同的特征集,然后用 BiLSTM 改进后的模型上使用相同的特征集。

数据中出现的令牌词汇表需要在矢量化之前构建。令牌化将文本中的单词分解为单个令牌。所有令牌的集合构成词汇表。

大小写转换之类的文本的规范化操作,在令牌化步骤中一起执行。tfds 在 tfds. features. text 包中提供了一组特征生成器可供使用。首先,需要对训练数据中的所有单词进行创建:

```
tokenizer = tfds.features.text.Tokenizer()

vocabulary_set = set()
MAX_TOKENS = 0

for example, label in imdb_train:
    some_tokens = tokenizer.tokenize(example.numpy())
    if MAX_TOKENS < len(some_tokens):
        MAX_TOKENS = len(some_tokens)
    vocabulary_set.update(some_tokens)
```

经由迭代训练示例,在评论令牌化的同时,将其中的单词添加到一个特定集合中,以获得所需的特定单词(注意,此时令牌或单词尚未转换为小写,词汇表的大小将稍大)。利用此词汇表,可以创建编码器。(TokenTextEncoder 是 tfds. 中提供的三种可直接使用的编码器中的一种,此处直接使用。)此处重点关注如何将令牌列表转化为一个集合,以确保词汇表中只保留特定的令牌。鉴于生成词汇表的分词器唯一且已导入,故所有连续的字符串编码调用均可采用相同的令牌化方案。(该编码器期望所选分词器提供一个 tokenize()方案和一个 join()方案。)如果您想使用 StanfordNLP 或第 1 章中提到的其他分词器,则只需将 StanfordNLP 接口包装在自定义对象中,并装载可以将文本拆分为令牌且能将令牌连接回字符串的方案:

```
imdb_encoder = tfds.features.text.TokenTextEncoder(vocabulary_set,
                                                   tokenizer = tokenizer)
vocab_size = imdb_encoder.vocab_size

print(vocab_size, MAX_TOKENS)
```

93931 2525

该词汇表共有 93 931 个令牌。最长的评论包含 2 525 个令牌。经由填充和截断操作可使长短不一的评论审阅长度相等,满足 LSTM 期望序列长度相等的要求。

在执行该操作之前,让我们测试一下编码器是否工作正常:

```
for example, label in imdb_train.take(1):
    print(example)
    encoded = imdb_encoder.encode(example.numpy())
    print(imdb_encoder.decode(encoded))
```

tf.Tensor(b"This was an absolutely terrible movie. Don't be lured in by
Christopher Walken or Michael Ironside. Both are great actors, but this
must simply be their worst role in history. Even their great acting
could not redeem this movie's ridiculous storyline. This movie is an
early nineties US propaganda piece. The most pathetic scenes were those
when the Columbian rebels were making their cases for revolutions.
Maria Conchita Alonso appeared phony, and her pseudo-love affair with
Walken was nothing but a pathetic emotional plug in a movie that was
devoid of any real meaning. I am disappointed that there are movies
like this, ruining actor's like Christopher Walken's good name. I could
barely sit through it.", shape=(), dtype=string)
This was an absolutely terrible movie Don t be lured in by Christopher
Walken or Michael Ironside Both are great actors but this must simply
be their worst role in history Even their great acting could not redeem
this movie s ridiculous storyline This movie is an early nineties US
propaganda piece The most pathetic scenes were those when the Columbian
rebels were making their cases for revolutions Maria Conchita Alonso
appeared phony and her pseudo love affair with Walken was nothing but a
pathetic emotional plug in a movie that was devoid of any real meaning
I am disappointed that there are movies like this ruining actor s like
Christopher Walken s good name I could barely sit through it

请注意,当用编码表示重建这些评论时,标点符号将从这些评论中删除。

编码器提供的一个方便特征是将词汇表持久化到磁盘。这使得我们能够一次性计算生产用例的词汇表和分布。无论是在开发过程中,还是在每次运行或重启笔记本之前,词汇表的计算都是一项资源密集型任务。而将词汇表和编码器保存到磁盘能够使得在词汇表构建步骤完成后从任何位置再次开始编码和模型构建。要保存编码器,请使用以下命令:

```
imdb_encoder.save_to_file("reviews_vocab")
```

要从文件加载编码器并对其进行测试,可以使用以下命令:

```
enc = tfds.features.text.TokenTextEncoder.load_from_
file("reviews_vocab")
enc.decode(enc.encode("Good case. Excellent value."))
```

'Good case Excellent value'

每次仅一小部分行可以进行令牌化（tokenization）和编码操作。而 TensorFlow 提供了在大型数据集上批量执行上述令牌化和编码操作的机制，使得数据集可以被洗牌并批量加载。这使得在保证训练期间内存充足的同时可以加载非常大的数据集。而为了实现这一点，需要定义一个可转换行数据的函数。请注意，多个转换可以一个接一个地链接，也可以使用 Python 函数直接定义。为了处理上述评论，需要执行以下步骤：

- 标记化：评论需要令牌化为单词。
- 编码：这些单词需要通过词汇表映射到整数。
- 填充：评论的长度千变万化，但 LSTM 期望向量具有相同长度。因此，我们需要选择一个标准长度。短于此长度的评论会添加特定的词汇索引（在 TensorFlow 中通常为 0）。超过此长度的评论将被截断。TensorFlow 提供了现成的相关功能。

代码如下所示：

```python
from tensorflow.keras.preprocessing import sequence

def encode_pad_transform(sample):
    encoded = imdb_encoder.encode(sample.numpy())
    pad = sequence.pad_sequences([encoded], padding = 'post',
                                 maxlen = 150)
    return np.array(pad[0], dtype = np.int64)


def encode_tf_fn(sample, label):
    encoded = tf.py_function(encode_pad_transform,
                             inp = [sample],
                             Tout = (tf.int64))
    encoded.set_shape([None])
    label.set_shape([])
    return encoded, label
```

API 数据库每次都会调用 encode_tf_fn 函数处理一个示例，即评论及其标签的元组。

这个函数反过来会调用封装在 tf.py_function 中的另一个函数 encode_pad_transform，并执行实际转换。在此函数中，首先执行令牌化，然后进行编码，最后进行填充（padding）和截断（truncating）。将 150 个令牌或单词确定为填充和截断的标准长度。填充/截断序列在第二个函数中可以使用任何 Python 逻辑。例如，可以使用 StanfordNLP 软件包对单词进行词性标注（POS tagging），也可以删除停止字（remove stopwords），如第 1 章所述。此处一切从简。

TensorFlow 中的不同层无法处理不同宽度的张量,因此填充(pad-ding)成了重要的一步。不同宽度的张量称为参差张量(ragged tensors)。目前正在为将不规则张量纳入支持范围而不断努力和改进。但考虑到 TensorFlow 终究无法普遍支持不规则张量(ragged tensors),本书将避免使用不规则张量。

转换数据相对简单,代码如下(对部分数据):

```
subset = imdb_train.take(10)
tst = subset.map(encode_tf_fn)
for review, label in tst.take(1):
    print(review, label)
    print(imdb_encoder.decode(review))
```

```
tf.Tensor(
[40205 9679 51728 91747 21013 7623 6550 40338 18966 36012 64846
80722
81643 29176 14002 73549 52960 40359 49248 62585 75017 67425 18181
2673
44509 18966 87701 56336 29928 64846 41917 49779 87701 62585 58974
82970
1902 2754 18181 7623 2615 7927 67321 40205 7623 43621 51728
91375
41135 71762 29392 58948 76770 15030 74878 86231 49390 69836 18353
84093
76562 47559 49390 48352 87701 62200 13462 80285 76037 75121 1766
59655
6569 13077 40768 86201 28257 76220 87157 29176 9679 65053 67425
93397
74878 67053 61304 64846 93397 7623 18560 9679 50741 44024 79648
7470
28203 13192 47453 6386 18560 79892 49248 7158 91321 18181 88633
13929
2615 91321 81643 29176 2615 65285 63778 13192 82970 28143 14618
44449
39028 0 0 0 0 0 0 0 0 0
0
0 0 0 0 0 0 0 0 0 0 0
0
0 0 0 0 0 0], shape = (150,), dtype = int64)
tf.Tensor(0, shape = (), dtype = int64)
This was an absolutely terrible movie Don t be lured in by Christopher
```

Walken or Michael Ironside Both are great actors but this must simply be their worst role in history Even their great acting could not redeem this movie s ridiculous storyline This movie is an early nineties US propaganda piece The most pathetic scenes were those when the Columbian rebels were making their cases for revolutions Maria Conchita Alonso appeared phony and her pseudo love affair with Walken was nothing but a pathetic emotional plug in a movie that was devoid of any real meaning I am disappointed that there are movies like this ruining actor s like Christopher Walken s good name I could barely sit through it

第一部分输出编码张量末尾的"0",是填充后的结果。

在整个数据集上运行此映射可以这样做:

```
encoded_train = imdb_train.map(encode_tf_fn)
encoded_test = imdb_test.map(encode_tf_fn)
```

该映射环节在训练循环执行时同时执行,tf.data.DataSet 函数集(如:imdb_train 和 imdb_test)中其余可用的命令有 filter()、shuffle()和 batch()。filter()函数可以从数据集中删除某些类型的数据,常用来过滤长度不符合标准的评论,或用来分离正面和负面示例,以构建更平衡的数据集。第二种方法常在训练时段之间洗牌数据,将最后一批数据用于训练。注意,若应用方法的顺序不同,则产生的数据集不同。

利用 tf.data 进行数据优化

如图 2.4 所示,一个时期内的总训练时间取决于多个操作。图中从上至下:打开文件、读取下一行数据、对读取中的数据进行映射转换、数据训练。由于这些步骤是顺序进行的,因此累积起来便会延长训练时间。相反,映射步骤可以并行进行,可在总体上缩短时间(见图 2.5)。CPU 功率用于预取、批处理和转换数据,而 GPU 用于训练计算和操作,如梯度计算和更新权重。这可以通过对上面的 map 函数的调用进行一个小的更改来启用:

```
encoded_train = imdb_train.map(encode_tf_fn,
        num_parallel_calls = tf.data.experimental.
AUTOTUNE)
encoded_test = imdb_test.map(encode_tf_fn,
        num_parallel_calls = tf.data.experimental.
AUTOTUNE)
```

通过传递附加参数,TensorFlow 可以使用多个子流程执行转换。

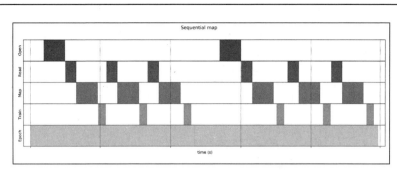

图 2.4　map 函数顺序执行所花费时间的示例

（来源：https://www.tensorflow.org/guide/data_performance，

Better Performance with the tf.data API）

加速后如图 2.5 所示。

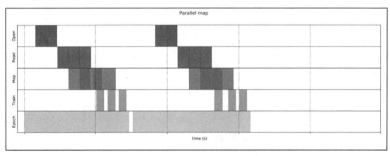

图 2.5　由于 map 的并行化而缩短训练时间的示例

（来源：https://www.tensorflow.org/guide/data_performance，

Better Performance with the tf.data API）

　　虽然我们已经对评论文本进行了规范化和编码，但我们没有将其转换为词向量或嵌入。本步骤与下一步骤中的模型训练一起执行。接下来介绍如何使用 LSTM构建基本的 RNN 模型。

2.2.4.3　嵌入 LSTM 模型

　　TensorFlow 和 Keras 极大降低了基于 LSTM 的模型的实例化难度。事实上，添加一层 LSTM 只是添加了一行代码，其中最简单的形式如下：

```
tf.keras.layers.LSTM(rnn_units)
```

　　在这里，rnn_units 参数决定了一层中有多少 LSTM 串在一起。虽然有许多参数可以自行配置，但鉴于默认值本身已相当合理，不建议自行调整。TensorFlow 文档非常详细地介绍了这些选项和可能的值，并提供了相关示例。注意，不能按原样将评论文本令牌输送到 LSTM 层中，应先用嵌入方案对其进行矢量化再操作。有多种方法可供操作。第一种方法同时也是最简单的方法是在模型训练时学习这些嵌入，

53

这也是接下来我们将要使用的方法。当文本数据属于某个特殊领域时,如医学转录,这可能也是最好的方法。然而,这种方法需要大量的数据来训练嵌入,以学习与单词的正确关系。第二种方法是使用预训练的嵌入,如第 1 章所示的 Word2Vec 或 GloVe,并用它们对文本进行矢量化。这种方法在通用文本模型中非常有效,甚至可以适用于特定领域。该部分迁移学习内容属于第 4 章"基于 BERT 的迁移学习"的重点。

回到学习嵌入,TensorFlow 提供了一个嵌入层,可以添加到 LSTM 层之前。同样,该层有着数个充分记录后的选项。为完成二元分类模型,最终只能保留一个具有一个分类单元的最终密集层。可构建模型且拥有可配置参数的效用函数配置如下:

```python
def build_model_lstm(vocab_size, embedding_dim, rnn_units, batch_size):
    model = tf.keras.Sequential([
        tf.keras.layers.Embedding(vocab_size, embedding_dim,
                                  mask_zero = True,
                                  batch_input_shape = [batch_size, None]),
        tf.keras.layers.LSTM(rnn_units),
        tf.keras.layers.Dense(1, activation = 'sigmoid')
    ])
    return model
```

此函数公开了许多可配置参数,以便尝试不同的体系结构。除上述参数,批量大小是另一个重要参数,其确认方式如下:

```python
vocab_size = imdb_encoder.vocab_size

# The embedding dimension
embedding_dim = 64

# Number of RNN units
rnn_units = 64

# batch size
BATCH_SIZE = 100
```

除了词汇表大小外,所有其他参数都可以更改以查看对模型性能的影响。通过设置这些配置,可以构建模型:

```python
model = build_model_lstm(
    vocab_size = vocab_size,
    embedding_dim = embedding_dim,
    rnn_units = rnn_units,
```

```
        batch_size = BATCH_SIZE)

model.summary()

Model："sequential_3"

────────────────────────────────────────────────────────────
Layer（type）Output Shape Param ♯
==============================================================
embedding_3（Embedding）(100，None，64）6011584

────────────────────────────────────────────────────────────
lstm_3（LSTM）(100，64）33024

────────────────────────────────────────────────────────────
dense_5（Dense）(100，1）65
==============================================================
Total params：6,044,673
Trainable params：6,044,673
Non－trainable params：0

────────────────────────────────────────────────────────────
```

　　这样一个小模型便有 600 多万个可训练参数。嵌入层的大小很容易便可查出。词汇表中的令牌总数为 93 931，每个令牌由一个 64 维嵌入表示，该嵌入提供共计 93 931×64＝6 011 584 个参数。

　　该模型现在已经准备好在损失函数（loss function）、优化器（optimizer）和评估指标（evaluation metrics）的规范下进行编译。在这种情况下，由于只有两个标签，所以将二进制交叉熵作为损失。在优化器的选择上，Adam 优化器是一个不错的选择，具有很大的默认值。而训练期间跟踪的指标则确定为：准确度、精确度和召回率。然后，需要对数据集进行批处理并开始训练：

```
model.compile(loss = 'binary_crossentropy',
              optimizer = 'adam',
              metrics = ['accuracy', 'Precision', 'Recall'])

encoded_train_batched = encoded_train.batch(BATCH_SIZE)
model.fit(encoded_train_batched, epochs = 10)

Epoch 1/10
250/250 [==============================] － 23s 93ms/step － loss：0.4311
 － accuracy：0.7920 － Precision：0.7677 － Recall：0.8376
Epoch 2/10
250/250 [==============================] － 21s 83ms/step － loss：0.1768
 － accuracy：0.9353 － Precision：0.9355 － Recall：0.9351
...
```

Epoch 10/10

250/250 [==============================] – 21s 85ms/step – loss：0.0066 – accuracy：0.9986 – Precision：0.9986 – Recall：0.9985

这是一个非常好的结果！让我们将其与测试集进行比较：

```
model.evaluate(encoded_test.batch(BATCH_SIZE))
```

250/Unknown – 20s 80ms/step – loss：0.8682 – accuracy：0.8063 – Precision：0.7488 – Recall：0.9219

训练集和测试集的性能差异说明模型中存在过度拟合的地方。处理过度拟合的一种方法是在 LSTM 层之后引入一个 dropout 层（dropout layer），该部分留给读者自行完成。

 　　上述模型使用 NVIDIA RTX 2070 GPU 进行训练。当仅使用 CPU 进行训练时，每个周期的时间可能会延长。

接下来介绍 BiLSTM 在该任务中的应用。

2.2.4.4　BiLSTM 模型

在 TensorFlow 中构建 BiLSTM 很容易，仅需简单修改模型定义即可。在 build_model_lstm()函数中，将添加 LSTM 层的那行函数进行修改即可。新函数如下所示，修改后的行高亮显示：

```
def build_model_bilstm(vocab_size, embedding_dim, rnn_units, batch_
size):
    model = tf.keras.Sequential([
        tf.keras.layers.Embedding(vocab_size, embedding_dim,
                                  mask_zero = True,
                                  batch_input_shape = [batch_size, None]),
        tf.keras.layers.Bidirectional(tf.keras.layers.LSTM(rnn_units)),
        tf.keras.layers.Dense(1, activation = 'sigmoid')
    ])
    return model
```

开始前先要理解 BiLSTM 到底是什么：

在常规 LSTM 网络中，令牌或单词都沿一个方向进行传递。例如，以评论《这部电影真的很棒》为例。从左边开始的每个令牌都被输入 LSTM 单元，标记为隐藏单元，一次一个（图 2.6 显示了一个及时展开的版本）。这意味着，每个连续的单词都被认为是在前一个单词的时间增量上出现的。在这个过程中，每一步产生的输出的价值都取决于正在处理的问题。而在 IMDb 情绪预测的情况下，只有最终输出是重要的，因为其被输送到密集层，以决定评论是正面的还是负面的。

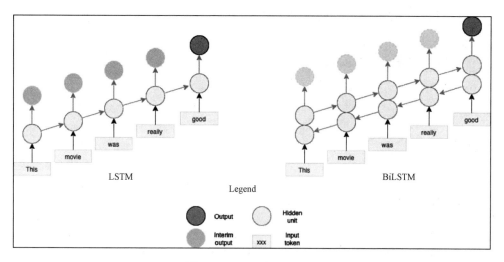

图 2.6　LSTM 与 BiLSTM

　　　像阿拉伯语和希伯来语一类从右向左阅读的语言,在输入时也要从右向左输入令牌。确定下一个单词或令牌的来源方向对 LSTM 十分重要。但若使用的是 BiLSTM,则方向可能没有那么重要。

　　该展开可能会出现多个隐藏单位,但其仍是和原先相同的 LSTM 单元,如图 2.2 所示。该单元的输出在下一时间步反馈到同一单元。在 BiLSTM 的情况下,有一对隐藏单元:一组从左到右操作令牌,而另一组从右到左操作令牌。换句话说,前向 LSTM 模型只能从过去时间步长的令牌中学习,BiLSTM 模型则可以从过去和未来的令牌中学习。

　　该方法可以捕获单词和句子结构之间更多的依赖关系,提高模型的准确性。假设任务是预测下列句子片段中的下一个单词:

I jumped into the...

这个句子有许多种可能的补全方式。而加上单词的后半部分句子后,考虑以下三个句子:

1. I jumped into the... with only a small blade.

2. I jumped into the... and swam to the other shore.

3. I jumped into the... from the 10m diving board.

第 1 个句子中可能的单词为"battle"(争斗)或"fight"(打斗),第 2 个句子是"river"(河流),最后一个句子是"swimming pool"(游泳池)。在每种情况下,句子的开头都是完全相同的,但后半段的句子有助于消除空白处应该填充哪个单词的歧义。这也就体现了 LSTM 和 BiLSTM 之间的差异:LSTM 只能从过去的令牌中学习,而 BiLSTM 可以从过去和未来的令牌中学习。

这种新的 BiLSTM 模型的参数略高于 12M。

```
bilstm = build_model_bilstm(
    vocab_size = vocab_size,
    embedding_dim = embedding_dim,
    rnn_units = rnn_units,
    batch_size = BATCH_SIZE)

bilstm.summary()
```

```
Model: "sequential_1"
_____
Layer (type) Output Shape Param #
=================================================================
embedding_1 (Embedding) (50, None, 128) 12023168
_____
dropout (Dropout) (50, None, 128) 0
_____
bidirectional (Bidirectional (50, None, 128) 98816
_____
dropout_1 (Dropout) (50, None, 128) 0
_____
bidirectional_1 (Bidirection (50, 128) 98816
_____
dropout_2 (Dropout) (50, 128) 0
_____
dense_1 (Dense) (50, 1) 129
=================================================================
Total params: 12,220,929
Trainable params: 12,220,929
Non-trainable params: 0
_____
```

在未进行其他更改的情况下运行上面所示的模型,会发现模型的准确性和精度有所提高:

```
bilstm.fit(encoded_train_batched, epochs = 5)
```

```
Epoch 1/5
500/500 [==============================] - 80s 160ms/step - loss:
0.3731 - accuracy: 0.8270 - Precision: 0.8186 - Recall: 0.8401
...
Epoch 5/5
500/500 [==============================] - 70s 139ms/step - loss:
```

```
0.0316 - accuracy：0.9888 - Precision：0.9886 - Recall：0.9889
```

```
bilstm.evaluate(encoded_test.batch(BATCH_SIZE))
```

```
500/Unknown - 20s 40ms/step - loss：0.7280 - accuracy：0.8389 -
Precision：0.8650 - Recall：0.8032
```

请注意,该模型严重过度拟合。为模型添加某种形式的正则化非常重要。直接建模,不添加任何特征或使用无监督数据来学习更好的嵌入时,模型的准确率高于83.5％。而 2019 年 8 月发布的最新数据结果的准确率为 97.42％。一些可能的模型改进方法有:堆叠 LSTM 或 BiLSTM 的层;将一些层用于正则化;在训练和测试评论文本数据时使用数据集的无监督分割以更好地学习嵌入,并且使用最终网络中的嵌入;添加更多的特征,如字型(word shapes)和词性标签(POS tags)等。我们将在第 4 章中讨论诸如 BERT 的语言模型时再次研究该议题。也许这个例子会启发你尝试自己的模型,并发表一篇具有最新成果的论文!

请注意,虽然 BiLSTM 功能强大,但可能并不适用于所有应用程序。假设 BiLSTM 体系结构可同时对整个文本或序列使用,会发现该假设在某些状况下并不成立。

像是聊天机器人中的语音命令识别功能,只对用户迄今为止所使用过的命令有反应,因为无法确定用户将来会说什么话。而在实时时间序列分析中,只有来自过去的数据可用。在此类应用中,不能使用 BiLSTM。此外,RNN 本身十分优秀,其在几个时期内进行了大量的数据训练,包含 25 000 个训练示例的 IMDb 数据集仅是体现RNN 能力的一小部分。您可能会发现,使用 TF‐IDF 和逻辑回归以及一些特征工程,您可以获得类似或更好的结果。

2.3　总　结

本章属高级自然语言处理问题学习的基础内容。许多高级模型使用构建块,如BIRNN。首先,我们使用 TensorFlow 数据集包加载数据,并简化了矢量化构建词汇表、标记器和编码器的工作。在初步了解学习 LSTM 和 BiLSTM 的基础上,我们构建了情感分析模型。虽然最终取得的结果难言先进,但也展现了十足的希望。总之,我们现在掌握了一些 NLP 的基本要素,并将基于此向更难的问题发起冲击。

在本章学习的基础上,下一章中我们将利用 BiLSTM 构建第一个 NER 模型,并尝试使用 CRF 和维特比解码进行改进。

第 3 章

基于 BiLSTMs、CRFs 和
维特比解码的命名实体识别

命名实体识别(NER)是 NLU 的基本构建块之一,多用于标记文本中人员、公司、产品的数量或名称,在聊天机器人应用程序和许多其他的信息检索与提取用例中十分有用。本章将重点介绍 NER 及其模型构建和训练过程中涉及的诸多技术,如条件随机场(Conditional Random Fields,CRFs)和双向长短时记忆(Bi-directional LSTMs,BiLSTMs),同时还有一些高级 TensorFlow 技术,如自定义层(custom layers)、损耗(losses)以及训练循环(training loops)。我们将以第 2 章所介绍的 BiLSTM 知识为基础展开讲解。具体而言,本章将涵盖以下内容:

- NER 概述;
- 用 BiLSTM 构建 NER 标记模型;
- CRF 和维特比算法;
- 为 CRF 构建自定义 Keras 层;
- 在 Keras 和 TensorFlow 中构建自定义损失函数;
- 使用自定义训练循环训练模型。

首先的任务是理解 NER 是什么,这也是 3.1 节的内容。

3.1 命名实体识别

对于给定的一个句子或一段文本,NER 模型的作用是定位文本令牌中的命名实体并分类,例如人名、组织和公司、物理位置、数量、货币数量、时间、日期,甚至蛋白质或 DNA 序列。例如:

Ashish paid Uber $ 80 to go the Twitter offices in San Francisco. (Ashish 支付了优步 80 美元以前往位于旧金山的推特办公室。)

该句子应标记如下:

[Ashish]$_{PER}$ paid [Uber]$_{ORG}$ [$ 80]$_{MONEY}$ to go the [Twitter]$_{ORG}$ offices in [San Francisco]$_{LOC}$.

如图 3.1 所示是一个来自 Google Cloud Natural Language API 中的 NER 示例,其中包含几个额外的类。

图 3.1　Google Cloud Natural Language API 中的 NER 示例

常见示例标签及示例如表 3.1 所列。

可采用不同的数据集和标记方案训练 NER 模型。不同的数据集可能具有上面列出的标签中的几种或是全部,也可能有特定领域的其他标签。比如说英国国防科技实验室创建了一个名为 re3d(https://github.com/dstl/re3d)的数据集,该数据集包含交通工具(波音 777)、武器(步枪)和军事平台(坦克)等实体类型。下面链接中提供了可以以各种语言提供足够大小标记数据集的 NER 数据集集合:https://github.com/juand-r/entity-recognition-datasets。多数时候,构建模型需要花费大量时间收集和注释数据。例如,构建一个用于订购比萨饼的聊天机器人,那么需要收集并注释诸如底料、酱料、尺寸和配料之类的数据。

表 3.1　常见示例标签及示例

类　型	示例标签	示　例
Person(人名)	PER	*Gregory* went to the castle(格雷戈里去了城堡)
Organization(组织名)	ORG	*WHO* just issued an epidemic advisory(世界卫生组织刚刚发布了疫情资讯)
Location(地点)	LOC	She lives in *Seattle*(她住在西雅图)
Money(钱)	MONEY	You owe me *twenty dollars*(你欠我 20 美元)
Percentage(比例)	PERCENT	Stocks have risen *10%* today(股票今天涨了 10%)
Date(日期)	DATE	Let's meet on *Wednesday*(周三见吧)
Time(时间)	TIME	Is it *5pm* already?（已经下午 5 点了吗?)

多种方法可用于构建 NER 模型。比如说,如果句子被视为一个序列,那么该任务可以建模为一个逐字标注任务,像词性标注模型(Part of Speech,POS)一类的模型便可用在此处,并且还可以将特征添加到模型中以改进标注,比如一个词及其相邻词的词性便是最直接的特征。通过模拟小写字母的字型特征可以添加大量信息,主要是因为许多实体类型有专有名词,如用于人员和组织的专有名词便可进行缩写。例如,World Health Organization 可以缩写为 WHO(此功能仅适用于区分小写字母和大写字母的语言)。

另一个重要特征是检查地名录(gazetteer)中的一个词。地名录就像是重要地理实体的数据库(参见 geonames)。org 提供了根据 Creative Commons(知识共享)许可的数据集示例。美国的一组人名可以从美国社会保障局(US Social Security Administration)获取,网址为 https://www.ssa.gov/oact/babynames/state/namesby-state.zip,链接里的 ZIP-fi 文件包含自 1910 年以来在美国出生的按州分组的人的姓名。类似地,Dunn and Bradstreet(俗称 D&B)提供了一组公司数据,这些公司在全球拥有超过 2 亿家可获得许可的企业。而这种方法也存在问题,其最大的挑战是随着时间的推移更新维护这些复杂的列表数据。

在本章中,我们将重点介绍一个既不依赖于上述外部数据(如 gazetteer),也不依赖于自行编码的特征便可进行训练的模型,同时该模型将是上述 BiLSTM 和 CRF 的组合。在这个过程中,我们将尝试使用深度神经网络和一些附加技术来尽可能地提高其精准度。该模型基于 Guillaume Lample 等人撰写的题为 *Neural Architectures for Named Entity Recognition*(命名实体识别的神经架构)的论文,并在 2016 年 NAACL-HTL 会议上发表。论文作为 2016 年的最新成果,取得了 90.94 的 F1 得分。目前,SOTA 的 F1 得分为 93.5,其中该模型使用额外的训练数据。这些数字是在 CoNLL 2003 英语数据集上测量的。本章将使用 GMB 数据集。

GMB 数据集

有了所有的基础知识，我们已经准备好构建一个能够对用户进行分类的模型。对于该任务，将使用 Groningen Meaning Bank(GMB)数据集。鉴于该数据集使用自动标记软件进行构建，然后再人工更新数据子集，故其并不能被视为黄金标准，但 GMB 确实是一个非常庞大和丰富的数据集。这些数据有很多有用的注释，非常适合于训练模型；此外，它还由公共域文本构建，便于用于培训。本语料库中标记了以下命名实体：

- geo = Geographical entity（地理实体）；
- org = Organization（组织）；
- per = Person（人）；
- gpe = Geopolitical entity（地缘政治实体）；
- tim = Time indicator（时间指示器）；
- art = Artifact（手工品）；
- eve = Event（事件）；
- nat = Natural phenomenon(自然现象)。

每个大类都可以细分出多个小类别。例如，可以进一步细分 tim，并将其表示为与一周中某一天相对应的时间实体的 tim-dow，或表示日期的 tim-dat。在本练习中，这些子实体将被聚合到上面列出的 8 个顶级实体中。由于子实体之间的示例数量差异很大，再加上缺乏用于这些子类别的足够的训练数据，因此精度差异会很大。

数据集还为每个单词提供了 NER 实体。多数情况下，单词数将多于实体数，例如，若 Hyde Park(海德公园)是一个地理实体，那么这两个词都将被标记为地理实体。就 NER 的训练模型而言，还有另一种可能会对模型的准确性产生重大影响的标记方法来表示这些数据。

使用 BIO 标记方案。在该方案中，实体的第一个字（单字或多字）用 B-{entity tag}标记。如果实体是多字的，则每个连续的字将被标记为 I-{entity tag}。按照这种方法，在上面的示例中，海德公园将被标记为 B-geo I-geo。而所有这些都是数据集所需的预处理步骤。本例的所有代码都可以在 GitHub 存储库的 chapter3-ner-with-lstm-crf 文件夹下的 NER with BiLSTM and CRF.ipynb 笔记本中找到。

让我们从加载和处理数据开始。

3.2　加载数据

数据可从格罗宁根大学网站下载，如下所示：

```
# alternate: download the file from the browser and put
# in the same directory as this notebook
```

```
!wget https://gmb.let.rug.nl/releases/gmb-2.2.0.zip
! unzip gmb-2.2.0.zip
```

注意,该数据超过 800 MB,非常大。如果您的系统上没有 wget,您可以使用任何其他工具(如 curl 或浏览器)下载数据集。此步骤可能需要一些时间才能完成。如果您在从大学服务器访问数据集时遇到困难,可以从 Kaggle 下载一份副本: https://www.kaggle.com/bradbolliger/gmb-v220。还请注意,由于我们将处理大型数据集,因此执行以下一些步骤可能需要一些时间。在自然语言处理领域,更多的训练数据和训练时间是取得优异结果的关键。

 本例的所有代码都可以在 GitHub 存储库的 chapter3-ner-with-lstm-crf 文件夹下的 NER with BiLSTM and CRF.ipynb 笔记本中找到。

数据解压到 gmb-2.2.0 文件夹中。data 子文件夹中有多个具有不同文件的子文件夹。README 数据集提供的自述文件中提供了有关各种文件及其内容的详细信息。对于本例,我们将仅使用各种子目录中标签名为 en.tages 的文件。这些文件是以制表符分隔的文件,句子中的每个单词排成一行。

总共有 10 列信息:

- The token itself.(令牌本身。)
- A POS tag as used in the Penn Treebank.(ftp://ftp.cis.upenn.edu/pub/treebank/doc/tagguide.ps.gz)(Penn Treebank 使用的 POS 标记。)
- A lemma.(引理。)
- A named-entity tag, or 0 if none.(命名实体标签,没有则为 0。)
- A WordNet word sense number for the respective lemma-POS combinations, or 0 if not applicable.(http://wordnet.princeton.edu)(各个引理词组组合的 WordNet 词义号,如果不适用则为 0。)
- For verbs and prepositions, a list of the VerbNet roles of the arguments in order of combination in the Combinatory Categorial Grammar (CCG) derivation, or [] if not applicable.(http://verbs.colorado.edu/~mpalmer/projects/verbnet.html)(对于动词和介词,在组合范畴语法(CCG)推导中,按组合顺序列出参数的 VerbNet 任务,不适用则为[]。)
- Semantic relation in noun-noun compounds, possessive apostrophes, temporal modifiers, and so on. Indicated using a preposition, or 0 if not applicable.(名词-名词复合词、所有格撇号、时间修饰词等中的语义关系用介词表示,不适用则为 0。)
- An animacy tag as proposed by Zaenen et al.(2004), or 0 if not applicable.(http://dl.acm.org/citation.cfm?id=1608954)(Zaenen 等人(2004)提出的动物性标签,不适用则为 0。)

- A supertag (lexical category of CCG).（超级标记（CCG 的词法类别）。）
- The lambda-DRS representing the semantics of the token in Boxer's Prolog.（lambda DRS 以 Boxer's Prolog 格式表示的令牌的语义。）

在这些字段中，我们将只使用令牌和命名实体标记。但是，我们将在将来的练习中加载 POS 标记。以下代码可以获取这些标记文件的所有路径：

```
import os
data_root = './gmb - 2.2.0/data/'


fnames = []
for root, dirs, files in os.walk(data_root):
    for filename in files:
        if filename.endswith(".tags"):
            fnames.append(os.path.join(root, filename))


fnames[:2]

['./gmb - 2.2.0/data/p57/d0014/en.tags', './gmb - 2.2.0/data/p57/d0382/
en.tags']
```

考虑到每个文件中众多的句子数量以及成行的单词，首先需要进行一些处理。在训练模型时需要将整个句子看作一个序列并和与其对应的 NER 标签序列一同输入。如上所述，需要将 NER 标记简化为顶层实体，然后再将 NER 标记转换为 IOB 格式。IOB 是 In-Other-Begin 的缩写，分别将这三个字母用作 NER 标记的前缀 x。表 3.2 中的句子片段显示了该方案的工作原理。

表 3.2　句子片段及 NER 标记

Reverend	Terry	Jones	arrived	In	New	York
B-per	I-per	I-per	O	O	B-geo	I-geo

（令人尊敬的 Terry Jones 来到了纽约。）

表 3.2 显示了处理后的标记方案。请注意，New York（纽约）是一个地点，标记过程中遇到 New 便标志着 geo NER 标记的开始，因此它被指定为 B-geo，而下一单词 York 则是同一地理实体的延续。对于任何网络来说，将"New"一词归类为地理实体的开头都是一项挑战。然而，得益于 BiLSTM 网络可以看到后面的单词，能极大程度上消除歧义，因此并没有太大问题。此外，IOB 标签的优点是，模型的检测准确性有了显著提高。这是因为一旦检测到一个 NER 标记的开头，下一个标记的选择就变得非常有限。

接下来便是编码过程。首先，创建一个目录以存储所有已处理的文件：

```
!mkdir ner
```

处理标签并去掉 NER 标签的子类别：

```
import csv
import collections

ner_tags = collections.Counter()
iob_tags = collections.Counter()

def strip_ner_subcat(tag):
    # NER tags are of form {cat}-{subcat}
    # eg tim-dow. We only want first part
    return tag.split("-")[0]
```

上面的代码设置了 NER 标记和 IOB 标记计数器，并定义了一种从 NER 标记中剥离子类别的方法。下一种方法采用一系列标记并将其转换为 IOB 格式：

```
def iob_format(ners):
    # converts IO tags into IOB format
    # input is a sequence of IO NER tokens
    # convert this: O, PERSON, O, O, B-LOCATION, O
    # into: O, B-PERSON, I-PERSON, O, O, B-LOCATION, O
    iob_tokens = []
    for idx, token in enumerate(ners):
        if token != 'O':  # ! other
            if idx == 0:
                token = "B-" + token # start of sentence
            elif ners[idx-1] == token:
                token = "I-" + token # continues
            else:
                token = "B-" + token
        iob_tokens.append(token)
        iob_tags[token] += 1
    return iob_tokens
```

一旦这两个方便功能就绪，所有标签文件都需要读取和处理：

```
total_sentences = 0
outfiles = []
for idx, file in enumerate(fnames):
    with open(file, 'rb') as content:
        data = content.read().decode('utf-8').strip()
```

```
            sentences = data.split("\n\n")
            print(idx, file, len(sentences))
            total_sentences += len(sentences)

            with open("./ner/" + str(idx) + " - " + os.path.basename(file),
'w') as outfile:
                outfiles.append("./ner/" + str(idx) + " - " +
os.path.basename(file))
                writer = csv.writer(outfile)

                for sentence in sentences:
                    toks = sentence.split('\n')
                    words, pos, ner = [], [], []
                    for tok in toks:
                        t = tok.split("\t")
                        words.append(t[0])
                        pos.append(t[1])
                        ner_tags[t[3]] += 1
                        ner.append(strip_ner_subcat(t[3]))
                    writer.writerow([" ".join(words),
                                    " ".join(iob_format(ner)),
                                    " ".join(pos)])
```

首先,设置句子数目的计数器,并初始化用路径写入的文件列表。写入处理后的文件时,其路径将添加到 outfiles 变量中。稍后将使用此列表加载所有数据并训练模型。读取文件并将其拆分为两个空换行符。这是文件中句子结尾的标记。收集文件中的实际单词、POS 令牌和 NER 令牌,并利用这些信息创建一个新的 CSV 文件,该文件包含三列:句子、一系列 POS 令牌和一系列 NER 令牌。执行此步骤可能需要一段时间。

```
print("total number of sentences: ", total_sentences)
```

```
total number of sentences: 62010
```

为了在处理前后确认 NER 标记的分布,我们可以使用以下代码:

```
print(ner_tags)
print(iob_tags)
```

```
Counter({'O': 1146068, 'geo - nam': 58388, 'org - nam': 48034, 'per - nam':
23790, 'gpe - nam': 20680, 'tim - dat': 12786, 'tim - dow': 11404, 'per - tit':
9800, 'per - fam': 8152, 'tim - yoc': 5290, 'tim - moy': 4262, 'per - giv':
2413, 'tim - clo': 891, 'art - nam': 866, 'eve - nam': 602, 'nat - nam': 300,
```

'tim − nam': 146, 'eve − ord': 107, 'org − leg': 60, 'per − ini': 60, 'per
ord': 38, 'tim − dom': 10, 'art − add': 1, 'per − mid': 1})
Counter({'O': 1146068, 'B − geo': 48876, 'B − tim': 26296, 'B − org': 26195,
'I − per': 22270, 'B − per': 21984, 'I − org': 21899, 'B − gpe': 20436,
'I − geo': 9512, 'I − tim': 8493, 'B − art': 503, 'B − eve': 391, 'I − art': 364,
'I − eve': 318, 'I − gpe': 244, 'B − nat': 238, 'I − nat': 62})

很明显,上述输出中有许多像是 tim dom 这种网络几乎不需要学习的罕见标签。聚合一个级别有助于增加这些标签的信号。要检查整个过程是否正确完成,请检查 ner 文件夹是否有 10 000 个文件。现在,让我们加载处理后的数据以对其进行规范化(normalize)、令牌化(tokenize)和矢量化(vectorize)。

3.3 规范化、矢量化数据

本节将使用 pandas 和 numpy 方案。第一步是将已处理文件的内容加载到一个数据帧中:

```
import glob
import pandas as pd

# could use 'outfiles' param as well
files = glob.glob("./ner/ * .tags")

data_pd = pd.concat([pd.read_csv(f, header = None,
                                 names = ["text", "label", "pos"])
                     for f in files], ignore_index = True)
```

考虑到该步骤需要处理 10 000 个文件,需要一定时间来完成。加载内容后,我们可以检查数据帧的结构:

```
data_pd.info()

RangeIndex: 62010 entries, 0 to 62009
Data columns (total 3 columns):
# Column Non − Null Count Dtype
--- ------ -------------- -----
0   text    62010 non − null    object
1   label   62010 non − null    object
2   pos     62010 non − null    object
dtypes: object(3)
memory usage: 1.4 + MB
```

文本和 NER 标签都需要令牌化并编码为数字,以用于训练。我们将使用

keras. preprocessing 包提供的核心方法。首先,分词器将用于文本令牌化。在本例中,文本只需要用空格进行令牌化,因为它已经被分解了。

```
### Keras tokenizer
from tensorflow.keras.preprocessing.text import Tokenizer
text_tok = Tokenizer(filters = '[\\]^\t\n', lower = False,
                     split = ' ', oov_token = ' <OOV> ')

pos_tok = Tokenizer(filters = '\t\n', lower = False,
                    split = ' ', oov_token = ' <OOV> ')
ner_tok = Tokenizer(filters = '\t\n', lower = False,
                    split = ' ', oov_token = ' <OOV> ')
```

虽然分词器的默认值非常合理,但在这种特殊情况下,重要的是只根据空格进行令牌化,而不能清除特殊字符;否则,数据将被错误格式化。

```
text_tok.fit_on_texts(data_pd['text'])
pos_tok.fit_on_texts(data_pd['pos'])
ner_tok.fit_on_texts(data_pd['label'])
```

即使我们不使用 POS 标签,上述过程也包括了对它们的处理。POS 标签的使用会影响 NER 模型的准确性。例如,许多实体是名词。而此处我们将看到如何处理 POS 标记,但不将其作为特征在模型中使用。这是留给读者的练习。

该分词器有一些有用的特征。它提供了一种通过字数、TF-IDF 等来限制词汇表大小的方案。如果 num_words 参数传递了一个数值,则分词器将根据字频将令牌数限制为该数字。fit_on_texts 方法接收所有文本并将其令牌化,然后再利用这些稍后将用于一次性标记和编码的令牌构建字典。在标记器对文本进行加密后,可以调用方便函数 get_config(),以提供有关令牌的信息:

```
ner_config = ner_tok.get_config()
text_config = text_tok.get_config()
print(ner_config)
```

{'num_words': None, 'filters': '\t\n', 'lower': False, 'split': '',
'char_level': False, 'oov_token': ' <OOV> ', 'document_count': 62010,
'word_counts': '{"B-geo": 48876, "O": 1146068, "I-geo": 9512, "B-per":
21984, "I-per": 22270, "B-org": 26195, "I-org": 21899, "B-tim": 26296,
"I-tim": 8493, "B-gpe": 20436, "B-art": 503, "B-nat": 238, "B-eve":
391, "I-eve": 318, "I-art": 364, "I-gpe": 244, "I-nat": 62}', 'word_
docs': '{"I-geo": 7738, "O": 61999, "B-geo": 31660, "B-per": 17499,

```
"I-per": 13805, "B-org": 20478, "I-org": 11011, "B-tim": 22345,
"I-tim": 5526, "B-gpe": 16565, "B-art": 425, "B-nat": 211, "I-eve":
201, "B-eve": 361, "I-art": 207, "I-gpe": 224, "I-nat": 50}', 'index_
docs': '{"10": 7738, "2": 61999, "3": 31660, "7": 17499, "6": 13805,
"5": 20478, "8": 11011, "4": 22345, "11": 5526, "9": 16565, "12": 425,
"17": 211, "15": 201, "13": 361, "14": 207, "16": 224, "18": 50}',
'index_word': '{"1": " <OOV> ", "2": "O", "3": "B-geo", "4": "B-tim",
"5": "B-org", "6": "I-per", "7": "B-per", "8": "I-org", "9": "B-gpe",
"10": "I-geo", "11": "I-tim", "12": "B-art", "13": "B-eve", "14":
"I-art", "15": "I-eve", "16": "I-gpe", "17": "B-nat", "18": "I-nat"}',
'word_index': '{" <OOV> ": 1, "O": 2, "B-geo": 3, "B-tim": 4, "B-org": 5,
"I-per": 6, "B-per": 7, "I-org": 8, "B-gpe": 9, "I-geo": 10, "I-tim":
11, "B-art": 12, "B-eve": 13, "I-art": 14, "I-eve": 15, "I-gpe": 16,
"B-nat": 17, "I-nat": 18}'})
```

配置中的 index_word 字典属性提供 ID 和令牌之间的映射。配置文件中包含大量信息。词汇表可以从配置中获得：

```
text_vocab = eval(text_config['index_word'])
ner_vocab = eval(ner_config['index_word'])

print("Unique words in vocab:", len(text_vocab))
print("Unique NER tags in vocab:", len(ner_vocab))
```

```
Unique words in vocab: 39422
Unique NER tags in vocab: 18
```

令牌化和编码文本以及命名实体标签非常容易：

```
x_tok = text_tok.texts_to_sequences(data_pd['text'])
y_tok = ner_tok.texts_to_sequences(data_pd['label'])
```

所有序列都将被填充或截断为 50 个令牌的大小。相关辅助函数如下：

```
# now, pad sequences to a maximum length
from tensorflow.keras.preprocessing import sequence

max_len = 50

x_pad = sequence.pad_sequences(x_tok, padding = 'post',
                                    maxlen = max_len)
y_pad = sequence.pad_sequences(y_tok, padding = 'post',
                                    maxlen = max_len)
print(x_pad.shape, y_pad.shape)
```

```
(62010,50)(62010,50)
```

上面的最后一步是在进入下一步之前确保形状正确。验证形状是 TensorFlow 中开发代码的一个非常重要的部分。

除上述操作以外，还需要对标签执行另外一个步骤。由于有多个标签，每个标签令牌都需要进行热编码，如下所示：

```
num_classes = len(ner_vocab) + 1

Y = tf.keras.utils.to_categorical(y_pad, num_classes = num_classes)
Y.shape
```

```
(62010,50,19)
```

接下来便是建立和训练模型。

3.4　BiLSTM 模型

我们将建立的第一个模型是 BiLSTM 模型。首先需要设置基本常数：

```
# Length of the vocabulary
vocab_size = len(text_vocab) + 1

# The embedding dimension
embedding_dim = 64

# Number of RNN units
rnn_units = 100

#batch size
BATCH_SIZE = 90

# num of NER classes
num_classes = len(ner_vocab) + 1
```

接下来，定义用于实例化模型的方便函数：

```
from tensorflow.keras.layers import Embedding, Bidirectional, LSTM,
TimeDistributed, Dense

dropout = 0.2
def build_model_bilstm(vocab_size, embedding_dim, rnn_units, batch_
size, classes):
model = tf.keras.Sequential([
```

```
    Embedding(vocab_size, embedding_dim, mask_zero = True,
            batch_input_shape = [batch_size,
None]),
    Bidirectional(LSTM(units = rnn_units,
            return_sequences = True,
            dropout = dropout,
            kernel_initializer = \
            tf.keras.initializers.he_normal())),
    TimeDistributed(Dense(rnn_units, activation = 'relu')),
    Dense(num_classes, activation = "softmax")
])
```

接下来是训练嵌入。下一章将讨论如何使用预训练嵌入并应用于模型嵌入层后的 BiLSTM 层,紧接着是一个时间分布(TimeDistributed)密集层。该模型的最后一层与只有一个二进制输出单元的情绪分析模型不同。该问题输入序列中的每个字都需要预测 NER 令牌,所以其输出的令牌数与输入的相等。也就是说,输出令牌应与输入令牌一一对应,并被归类为 NER 类之一。时间分布层提供了这种能力。该模型中另一需要注意的点是正则化的使用。模型不会过度拟合训练数据是建模中十分重要的一点,而由于 LSTM 具有很高的模型容量,因此使用正则化非常重要。可以随意使用下列超参数中的一部分,以了解模型将如何反应。

现在可以编译模型:

```
model = build_model_bilstm(
                    vocab_size = vocab_size,
                    embedding_dim = embedding_dim,
                    rnn_units = rnn_units,
                    batch_size = BATCH_SIZE,
                    classes = num_classes)
model.summary()
model.compile(optimizer = "adam", loss = "categorical_crossentropy",
metrics = ["accuracy"])
```

```
Model: "sequential_1"
Layer (type)                    Output Shape            Param #
=================================================================
embedding_9 (Embedding)         (90, None, 64)          2523072
_____
bidirectional_9 (Bidirection    (90, None, 200)         132000
_____
time_distributed_6 (TimeDist    (None, None, 100)       20100
_____
```

```
dense_16（Dense）                  （None，None，19）                    1919
=========================================================
Total params：2,677,091
Trainable params：2,677,091
Non－trainable params：0
```

该模型有超过 260 万个参数。

> 大家会发现大部分参数来自于词汇表。该词汇表共有 39 422 个单词，大大增加了模型所需的训练时间和计算负担。减少这种情况的一种方法是缩小词汇量。要做到这一点，最简单的方法是只考虑出现频率超过一定值的单词，或者删除小于一定数量字符的单词。还可以通过将所有字符转换为小写来减少词汇表。然而，在 NER 中，大小写是一个非常重要的特性。

该模型已准备好进行培训。最后一件需要做的事情是将数据分成训练集和测试集：

```
# to enable TensorFlow to process sentences properly
X = x_pad
# create training and testing splits
total_sentences = 62010
test_size = round(total_sentences / BATCH_SIZE * 0.2)
X_train = X[BATCH_SIZE * test_size：]
Y_train = Y[BATCH_SIZE * test_size：]


X_test = X[0：BATCH_SIZE * test_size]
Y_test = Y[0：BATCH_SIZE * test_size]
```

现在可以训练模型了：

```
model.fit(X_train, Y_train, batch_size = BATCH_SIZE, epochs = 15)
```

```
Train on 49590 samples
Epoch 1/15
49590/49590 [==============================] － 20s 409us/sample － loss：
0.1736 － accuracy：0.9113
...
Epoch 8/15
49590/49590 [==============================] － 15s 312us/sample － loss：
0.0153 － accuracy：0.9884
```

```
...
Epoch 15/15
49590/49590 [==============================] - 15s 312us/sample - loss:
0.0065 - accuracy: 0.9950
```

经过 15 个阶段的训练,该模型表现良好,准确率超过 99％。让我们看看模型在测试集上的表现,以及正则化是否有帮助:

```
model.evaluate(X_test, Y_test, batch_size = BATCH_SIZE)
```

```
12420/12420 [==============================] - 3s 211us/sample - loss:
0.0926 - accuracy: 0.9624
```

该模型在测试数据集上表现良好,精确度超过 96.5％。训练和测试精度之间的差异仍然存在,这意味着该模型可以使用一些额外的正则化进行优化。可以使用 dropout 变量,或者在嵌入层和 BiLSTM 层之间、时间分布层和最终密集层之间添加额外的 dropout 层。

表 3.3 所列是由该模型标记的句子片段的示例。

表 3.3   模型标记的句子片段示例

句子类别	Faure	Gnassingbe	said	in	a	speech	carried	by	state	media	Friday
Actual (实际)	B-per	I-per	O	O	O	O	O	O	O	O	B-tim
Model (模型)	B-per	I-per	O	O	O	O	O	O	O	O	B-tim

(Faure Gnassingbe 星期五在国家媒体发表的演讲中说。)

可以看出该模型工作良好,能够识别句子中的人和时间实体。

但是,该模型也存在缺陷,那就是它没有使用命名实体标记的一个重要特征——给定的标记与后面的标记之间高度相关。CRF 可以利用这些信息,进一步提高 NER 任务的准确性。让我们了解 CRF 是如何工作的,然后将它们添加到上面的网络中。

3.5 条件随机场

BiLSTM 模型查看输入的单词序列,并预测当前单词的标签。在进行该确定时,仅考虑先前输入的信息,先前的预测对这一过程没有任何影响。然而,在标签序列中编码的信息正逐步打折。为了说明这一点,考虑 NER 标签的子集:O、B-Per、I-Per、

B-Geo 和 I-Geo。这些标签包含了个人和地理实体的两个领域及其他类别。根据 IOB 标签的结构,我们知道任何 I 标签前面都必须有来自同一域的 B-I。这也意味着 I 标签前面不能有 O 标签。图 3.2 显示了这些标签之间可能的状态转换。

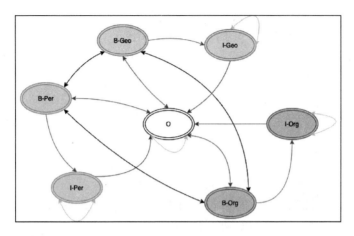

图 3.2　可能的 NER 标签转换

图 3.2 具有相同颜色的类似过渡类型的颜色代码。

O 标签只能转换为 B 标签。B 标签可以转到其相应的 I 标签或返回 O 标签。I 标签可以转换回自身、O 标签或不同域的 B 标签(为了简单起见,图中未显示)。对于一组 N 个标签,这些转换可以由维数为 $N \times N$ 的矩阵表示。$P_{i,j}$ 表示标签 j 位于标签 i 之后的可能性。请注意,可以根据数据学习这些转移权重。这种学习的转移权重矩阵可以在预测期间用于考虑预测标签的整个序列并对概率进行更新。

表 3.4 是具有指示转移权重的说明性矩阵。

表 3.4　具有指示转移权重的说明性矩阵

From＞To	O	B-Geo	I-Geo	B-Org	I-Org
O	3.28	2.20	0.00	3.66	0.00
B-Geo	−0.25	−0.10	4.06	0.00	0.00
Geo	−0.17	−0.61	3.51	0.00	0.00
B-Org	−0.10	−0.23	0.00	−1.02	4.81
I-Org	−0.33	−1.75	0.00	−1.38	5.10

根据表 3.4,连接 I-Org 和 B-Org 的边的权重为−1.38,这意味着这种转移极不可能发生。实际上,实施通用报告格式有三个主要步骤。第一步是修改 BiLSTM 层

生成的分数并考虑过渡权重,如上所示。一系列预测为

$$y = (y_1, y_2, \cdots, y_n)$$

由上面的 BiLSTM 层 k 维空间中的 n 个标签序列的特殊标记生成,其对输入序列 X 进行操作。P 表示维数为 $n \times k$ 的矩阵,其中元素 $P_{i,j}$ 表示第 j 个标签在位置 y_i 处输出的概率。设 A 是如上所示的转移概率的平方矩阵,维数为 $(k+2) \times (k+2)$,其中添加了两个额外的标签作为句子的开始和结束标记。元素 $A_{i,j}$ 表示从标签 i 到标签 j 的转移概率。使用这些值,可以如下计算新得分:

$$s(X, y) = \sum_{i=0}^{n} A_{y_i y_{i+1}} + \sum_{i=1}^{n} P_{i, y_i}$$

可以在所有可能的标签序列上计算柔性最大值(softmax),以获得给定序列 y 的概率:

$$p(y \mid X) = \frac{e^{s(X, y)}}{\sum \tilde{y} \in Y_X e^{s(X, \tilde{y})}}$$

Y_X 表示所有可能的标签序列,包括可能不符合 IOB 标签格式的标签序列。要使用此 softmax 进行训练,可以在此基础上计算对数似然函数(log-likelihood)。通过巧妙地使用动态规划,可以避免组合爆炸,并且可以非常高效地计算分母。

 只有简单的数学表达式才有助于表示这种方法的工作原理。在下面的自定义层实现中,将详细展现实际计算过程。

解码时,输出序列是所有可能序列中经 argmax 风格函数(argmax style function)概念计算后得分最高的序列。维特比算法(Viterbi algorithm)通常用于实现解码的动态编程解决方案。在开始解码之前,让我们先对模型和训练进行编码。

3.6 基于 BiLSTM 和 CRF 的命名实体识别

要想实现具有 CRF 的 BiLSTM 网络,需要在上面开发的 BiLSTM 网络之上添加 CRF 层。然而,CRF 不是 TensorFlow 或 Keras 层的核心部分,无法直接获得。可以通过 tensorflow_addons 或 tfa 包获得。第一步是安装此软件包:

```
!pip install tensorflow_addons == 0.11.2
```

CRF 便利功能在 tfa.text 子文件包中,如图 3.3 所示。

这里只提供了用于实现 CRF 层的低级方法,并未提供高级层结构。CRF 的实现需要自定义层、损失函数和训练循环。在训练后,我们将了解如何实现使用维特比解码(Viterbi decoding)的自定义推理函数(customized inference function)。

```
    ▸ tfa.rnn
    ▸ tfa.seq2seq
    ▾ tfa.text
        Overview
        crf_binary_score
        crf_decode
        crf_decode_backward
        crf_decode_forward
        crf_forward
        crf_log_likelihood
        crf_log_norm
        crf_multitag_sequence_score
        crf_sequence_score
        crf_unary_score
        parse_time
        skip_gram_sample
        skip_gram_sample_with_text_voc...
        viterbi_decode
      ▾ crf
          Overview
          CrfDecodeForwardRnnCell
    ▸ parse_time_op
    ▸ skip_gram_ops
```

图 3.3　tfa. text 方法

3.6.1　实现自定义 CRF 层、损耗和模型

与上述流程类似,有一个嵌入层和一个 BiLSTM 层。需要使用上述 CRF 对数似然(log-likelihood)函数评估 BiLSTM 的输出损耗。这是需要用于训练模型的损耗。第一步是创建自定义层。在 Keras 中实现自定义层需要子类化 Keras. layers. layer。要实现的主要方法是通过 call()函数接收并转换输入的层,最后再返回结果。此外,层的构造函数还可以设置所需的任何参数。让我们从构造函数开始:

```
from tensorflow.keras.layers import Layer
from tensorflow.keras import backend as K


class CRFLayer(Layer):
    """

    Computes the log likelihood during training
```

```
    Performs Viterbi decoding during prediction
    """
    def __init__(self,
                 label_size, mask_id = 0,
                 trans_params = None, name = 'crf',
                 **kwargs):
        super(CRFLayer, self).__init__(name = name, * * kwargs)
        self.label_size = label_size
        self.mask_id = mask_id
        self.transition_params = None

        if trans_params is None: # not reloading pretrained params
            self.transition_params = tf.Variable(
tf.random.uniform(shape = (label_size, label_size)),
                            trainable = False)
        else:
          self.transition_params = trans_params
```

需要的主要参数如下：

- 标签数量和转换矩阵：如上文所述，需要学习转换矩阵，其维数是标签的数量。使用参数初始化转换矩阵。该过渡参数矩阵是计算对数似然度的结果，不能通过梯度下降来训练。如果在过去已经学习了过渡参数矩阵，则也可以将其传递到该层中。
- 掩码 ID：由于序列已填充，因此恢复原始序列长度以计算转换分数非常重要。按照惯例，掩码使用默认值 0。此参数是为将来的可配置性而设置的。

第二种方法是计算在应用该层后得到的结果。注意，作为一个层，CRF 层仅在训练时间内对输出进行反流，且仅在推断期间有用。在推理时，CRF 层利用转移矩阵和逻辑在返回序列之前校正 BiLSTM 层的序列输出。目前，这种方法非常简单。

```
def call(self, inputs, seq_lengths, training = None):

    if training is None:
        training = K.learning_phase()

    # during training, this layer just returns the logits
    if training:
        return inputs
    return inputs
```

该方法接受输入以及一个指定该方法调用时机（训练期间或是推理期间）的参数。未传递该变量时，可从 Keras 后端提取该变量。使用 fit() 方法训练模型时，

learning_ phase()返回 True。在模型上调用 predict()方法时,此标志设置为 false。

由于屏蔽了传递的序列,CRF 层需要在解码的推断期间知道实际序列长度。此时需要为 CRF 层传递一个变量(暂时不用)。既然基本的 CRF 层已经准备好,让我们来构建模型。

3.6.1.1 自定义 CRF 模型

考虑到模型建立时除上述自定义 CRF 层外还有多个预先存在的层,此处采用显示导入(explicit imports)来增强代码的可读性:

```
from tensorflow.keras import Model, Input, Sequential
from tensorflow.keras.layers import LSTM, Embedding, Dense,
TimeDistributed
from tensorflow.keras.layers import Dropout, Bidirectional
from tensorflow.keras import backend as K
```

第一步是定义一个构造函数,该构造函数将创建各种层并存储适当的维度:

```
class NerModel(tf.keras.Model):
    def __init__(self, hidden_num, vocab_size, label_size,
                embedding_size,
                name = 'BilstmCrfModel', **kwargs):
    super(NerModel, self).__init__(name = name, **kwargs)
    self.num_hidden = hidden_num
    self.vocab_size = vocab_size
    self.label_size = label_size

    self.embedding = Embedding(vocab_size, embedding_size,
                                mask_zero = True,
                                name = "embedding")
    self.biLSTM = Bidirectional(LSTM(hidden_num,
                                return_sequences = True),
                                name = "bilstm")
    self.dense = TimeDistributed(tf.keras.layers.Dense(
                                label_size), name = "dense")
    self.crf = CRFLayer(self.label_size, name = "crf")
```

该构造函数将接收 BiLSTM 的隐藏单元数、词汇表中单词的大小、NER 标签的数量以及嵌入的大小。此外,由构造函数设置的默认名称可以在实例化时重写。提供的任何其他参数都作为关键字参数传递。

在训练和预测期间,将调用以下方法:

```
def call(self, text, labels = None, training = None):
        seq_lengths = tf.math.reduce_sum(
```

```
tf.cast(tf.math.not_equal(text, 0), dtype = tf.int32), axis = - 1)

        if training is None:
            training = K.learning_phase()
        inputs = self.embedding(text)
        bilstm = self.biLSTM(inputs)
        logits = self.dense(bilstm)
        outputs = self.crf(logits, seq_lengths, training)

    return outputs
```

至此我们便通过几行代码和上面开发的自定义 CRF 层实现了一个自定义模型,现在仅剩下损失函数需要进行训练了。

3.6.1.2　使用 CRF 的 NER 自定义损失函数

我们需要将损失函数(loss function)转成 CRF 层的一部分,并封装在同名函数中。请注意,调用此函数时,通常会传递标签和预测值。我们将根据 TensorFlow 中的自定义损失函数对此处的损失函数进行建模。将此代码添加到 CRF 图层类:

```
def loss(self, y_true, y_pred):
    y_pred = tf.convert_to_tensor(y_pred)
    y_true = tf.cast(self.get_proper_labels(y_true), y_pred.dtype)

    seq_lengths = self.get_seq_lengths(y_true)
    log_likelihoods, self.transition_params = \
tfa.text.crf_log_likelihood(y_pred,
            y_true, seq_lengths)

    # save transition params
    self.transition_params = tf.Variable(self.transition_params,
                                         trainable = False)
    # calc loss
    loss = - tf.reduce_mean(log_likelihoods)
    return loss
```

此函数获取真实标签和预测标签。这两个张量通常具有相同的形状(批量大小、最大序列长度、NER 标签数)。然而,tfa 包中的对数似然函数需要标签处于(批量大小、最大序列长度)形状的张量中,因此我们需要改变标签的形状。下列所示方便函数(CRF 层的一部分)可执行标签形状的转换:

```
def get_proper_labels(self, y_true):
    shape = y_true.shape
    if len(shape) > 2:
```

```
        return tf.argmax(y_true, -1, output_type = tf.int32)
    return y_true
```

对数似然函数还需要知道每个示例的实际序列长度。这些序列长度可以通过该层构造器中设置的标签和掩码标识符计算得到（见上文）。该过程封装在另一个方便函数（也是 CRF 层的一部分）中：

```
def get_seq_lengths(self, matrix):
    # matrix if of shape (batch_size, max_seq_len)
    mask = tf.not_equal(matrix, self.mask_id)
    seq_lengths = tf.math.reduce_sum(
                                    tf.cast(mask, dtype = tf.int32),
                                    axis = -1)
    return seq_lengths
```

首先，通过将标签的值与掩码 ID 进行比较，从标签中生成布尔掩码（Boolean mask）。然后，通过将布尔值（Boolean）转换为整数并在行上求和，重新生成序列的长度。然后调用 tfa.text.crf_log_likelihood()函数计算并返回对数似然度（log-likelihoods）和转换矩阵（transition matrix）。CRF 层的转换矩阵利用函数调用后返回的转换矩阵进行更新。最后，通过对返回的所有对数似然度（log-likelihood）求和来计算损失。

此时，我们的编码自定义模型已准备好开始训练。我们需要设置数据并创建自定义训练循环。

3.6.2　实施自定义训练

需要实例化和初始化模型以进行培训：

```
# Length of the vocabulary
vocab_size = len(text_vocab) + 1

# The embedding dimension
embedding_dim = 64

# Number of RNN units
rnn_units = 100

#batch size
BATCH_SIZE = 90

# num of NER classes
num_classes = len(ner_vocab) + 1
```

81

```
blc_model = NerModel(rnn_units, vocab_size, num_classes,
embedding_dim, dynamic = True)
optimizer = tf.keras.optimizers.Adam(learning_rate = 1e-3)
```

与过去的示例一样,将会用到 Adam 优化器。接下来,我们依据上述 BiLSTM 部分中加载的数据帧(DataFrames)来构建 tf.data.DataSet:

```
# create training and testing splits
total_sentences = 62010
test_size = round(total_sentences / BATCH_SIZE * 0.2)
X_train = x_pad[BATCH_SIZE * test_size:]
Y_train = Y[BATCH_SIZE * test_size:]

X_test = x_pad[0:BATCH_SIZE * test_size]
Y_test = Y[0:BATCH_SIZE * test_size]
Y_train_int = tf.cast(Y_train, dtype = tf.int32)

train_dataset = tf.data.Dataset.from_tensor_slices((X_train,
Y_train_int))
train_dataset = train_dataset.batch(BATCH_SIZE,
drop_remainder = True)
```

大约 20% 的数据保留用于测试,其余的用于训练。

为了实现自定义训练循环,TensorFlow 2.0 公开了一个梯度带。该梯度带可以对具有梯度下降的任何模型在训练时所需的主要步骤进行低级别管理。这些步骤包括:

① 计算正向通过预测;
② 计算将这些预测与标签进行比较时的损失;
③ 基于损失计算可训练参数的梯度,然后使用优化器调整权重。

让我们对这个模型进行 5 个时期的训练,并观察训练过程中的损失。然后再将其与先前模型的 15 个训练周期进行比较。自定义训练循环如下所示:

```
loss_metric = tf.keras.metrics.Mean()

epochs = 5

# Iterate over epochs,
for epoch in range(epochs):
    print('Start of epoch %d' % (epoch,))

    # Iterate over the batches of the dataset.
```

```
    for step, (text_batch, labels_batch) in enumerate(
train_dataset):
        labels_max = tf.argmax(labels_batch, -1,
output_type = tf.int32)
        with tf.GradientTape() as tape:
            logits = blc_model(text_batch, training = True)
            loss = blc_model.crf.loss(labels_max, logits)

            grads = tape.gradient(loss,
blc_model.trainable_weights)
            optimizer.apply_gradients(zip(grads,
blc_model.trainable_weights))

            loss_metric(loss)
        if step % 50 == 0:
            print('step % s: mean loss = % s' %
(step, loss_metric.result()))
```

创建一个度量来跟踪随时间的平均损失。对于 5 个时期，每次从训练数据集中提取一批输入和标签，然后使用 tf.GradientTape() 来跟踪操作，执行上面项目符号中概述的步骤。注意，此处为自定义训练循环，可手动传递可训练变量。最后，每50 步输出一次损失度量，以显示训练进度。结果缩写如下：

```
Start of epoch 0
step 0: mean loss = tf.Tensor(71.14853, shape = (), dtype = float32)
step 50: mean loss = tf.Tensor(31.064453, shape = (), dtype = float32)
...
Start of epoch 4
step 0: mean loss = tf.Tensor(4.4125915, shape = (), dtype = float32)
step 550: mean loss = tf.Tensor(3.8311224, shape = (), dtype = float32)
```

由于我们实现了一个自定义的训练循环，而不需要编译模型，因此我们无法获得以前的模型参数摘要。为了了解模型的大小，现在可以获得一个摘要：

```
blc_model.summary()
```

```
Model: "BilstmCrfModel"
_____
Layer (type)                 Output Shape              Param #
=================================================================
embedding (Embedding)        multiple                  2523072
_____
bilstm (Bidirectional)       multiple                  132000
```

```
─────────────────────────────────────────────────
dense (TimeDistributed)        multiple              3819
─────────────────────────────────────────────────
crf (CRFLayer)                 multiple              361
=================================================
Total params：2,659,252
Trainable params：2,658,891
Non－trainable params：361
─────────────────────────────────────────────────
```

该模型的大小与以前的模型相当,但包含了一些来自转换矩阵无法计算的参数。过渡矩阵不是通过梯度下降学习的,因此该类无法计算的参数被归类为不可训练参数。

然而,训练损失很难解释。为了保证计算精度,我们需要实现解码,这是下一节的重点。目前,让我们假设解码可用,并检查 5 个时期的训练结果。为了便于说明,这里有一个来自测试集的句子以及在第一个时期结束时和第五个时期结束后得到的结果。

例句如下:

Writing in *The Washington Post* newspaper ，Mr. Ushakov also said it is inadmissible to move in the direction of demonizing Russia .

(乌沙科夫在《华盛顿邮报》上撰文说,朝着妖魔化俄罗斯的方向前进是不可接受的。)

其对应的真实标签如下:

O O B-org I-org I-org O O B-per B-org O O O O O O O O O O O B-geo O

对于 NER(命名实体识别)来说,这是一个相当困难的例句,因为 *The Washington Post*(《华盛顿邮报》)是一个由三个单词组成的组织名,且第一个词非常常见,并在多种语境中使用;第二个词也是地理位置的名称,因此很难准确识别。还请注意 GMB 数据集的不完美标签,其中名称 Ushakov 的第二个标签被标记为一个组织。在第一个训练阶段结束时,该模型预测如下:

O O O B-geo I-org O O B-per I-per O O O O O O O O O O O B-geo O

结果显示,模型会因为组织没有达到预期的位置而感到困惑;同时,还显示该模型没有通过在 B-geo 标签之后放置 I-org 标签来学习转移概率。虽然该次预测并未在人物部分出错,但由于组织部分的标签不完美,该次预测仍将被视为未命中。

经过 5 次训练后的结果优于原始结果:

O O B-org I-org I-org O O B-per I-per O O O O O O O O O O O B-geo O

考虑到训练次数有限,这个结果已经相当好了。现在,让我们看看如何解码 CRF 层中的句子以获得这些序列。用于解码的算法称为维特比解码。

3.7　维特比解码(Viterbi decoding)

预测标签序列的一种直接方法是从网络的先前层输出具有最高激活的标签。但这并非最佳方案,因为它假设的前提是每个标签预测独立于先前或后续预测。维特比算法用于对序列中的每个字进行预测,并应用最大化算法,使得输出序列具有最高似然。在以后的章节中,我们将看到通过波束搜索实现相同目标的另一种方法。维特比解码涉及在整个序列上最大化,而不是在序列的每个字处优化。为了说明这种算法和思维方式,让我们以一个 5 个单词的句子和一组 3 个标签为例。例如,这些标签可以是 O、B-geo 和 I-geo。

该算法需要标签之间的转移矩阵值。回想一下,这是在上面的自定义 CRF 层中生成和存储的。假设矩阵如表 3.5 所列。

表 3.5　标签之间的转移矩阵

From>To	Mask	O	B-geo	I-geo
Mask	0.6	0.3	0.2	0.01
O	0.8	0.5	0.6	0.01
B-geo	0.2	0.4	0.01	0.7
I-geo	0.3	0.4	0.01	0.5

为了解释算法的工作原理,将使用图 3.4 所示的步骤。

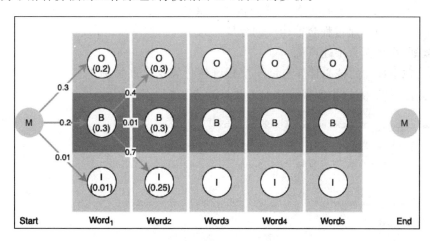

图 3.4　维特比解码中的步骤

这个句子从左边开始。从单词开始到第一个标记的箭头表示两个标记之间转换的概率。箭头上的数字应与上述过渡矩阵中的值匹配。在表示标签的圆圈内,第一个单词显示了由神经网络生成的分数(本例中为 BiLSTM 模型)。这些分数需要加在一起,得到单词的最终分数。请注意,因为在此特定示例中未执行归一化,故我们需要将术语从概率转换为分数。

第一个单词标签的概率

O 所得分数:0.3(过渡分数)+0.2(激活分数)=0.5;

B-geo 所得分数:0.2(过渡分数)+0.3(激活分数)=0.5;

I-geo 所得分数:0.01(过渡分数)+0.01(激活分数)=0.02。

在这一点上,O 或 B-geo 标签同样可能是起始标签。让我们考虑下一个标签,并对以下序列使用相同的方法计算分数:

(O,B-geo)=0.6+0.3=0.9;   (B-geo,O)=0.4+0.3=0.7;

(O,I-geo)=0.01+0.25=0.26;   (B-geo,B-geo)=0.01+0.3=0.31;

(O,O)=0.5+0.3=0.8;   (B-geo,I-geo)=0.7+0.25=0.95。

此过程称为正向传递。还应注意,尽管这是一个人为的示例,但一旦考虑了之前的标签,给定输入处的激活可能不是该单词正确标签的最佳预测。如果句子只有两个单词,则可以通过每个步骤求和来计算各个序列的分数:

(Start,O,B-geo)=0.5+0.9=1.4;   (Start,B-geo,O)=0.5+0.7=1.2;

(Start,O,O)=0.5+0.8=1.3;   (Start,B-geo,B-geo)=0.5+0.31=0.81;

(Start,O,I-geo)=0.5+0.26=0.76; (Start,B-geo,I-geo)=0.5+0.95=1.45。

如果只考虑激活分数,最可能的序列将是(Start,B-geo,O)或(Start,B-geo,B-geo)。然而,在本例中,将转换分数与激活分数一起使用意味着具有最高概率的序列是(Start,B-geo,I-geo)。虽然前向传递提供了给定最后一个令牌的整个序列的最高分数,但后向传递过程会重构得到分最高的序列。这本质上就是维特比算法,通过动态规划,高效执行上述步骤。

tfa 包中提供的核心计算有助于实现维特比算法。该解码步骤将在上面实现的 CRF 层的 call()方法中实现。将此方法修改为如下所示:

```
def call(self, inputs, seq_lengths, training = None):
    if training is None:
        training = K.learning_phase()


    # during training, this layer just returns the logits
    if training:
        return inputs


    # viterbi decode logic to return proper
    # results at inference
    _, max_seq_len, _ = inputs.shape
```

```
        seqlens = seq_lengths
        paths = []
        for logit, text_len in zip(inputs, seqlens):
            viterbi_path, _ = tfa.text.viterbi_decode(logit[:text_len],
                                                      self.transition_params)
            paths.append(self.pad_viterbi(viterbi_path, max_seq_len))

        return tf.convert_to_tensor(paths)
```

新添加的内容已高亮显示。viterbi_decode()方法从前面的层和转移矩阵以及最大序列长度中获取激活,以计算得分最高的路径。该分数也会返回,但出于推理目的,我们将它忽略。需要对批次中的每个序列都执行此过程。请注意,此方法会返回不同长度的序列,使得其很难转换为张量,因此要使用实用函数填充返回的序列:

```
def pad_viterbi(self, viterbi, max_seq_len):
    if len(viterbi) < max_seq_len:
        viterbi = viterbi + [self.mask_id] * \
                            (max_seq_len - len(viterbi))
    return viterbi
```

退出层的工作方式与 CRF 层的工作方式完全相反。退出层仅在训练期间修改输入,而推理过程中只负责传递所有输入。

我们的 CRF 层以完全相反的方式工作。它在训练期间传递输入,但在推理期间使用维特比解码器变换输入。注意使用训练参数来控制行为。

现在该层已经修改并准备就绪,需要重新实例化和训练模型。训练后,推理可以如下进行:

```
Y_test_int = tf.cast(Y_test, dtype = tf.int32)

test_dataset = tf.data.Dataset.from_tensor_slices((X_test,
Y_test_int))
test_dataset = test_dataset.batch(BATCH_SIZE, drop_remainder = True)

out = blc_model.predict(test_dataset.take(1))
```

这将对一小批测试数据进行推断,结果如下:

```
text_tok.sequences_to_texts([X_test[2]])
```

['Writing in The Washington Post newspaper , Mr. Ushakov also said it

is inadmissible to move in the direction of demonizing Russia . <OOV>
<OOV> <OOV> <OOV> <OOV> <OOV> <OOV> <OOV> <OOV> <OOV> <OOV> <OOV> <OOV>
<OOV> <OOV> <OOV> <OOV> <OOV> <OOV> <OOV> <OOV> <OOV> <OOV> <OOV> <OOV>
<OOV> <OOV> ']

高亮部分显示结果比实际数据要好。

```
print("Ground Truth: ",
ner_tok.sequences_to_texts([tf.argmax(Y_test[2],
                            -1).numpy()]))
print("Prediction: ", ner_tok.sequences_to_texts([out[2]]))
```

Ground Truth: ['0 0 B-org I-org I-org 0 0 **B-per B-org** 0 0 0 0 0 0 0 0
0 0 0 0 B-geo 0 <OOV> <SNIP> <OOV> ']
Prediction: ['0 0 B-org I-org I-org 0 0 **B-per I-per** 0 0 0 0 0 0 0 0 0
0 0 0 B-geo 0 <OOV> <SNIP> <OOV> ']

为了了解训练的准确性,需要实现自定义方法(custom method),如下所示:

```
def np_precision(pred, true):
    # expect numpy arrays
    assert pred.shape == true.shape
    assert len(pred.shape) == 2
    mask_pred = np.ma.masked_equal(pred, 0)
    mask_true = np.ma.masked_equal(true, 0)
    acc = np.equal(mask_pred, mask_true)
    return np.mean(acc.compressed().astype(int))
```

使用 numpy 的 MaskedArray 功能,将预测和标签进行比较并转换为整数数组,计算平均值以计算精度:

```
np_precision(out, tf.argmax(Y_test[:BATCH_SIZE], -1).numpy())
```

0.9664461247637051

仅仅经过 5 个时期的训练,架构非常简单,并且在训练开始时使用嵌入的情况下,这是一个非常精准的模型了。召回度量也可以以类似的方式实现。如前所示,一个仅用于 BiLSTM 的模型需要 15 个训练周期才能达到类似的精度!

这就完成了基于 BiLSTM 和 CRF 的 NER 模型的实现。如感兴趣想继续研究,可以查找 NER 的 CoNLL2003 数据集,该数据集即使在今天,仍有相关研究论文发表,旨在提高基于该数据集的模型的准确性。

3.8 总 结

本章我们解释了 NER 及其在行业中的重要性。为了建立 NER 模型,需要 BiL-

STM 和 CRF。在构建情感分类模型时,我们在第 2 章中学习了 BiLSTM,使用它,我们构建了可以标记命名实体的模型的第一个版本,然后使用 CRF 进一步改进了该模型。在构建这些模型的过程中,我们介绍了 TensorFlow 数据集 API 的使用。我们还通过构建自定义 Keras 层、自定义模型、自定义损失函数和自定义训练循环来构建 CRF 模式的高级模型。

　　到目前为止,我们已经在模型中训练了令牌的嵌入。通过使用预训练的嵌入件可以实现相当大的提升量。在下一章中,我们将重点介绍迁移学习的概念和预训练嵌入的使用,如 BERT。

第 4 章

基于 BERT 的迁移学习

深度学习模型在大量训练数据的情况下非常出色。长期以来,在自然语言处理领域,如何拥有足够的标记数据始终是一个重大挑战。而在近几年的发展中,针对该问题取得的重大成果便是迁移学习(transfer learning)。其实现方法是:让模型在大型语料库上以无监督或半监督的方式进行训练,然后针对特定应用进行微调。这样所得的模型取得了优异的成果。在本章中,我们将在 IMDb 电影评论情感分析的基础上,利用迁移学习构建可以使用 GloVe(Global Vectors for Word Representation,词表示的全局向量)预训练嵌入和 BERT(Bi-directional Encoder Representations from Transformers,Transformer 的双向编码器表示)上下文模型的模型。在本章中,我们将讨论以下主题:

- NLP 中的迁移学习和使用概述;
- 将预训练 GloVe 嵌入加载到模型中;
- 利用预训练 GloVe 嵌入和微调(fine-tuning)构建情感分析模型;
- 使用 Attention-BERT 的上下文嵌入概述;
- 利用 Hugging Face 库构建预训练 BERT 模型;
- 利用预训练以及自定义基于 BERT 的微调模型进行情感分析。

迁移学习使 NLP 的快速发展成为可能,是 NLP 的一个核心概念。我们将首先讨论迁移学习。

4.1 迁移学习概述

传统上,机器学习模型是针对特定任务的性能而训练的,因此其只适用于该任务,且不太可能在处理其余任务时具有高性能。不妨以 IMDb 电影评论的情感分类问题为例(见第 2 章,通过 BiLSTM 理解自然语言中的情感(Understanding Sentiment in Natural Language with BiLSTMs))。针对该特定任务训练的模型仅针对与该任务相关的性能进行了优化。如果我们希望训练另一个模型,则需要为不同的任务指定一组单独的标记数据。若没有足够的标记数据用于该任务,那么构建的另一个模型可能无效。

迁移学习的概念是学习一种,可以适应不同的任务的数据的基本表示。在迁移学习的情况下,可以使用更丰富的可用数据集来提取知识并为特定任务构建新的 ML 模型。通过使用这些知识,即使在没有足够的标记数据用于传统 ML 方法以返回良好结果的情况下,这种新的 ML 模型也可以具有良好的性能。为了使该方法有效,有几个重要的考虑因素:

- 被称为预训练(pre-training)的知识提取步骤应具有相对廉价的大量可用数据;
- 适应(adaptation)(通常被称为微调(fine-tuning))应使用与用于预训练的数据具有相似性的数据进行。

图 4.1 说明了这一概念。

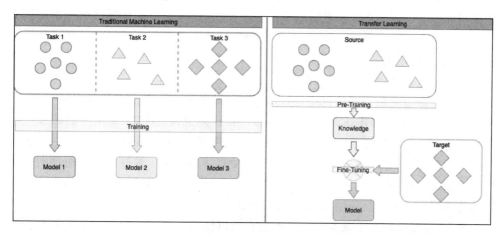

图 4.1　传统机器学习与迁移学习的比较

这种技术在计算机视觉中非常有效。ImageNet 通常用作预训练的数据集。然后,针对各种任务(如图像分类、对象检测、图像分割和姿态检测等)对特定模型进行微调。

迁移学习的类型

领域(domains)和任务(tasks)的概念是迁移学习概念的基础。领域表示知识或数据的特定区域。新闻文章、社交媒体帖子、医疗记录、维基百科条目和法院判决都可以被视为不同领域的例子。任务是域内的特定目标或操作。推特的情感分析和立场检测是社交媒体帖子领域的特定任务。在医疗记录领域,癌症和骨折的检测可能是不同的任务。不同类型的迁移学习具有不同的源域和目标域以及任务组合。下面讲述三种主要类型的迁移学习,即领域适应(domain adaptation)、多任务学习(multi-task learning)和顺序学习(sequential learning)。

(1)领域适应

在此环境中,资源和目标任务的领域通常相同,而差异则与训练和测试数据的分布有关。转移学习的这种情况与任何机器学习任务中的一个基本假设有关,即训练和测试数据是 i.i.d. 的假设。第一个 i 代表独立(independent),这意味着每个样本独立于其他样本。在实践中,当存在反馈循环(feedback loops)时(如在推荐系统中),可能会违反此假设。第二部分是 i.d.,代表相同分布(identically distributed),意味着训练样本和测试样本之间标签和其他特征的分布是相同的。

假设领域是动物照片,任务是识别照片中的猫。那么该任务可以建模为二进制分类问题。相同分布假设意味着训练样本和测试样本之间照片中猫的分布相似。这也意味着照片的特征(如分辨率、照明条件和方向)非常相似。在实践中,这一假设也经常被违反。

有一个案例是关于一个非常早期的感知机模型,用来识别森林中的坦克。该模型在训练集上表现非常好。当拓展到测试集使用时,发现所有在森林中识别出坦克的照片都是在晴天拍摄的,而未识别出坦克的照片则是在阴天拍摄的。在这种情况下,网络学会的是区分晴天和阴天的条件,而不是有无坦克。在测试期间,提供的图片来自不同的分布,却属于同一个领域,这也就导致了最后建成的模型的失败。

处理类似情况称为领域自适应(domain adaptation)。有许多领域自适应技术,其中之一是数据增强(data augmentation)。在计算机视觉中,训练集中的图像可以被裁剪、扭曲或旋转,并且可以对其应用不同的曝光量、对比度或饱和度。这些转换将增加训练数据,并缩小训练和潜在测试数据之间的差距。类似的技术通过向音频样本中添加随机噪声(包括街道声音或背景颤音)用于语音和音频。领域自适应技术在传统机器学习中是众所周知的,其上已有若干可用资源。

然而,迁移学习技术最突出的特点是它可以使用来自不同领域或任务的数据进行预训练,以提高不同任务或领域的模型性能。在这一领域有两种类型的迁移学习。第一种是多任务学习(multi-task learning),第二种是顺序学习(sequential learning)。

(2)多任务学习

在多任务学习中,来自彼此相关的不同任务的数据通过一组公共层传递。然后,顶部可能有任务特定层(task-specific layers),学习特定任务目标。图 4.2 显示了多任务迁移学习。

这些任务特定层的输出将根据不同的损失函数进行评估。所有任务的所有训练示例都通过该模型中所有的层传递。此处并不期望任务特定层可以良好应对所有的任务,而是希望公共层可以学习不同任务共享的一些底层结构,因为这种关于结构的信息能提供许多有用的信号,有助于改善所有模型的性能。每个任务的数据都有许多特征。然而,这些特征可用于构造对其他相关任务有用的表示。

直觉上,人们在掌握更复杂的技能之前都要先学习一些基本技能,比如学习写作

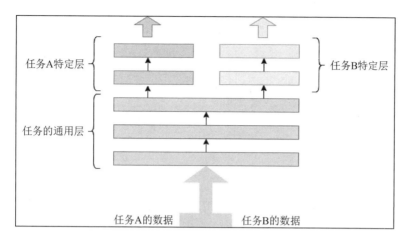

图 4.2　多任务迁移学习

首先需要学会熟练地使用钢笔或铅笔。写作、涂鸦和绘画可以被视为不同的任务,它们共用一个标准的"层"来使用钢笔或铅笔。同样的概念也适用于学习一种新语言,其中一种语言的结构和语法可能有助于学习其余的相关语言。如果已知拉丁语中的一种,那么在学习法语、意大利语和西班牙语等语言时会更轻松,因为这些语言都有词根。

多任务学习通过将来自不同任务的数据汇集在一起来增加可用于训练的数据量。此外,它还通过尝试学习共享层中任务之间的常见表示,迫使网络更好地进行泛化。

多任务学习是 GPT‒2 和 BERT 等模型成功的关键原因。这是用于特定任务预训练模型的最常用技术。

(3)顺序学习

顺序学习是最常见的迁移学习的形式。之所以这样命名,是因为它包含两个按顺序执行的简单步骤。第 1 步是预训练,第 2 步是微调。这些步骤如图 4.3 所示。

第 1 步是对模型进行预训练。最成功的预训练模型使用某种形式的多任务学习目标,如图 4.3 左侧所示。模型中在预训练部分之后将用于图中右侧所示的不同任务。预训练模型的可重用部分取决于特定的体系结构,并且可能具有不同的层集。图 4.3 所示的可重用分区只是一个示例。在第 2 步中,加载预训练模型并将其添加为任务特定模型的起始层。通过预训练模型学习的权重可以在任务特定模型的训练期间冻结,或者可以更新或微调(fine-tuning)这些权重。当权重被冻结时,这种使用预训练模型的模式称为特征提取(feature extraction)。

一般来说,与特征提取法相比,微调表现的会更好一些。然而,这两种方法都有一些利弊。在微调中,考虑到任务特定的训练数据可能会比预期小得多,因此并非所有权重都会更新。如果预训练模型是单词的嵌入,那么其他嵌入可能会过时。如果

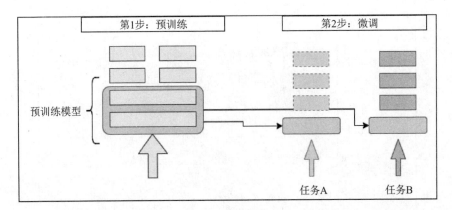

图 4.3　顺序学习

任务的词汇量很小,或者有很多词汇表外的词,那么这可能会影响模型的性能。一般来说,如果资源(source)和目标任务(target task)相似,那么微调将产生更好的结果。

这种预训练模型的一个例子是第 1 章中提到过的 Word2Vec。2014 年,斯坦福大学的研究人员引入了另一种生成词级嵌入的模型,称为 GloVe 或 Global Vectors for Word Representation(词表示的全局向量)。让我们在下一节中通过使用 GloVe 嵌入重新构建 IMDb 电影情感分析模型来进行迁移学习的实践之旅。之后,我们将学习 BERT,并以相同的顺序学习设置及应用。

4.2　基于 GloVe 嵌入的 IMDb 情感分析

在第 2 章中,我们建立了一个 BiLSTM 模型来预测 IMDb 影评的情感。那个模型从零开始学习单词的嵌入。该模型在测试集上的准确率为 83.55%,而 SOTA 结果更接近 97.4%。如果使用预训练嵌入,预计模型精度会提高。接下来让我们实践观察迁移学习对这个模型的影响。首先,让我们了解 GloVe 嵌入模型。

4.2.1　GloVe 嵌入(GloVe embeddings)

在第 1 章"自然语言处理的要点"中,我们讨论了基于带负采样跳跃图(skip-grams)的 Word2Vec 算法。GloVe 模型于 2014 年问世,刚好是 Word2Vec 论文问世的一年后。从一个单词生成的嵌入是由其周围出现的单词决定这点来看,GloVe 和 Word2Vec 模型是很相似的。然而,这些文本词出现的频率不同。与其他词相比,其中一些单词在文本中出现的频率更高。而由于出现频率的差异,某些单词的训练数据可能比其他单词更常见。

除此之外,Word2Vec 不以任何方式使用这些共现(co-occurrence)统计数据。GloVe 则将这些频率考虑在内,并假设共现提供了重要信息。名称的 Global 部分指的是模型在整个语料库中考虑这些共现的事实。GloVe 关注的不是共现概率,而是探测词的共现率。

　　在本书中,作者以"ice"(冰)和"steam"(蒸汽)为例来说明这一概念。假设固体是另一个用来探测冰和蒸汽之间关系的词。固体给定蒸汽的发生概率为 psolid|steam。直觉上,我们预计这种可能性很小。相反,固体与冰的发生概率由 psolid|ice 表示,预计会很大。如果计算得到了 psolid|ice/psolid|steam 的值,那么估计该值是相当大的。如果在探测字为气体的情况下计算相同的比率,那么预计会出现完全相反的结果。如果两个词的可能性相等,要么是因为均与探测词不相关,要么是由于两个词出现的可能性确实相等,这种情况下所得的比率应接近 1。与冰和蒸汽同等接近的探测词的一个示例是:与水、汽无关的示例为时尚。GloVe 确保将此关系考虑到单词生成的嵌入中。它还对罕见共现、数值稳定性问题计算等进行了优化。

　　现在让我们看看如何使用这些预训练的嵌入来预测情绪。加载数据。这里的代码与第 2 章中使用的代码相同,提供如下:

 本练习的所有代码都在 GitHub 的 chapter-Xfer-learning-BERT 目录下的 imdb- transfer-learning. ipynb 中。

4.2.2　加载 IMDb 训练数据

TensorFlow 数据集或 tfds 包将用于加载数据:

```
import tensorflow as tf
import tensorflow_datasets as tfds
import numpy as np
import pandas as pd


imdb_train, ds_info = tfds.load(name = "imdb_reviews",
                     split = "train",
                     with_info = True, as_supervised = True)


imdb_test = tfds.load(name = "imdb_reviews", split = "test",
                     as_supervised = True)
```

请注意,在本练习中,未标记的额外 50 000 条评论被忽略。在如上所示加载训练和测试集后,需要对评审内容进行令牌化和编码:

```
# Use the default tokenizer settings
tokenizer = tfds.features.text.Tokenizer()


vocabulary_set = set()
MAX_TOKENS = 0


for example, label in imdb_train:
```

```
some_tokens = tokenizer.tokenize(example.numpy())
if MAX_TOKENS < len(some_tokens):
        MAX_TOKENS = len(some_tokens)
vocabulary_set.update(some_tokens)
```

上面显示的代码令牌化了审阅文本并构建了词汇表。

此词汇表用于构造标记器：

```
imdb_encoder = tfds.features.text.TokenTextEncoder(vocabulary_set,
                                                   Lowercase = True
                                                   tokenizer = tokenizer)
vocab_size = imdb_encoder.vocab_size

print(vocab_size, MAX_TOKENS)
```

93931 2525

请注意，这里在编码之前已转换为小写。转换为小写有助于减小词汇表的大小，并可能有助于以后查找相应的 GloVe 向量。注意，大写可能包含有助于前面提到的 NER 任务的重要信息。此外，考虑到语言都不区分大写字母和小写字母，应在适当考虑后应用此特定转换。

分词器就绪后，需要对数据进行令牌化，并将序列填充到最大长度。考虑到要与第 2 章中所训练的模型进行性能上的比较，此处我们采用相同的设置，对最多 150 个单词的评论进行采样。以下方便函数有助于执行此任务：

```
# transformation functions to be used with the dataset
from tensorflow.keras.preprocessing import sequence

def encode_pad_transform(sample):
    encoded = imdb_encoder.encode(sample.numpy())
    pad = sequence.pad_sequences([encoded], padding = 'post',
                                        maxlen = 150)
    return np.array(pad[0], dtype = np.int64)


def encode_tf_fn(sample, label):
    encoded = tf.py_function(encode_pad_transform,
                                inp = [sample],
                                Tout = (tf.int64))
    encoded.set_shape([None])
    label.set_shape([])
    return encoded, label
```

最后,使用上述方便函数对数据进行编码,如下所示:

```
encoded_train = imdb_train.map(encode_tf_fn,
                    num_parallel_calls = tf.data.experimental.AUTOTUNE)
encoded_test = imdb_test.map(encode_tf_fn,
                    num_parallel_calls = tf.data.experimental.AUTOTUNE)
```

此时,所有训练和测试数据都已准备就绪,可以进行训练。

 　　请注意,在限制评论的长短时,过长的评论只计算前 150 个令牌。通常,评论的前几句话是关于电影的内容或电影描述,最后一部分则是结论。仅选取评论的第一部分,可能会丢失有价值的信息。鼓励读者尝试一种不同的填充方案,将第一部分中的令牌替换为第二部分,并观察准确度的差异。

下一步是转移学习中最重要的一步——加载预训练的 GloVe 嵌入,并将其用作嵌入层的权重。

4.2.3　加载与训练 GloVe 嵌入

首先,需要下载并解压缩预训练的嵌入:

```
# Download the GloVe embeddings
!wget http://nlp.stanford.edu/data/glove.6B.zip
!unzip glove.6B.zip

Archive: glove.6B.zip
    inflating: glove.6B.50d.txt
    inflating: glove.6B.100d.txt
    inflating: glove.6B.200d.txt
    inflating: glove.6B.300d.txt
```

解压缩后,将有 4 个不同的文件,如上面的输出所示。每个文件的词汇量为 400 000 个单词,文件之间的主要区别在于生成的嵌入的尺寸不同。(文件超 800 MB,下载可能需要一些时间。)

在第 3 章中,模型使用的嵌入维数为 64。此处使用的 glove 尺寸为 50。其中的每一行有多个由空格分隔的值,每行第一项是单词,其余项则是每个维度的向量值。因此,在 50 维文件中,每行将有 51 列。这些向量需要加载到内存中:

```
dict_w2v = {}
with open('glove.6B.50d.txt', "r") as file:
    for line in file:
        tokens = line.split()
```

```
        word = tokens[0]
        vector = np.array(tokens[1:], dtype=np.float32)

        if vector.shape[0] == 50:
            dict_w2v[word] = vector
        else:
            print("There was an issue with " + word)
# let's check the vocabulary size
print("Dictionary Size: ", len(dict_w2v))
```

Dictionary Size: 400000

如果代码正确处理了该文件,那么将看到一个 400 000 字大小的字典。加载这些向量后,需要创建嵌入矩阵。

4.2.4 使用 GloVe 创建与训练嵌入矩阵

到目前为止,我们有一个数据集及其词汇表,以及一个包括 GloVe 词及其对应的向量字典。然而,这两者之间没有相关性。连接它们的方法是创建嵌入矩阵。首先,让我们初始化全为零的嵌入矩阵(embedding matrix of zeros):

```
embedding_dim = 50
embedding_matrix = np.zeros((imdb_encoder.vocab_size, embedding_dim))
```

请注意,这是一个关键步骤。使用预训练单词列表时,并不能保证在训练/测试中为每个单词找到一个向量。回想之前关于迁移学习(transfer learning)的讨论,其中源域和目标域不同。这种差异表现出来的一种方式是训练数据和预训练模型之间的符号不匹配。该差异将随着下一步的进行愈发明显。

初始化此全零嵌入矩阵后,需要对其进行填充,并从 GloVe 字典中检索出评论词汇表中每个单词所对应的向量。

使用编码器检索单词的 ID,然后将对应于该条目的嵌入矩阵条目设置为检索到的向量:

```
unk_cnt = 0
unk_set = set()
for word in imdb_encoder.tokens:
    embedding_vector = dict_w2v.get(word)

    if embedding_vector is not None:
        tkn_id = imdb_encoder.encode(word)[0]
        embedding_matrix[tkn_id] = embedding_vector
    else:
```

```
        unk_cnt += 1
        unk_set.add(word)

# Print how many weren't found
print("Total unknown words: ", unk_cnt)
```

Total unknown words: 14553

　　在数据加载步骤中,我们看到令牌的总数为 93 931。其中,14 553 个单词无法找到,约占令牌总数的 15％。对于这些字,其嵌入矩阵将为零。这是迁移学习的第一步。现在设置完成了,我们需要用 TensorFlow 来使用这些预训练的嵌入。此处我们将尝试两种不同的模型:第一种是基于特征提取(feature extraction)模型,第二种是基于微调(fine-tuning)模型。

4.2.5　特征提取模型

　　如前所述,特征提取模型冻结预训练权重,不更新它们。当前设置中这种方法的一个重要问题是,有大量的令牌(超过 14 000 个)具有零嵌入向量。这些单词无法与 GloVe 单词列表中的条目匹配。

　　为了尽量减少在预训练词汇表和任务特定词汇表之间无法匹配的可能性,请确保使用类似的令牌化方案。GloVe 使用了一种基于单词的令牌化方案,类似于斯坦福分词器(Stanford tokenizer)提供的方案。如第 1 章所示,该方案要比训练上述数据的空白分词器更好。我们看到 15％的不匹配令牌是由于不同的分词器造成的。作为练习,读者可使用 Stanford 分词器实践,并检查未知令牌是否减少。

　　像 BERT 这样的新方法使用部分子词分词器。子词令牌化(subword tokenization)方案可以将词拆分为多个部分,从而最大限度地减少令牌不匹配的可能性。子词令牌化方案的一些示例是字节对编码(Byte Pair Encoding,BPE)或词块令牌化(WordPiece tokenization)。本章的 BERT 部分更详细地解释了子词令牌化方案。

　　如果不使用预训练向量,则所有单词的向量将从接近零开始,并通过梯度下降进行训练。在这种情况下,向量已经被训练,所以我们期望训练进行得更快。对于基线,在训练嵌入时,BiLSTM 模型的一个训练周期需要 65～100 s,在具有 i5 处理器和 Nvidia RTX‑2070 GPU 的 Ubuntu 机器上,训练周期多约为 63 s。

　　现在,让我们构建模型,并将上面生成的嵌入矩阵插入到模型中。一些基本参数设置如下:

```
# Length of the vocabulary in chars
vocab_size = imdb_encoder.vocab_size # len(chars)


# Number of RNN units
rnn_units = 64


# batch size
BATCH_SIZE = 100
```

正在设置的便利功能将启用快速切换。该方法可以使用相同的体系结构但不同的超参数构建模型：

```
from tensorflow.keras.layers import Embedding, LSTM, \
                                    Bidirectional, Dense


def build_model_bilstm(vocab_size, embedding_dim,
                       rnn_units, batch_size, train_emb = False):
    model = tf.keras.Sequential([
        Embedding(vocab_size, embedding_dim, mask_zero = True,
                weights = [embedding_matrix], trainable = train_emb),
        Bidirectional(LSTM(rnn_units, return_sequences = True,
                                        dropout = 0.5)),
        Bidirectional(LSTM(rnn_units, dropout = 0.25)),
        Dense(1, activation = 'sigmoid')
    ])
    return model
```

除了上面突出显示的代码段之外，该模型与第 3 章中使用的模型相同。首先，传递一个标志给该方法，该标志将指定嵌入应进一步训练还是冻结。此参数设置为默认值 false。注意嵌入层的定义。一个新的参数——weights（权重），加载到嵌入矩阵中作为层的权重。在该参数之后，传递一个名为 trainable（可训练）的 Boolean 参数，该参数确定在训练期间是否应更新该层的权重。现在可以创建基于特征提取的模型，如下所示：

```
model_fe = build_model_bilstm(
    vocab_size = vocab_size,
    embedding_dim = embedding_dim,
    rnn_units = rnn_units,
    batch_size = BATCH_SIZE)


model_fe.summary()
```

```
Model: "sequential_5"

_____
Layer (type)                  Output Shape              Param #
=================================================================
embedding_5 (Embedding)       (None, None, 50)          4696550

_____
bidirectional_6 (Bidirection  (None, None, 128)         58880

_____
bidirectional_7 (Bidirection  (None, 128)               98816

_____
dense_5 (Dense)               (None, 1)                 129

=================================================================
Total params：4,854,375
Trainable params：157,825
Non－trainable params：4,696,550

_____
```

该模型有大约 480 万个可训练参数。应该注意的是,该模型比之前的 BiLSTM 模型小得多,后者有超过 1 200 万个参数。更简单或更小的模型将训练得更快,并且由于模型容量较低,不太可能会过度滤波。

该模型需要使用损失函数(loss function)、优化器(optimizer)和模型观察进度的度量(metrics for observation progress of the model)进行编译。对于二元分类问题,选择二元交叉熵(Binary cross-entropy)作为损失函数。在大多数情况下,Adam 优化器是一个不错的选择。

自适应矩估计或 Adam 优化器 (Adaptive Moment Estimation or Adam Optimizer)

用于训练深度神经网络的反向传播中最简单的优化算法是小批量随机梯度下降(Stochastic Gradient Descent,SGD)。预测中的任何误差都会传播回来,并根据误差调整各个单元的权重(称为参数)。Adam 是一种消除 SGD 存在一些问题的方法,例如陷入次优局部最优,并且每个参数都具有相同的学习速率的状况。Adam 计算每个参数的自适应学习率,并基于误差和先前的调整来统一调整。因此,Adam 的收敛速度比其他优化方法快得多,建议作为默认选择。

将要观察的指标与之前相同,包括准确性、精度和召回率:

```
model_fe.compile(loss = 'binary_crossentropy',
                 optimizer = 'adam',
                 metrics = ['accuracy', 'Precision', 'Recall'])
```

设置预加载批次后,模型就可以进行训练了。与之前类似,该模型将针对 10 个时期进行训练:

```
# Prefetch for performance
encoded_train_batched = encoded_train.batch(BATCH_SIZE).prefetch(100)
model_fe.fit(encoded_train_batched, epochs = 10)
```

```
Epoch 1/10
250/250 [==============================] - 28s 113ms/step - loss:
0.5896 - accuracy: 0.6841 - Precision: 0.6831 - Recall: 0.6870
Epoch 2/10
250/250 [==============================] - 17s 70ms/step - loss: 0.5160
- accuracy: 0.7448 - Precision: 0.7496 - Recall: 0.7354
...
Epoch 9/10
250/250 [==============================] - 17s 70ms/step - loss: 0.4108
- accuracy: 0.8121 - Precision: 0.8126 - Recall: 0.8112
Epoch 10/10
250/250 [==============================] - 17s 70ms/step - loss: 0.4061
- accuracy: 0.8136 - Precision: 0.8147 - Recall: 0.8118
```

可以看到,模型训练速度明显加快。每个周期大约花费 17 s,第一个周期最多花费 28 s。其次,该模型没有过度拟合。在训练集上,该模型最终的准确率略高于 81%。在之前的设置中,训练集的准确率为 99.56%。

> 注意,第 10 个周期结束时,模型精度仍有很大的提高余地。这表明若训练时间延长,模型精度可能会进一步提高。将周期数更改为 20,并训练模型,在测试集上的准确率略高于 85%,准确率为 80%,召回率为 92.8%。

现在,让我们了解一下这个模型的实用性。通过评估测试集的性能来评价该模型的质量:

```
model_fe.evaluate(encoded_test.batch(BATCH_SIZE))
```

```
250/Unknown - 21s 85ms/step - loss: 0.3999 - accuracy: 0.8282 -
Precision: 0.7845 - Recall: 0.9050
```

与之前模型在测试集上的 83.6% 的准确度相比,该模型的准确度为 82.82%。这一性能令人印象深刻,因为该模型大小仅为前一模型的 40%,并且在精度下降不到 1% 的情况下减少了 70% 的训练时间。该模型的召回率较好,准确性稍差,模型中有超过 14 000 个字向量是零。为了解决这一问题,同时尝试微调顺序转移学习方法,让我们构建一个基于微调的模型。

4.2.6　微调模型

当使用方便函数时，创建微调模型非常简单。只需将 train_emb 参数传递为真即可：

```
model_ft = build_model_bilstm(
    vocab_size = vocab_size,
    embedding_dim = embedding_dim,
    rnn_units = rnn_units,
    batch_size = BATCH_SIZE,
    train_emb = True)


model_ft.summary()
```

该模型在尺寸上与特征提取模型相同。然而，由于嵌入将进行微调，预计培训时间会稍长。有几千个可以更新的零嵌入。预计精度会比之前的模型好得多。该模型使用相同的损失函数（loss function）、优化器（optimizer）和度量（metrics）进行编译，并针对 10 个周期进行训练：

```
model_ft.compile(loss = 'binary_crossentropy',
                 optimizer = 'adam',
                 metrics = ['accuracy', 'Precision', 'Recall'])

model_ft.fit(encoded_train_batched, epochs = 10)
```

```
Epoch 1/10
250/250 [==============================] - 35s 139ms/step - loss:
0.5432 - accuracy: 0.7140 - Precision: 0.7153 - Recall: 0.7111
Epoch 2/10
250/250 [==============================] - 24s 96ms/step - loss: 0.3942
- accuracy: 0.8234 - Precision: 0.8274 - Recall: 0.8171
...
Epoch 9/10
250/250 [==============================] - 24s 97ms/step - loss: 0.1303
- accuracy: 0.9521 - Precision: 0.9530 - Recall: 0.9511
Epoch 10/10
250/250 [==============================] - 24s 96ms/step - loss: 0.1132
- accuracy: 0.9580 - Precision: 0.9583 - Recall: 0.9576
```

对照测试集进行检查：

```
model_ft.evaluate(encoded_test.batch(BATCH_SIZE))
```

```
250/Unknown – 22s 87ms/step – loss：0.4624 – accuracy：0.8710 –
Precision：0.8789 – Recall：0.860
```

这是我们迄今为止获得的最佳结果,准确率为 87.1%。关于数据集最新结果的数据由 paperswithcode.com 网站维护。具有可复制代码的研究论文在数据集排行榜上占有重要地位。在撰写本书时,该结果排在 paperswithcode.com 网站上 SOTA 结果的第 17 位。

可以看出,网络有些过拟合。可以在嵌入层和第一 LSTM 层之间添加 dropout 层(dropout layer),以减少过拟合。注意,该网络仍然比从头开始训练嵌入快得多。大多数时期的训练时间为 24 s。总体而言,该模型体积更小,训练时间更短,精度更高,这就是为什么迁移学习在一般的机器学习和更具体的 NLP 中如此重要的原因。

到目前为止,我们已经看到了上下文无关词嵌入的使用。这种方法的主要挑战是,一个词根据上下文可能有多种含义。"bank"(银行、岸)一词可以指存放金钱和贵重物品的地方,也可以指河边。

该领域最新的创新是发表于 2019 年 5 月的 BERT 模型。提高电影评论情感分析准确性的下一步是使用预训练的 BERT 模型。下一节将介绍 BERT 模型及其重要创新,以及该模型对该任务的作用。注意,BERT 模型所占内存巨大,如果您没有足够的本地计算资源,那么在下一节中使用带有 GPU 加速器的 Google Colab 将是一个很好的选择。

4.3 基于 BERT 的迁移学习

像 GloVe 这样的嵌入是上下文无关的嵌入。在 NLP 上下文中,缺少上下文可能会受到限制。如前所述,根据上下文,"bank"一词可以有不同的含义。《转化器的双向编码器表示》(*Bi-directional Encoder Representations from Transformers*,*BERT*)于 2019 年 5 月在 Google Research 上发表,并展示了基线的显著改进。BERT 模型建立在之前的几项创新之上。关于 BERT 模型的论文还介绍了 ERT 工作的几个创新。

支持 BERT 的两个基本进步是编码器–解码器网络(encoder-decoder network)架构和注意力机制(attention mechanism)。注意力机制进一步发展,产生了 Transformer 架构(transformer architecture)。Transformer 架构是 BERT 的基本组成部分。这些概念将在下一章中介绍,并在后面的章节中进一步详细介绍。

4.3.1 编码器–解码器网络

我们已实践了如何在将句子建模为单词序列的问题中应用 LSTM 和 BiLSTM。由于句子由不同数量的单词组成,故这些序列可以具有不同的长度。回想一下,在第 2 章中,我们讨论了 LSTM 作为时间展开的单元的核心概念。对于每个输入令牌,

LSTM 单元生成一个输出。因此,LSTM 产生的输出数量取决于输入令牌的数量。所有这些输入令牌都通过 TimeDistributed() 层进行组合,以供网络中稍后的 Dense() 层使用。主要问题是输入和输出序列长度是链接的,该模型不能有效地处理可变长度序列。对于输入和输出可能具有不同长度翻译类型的任务,在这种架构中不会处理得很好。

Ilya Sutskever 等人在 2014 年撰写的一篇题为《序列到序列学习与神经网络》(*Sequence to Sequence Learning with Neural Networks*)的论文中提出了这些挑战的解决方案。该模型也称为 seq2seq 模型。

其基本思想如图 4.4 所示。

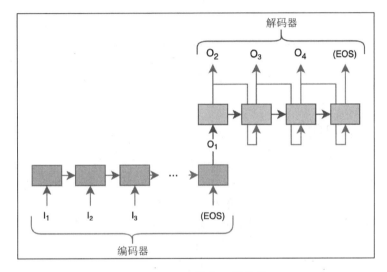

图 4.4　编码器-解码器网络

该模型分为两部分:编码器和解码器。表示输入序列结束的特殊标记被附加到输入序列。请注意,现在输入序列可以具有任意长度,因为图 4.4 中的句子结束标记 (EOS) 表示结束。在图 4.4 中,输入序列由标记(I_1、I_2、I_3…)表示。每个输入令牌在矢量化之后被传递给 LSTM 模型,仅从最后一个 (EOS) 令牌收集输出。编码器 LSTM 网络为 (EOS) 令牌生成的向量表示整个输入序列,可以视为整个输入的摘要。可变长度序列尚未转换为固定长度序列或维度向量。

该矢量成为解码器层的输入。该模型是自回归的,即由解码器的前一步骤生成的输出被馈送到下一步骤作为输入,一直循环直到生成特殊 (EOS) 令牌。该方案允许模型确定输出序列的长度,打破了输入和输出序列长度之间的依赖关系。从概念上讲,这是一个易于理解同时又强有力的模型,可以将许多任务转换为序列到序列问题 (sequence-to-sequence problem)。

一些例子包括:将一个句子从一种语言翻译成另一种语言,以及总结一篇文章 (输入序列是文章的文本,输出序列是摘要)或者回答问题 (输入序列为问题,输出序列是答案)。语音识别是一个序列到序列(sequence-to-sequence)的问题,输入序列为 10 ms 的语音样本,输出序列为文本。在发布之时,该模型引起重大关注,因为它对谷歌翻译的质量产生了巨大的影响。在使用该模型的 9 个月的工作中,seq2seq 模型背后的团队能够提供比 Google Translate 改进了 10 多年后还要高的性能。

伟大的人工智能觉醒

《纽约时报》在 2016 年发表了一篇具有上述标题的精彩文章,记录了深度学习的历程,特别是 seq2seq 论文的作者及其对谷歌翻译质量的巨大影响。强烈推荐本论文,以了解此体系结构对 NLP 的转化程度。这篇文章可在 https://www.nytimes.com/2016/12/14/magazine/the-great-ai-awaking.html 上查阅。

有了这些技术,下一个创新是使用注意力机制(attention mechanism),它可以忽略距离限制对令牌之间的依赖关系而建模。注意力模型成为 Transformer 模型的基石,将在下一小节中介绍。

4.3.2　注意力模型

在编码器-解码器模型中,网络的编码器部分创建输入序列的固定维表示。随着输入序列长度的增长,越来越多的输入被压缩到该向量中。通过处理输入令牌生成的编码或隐藏状态对于解码器层不可用。编码器状态对解码器隐藏,但注意机制允许网络的解码器部分看到编码器的隐藏状态。这些隐藏状态在图 4.4 中描述为每个输入令牌(I_1、I_2、I_3…)的输出,但仅显示为馈入下一个输入令牌。

在注意机制中,这些输入令牌编码也可用于解码器层。这称为一般注意(general attention),它指的是输出令牌直接依赖于输入令牌的编码或隐藏状态的能力。这里的主要创新是解码器对通过编码输入生成的矢量序列进行操作,而不是在输入端生成的一个固定矢量。注意力机制允许解码器在解码时将注意力集中在编码输入向量的子集上,因此得名。

还有另一种形式的注意力,称为自我注意(self-attention)。自我注意能够在不同位置的输入令牌的不同编码之间建立连接。如图 4.4 中的模型所示,输入令牌只看到前一个令牌的编码。自我注意将允许它查看以前标记的编码。这两种形式都是对编码器-解码器架构的改进。

虽然有许多注意力架构,但一种流行的形式称为 Bahdanau 注意力(Bahdanau attention)。它以 2016 年发表的提出该注意机制的论文的第一作者命名。在编码器-解码器网络的基础上,这种架构使每个输出状态都能够查看编码输入并学习这些输入中的每个输入的一些权重。因此,每个输出都可以关注不同的输入标记。该模型的说明如图 4.5 所示,是图 4.4 的修改版本。

与编码器-解码器架构相比,注意机制发生了两个特殊变化。第一个变化发生在

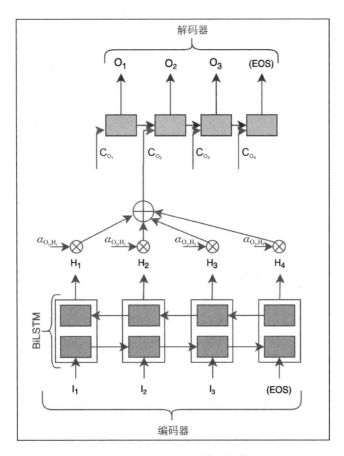

图 4.5　Bahdanau 注意力架构

编码器中。这里的编码器层使用 BiLSTM。BiLSTM 的使用允许每个单词从它们前面和后面的单词中学习。标准编码器-解码器架构使用的则是 LSTM,这意味着每个输入单词只能从它之前的单词中学习。

第二个变化与解码器如何使用编码器的输出有关。在以前的体系结构中,只有最后一个令牌的输出,即语句结束令牌,使用了整个输入序列的摘要。在 Bahdanau 注意力架构中,每个输入令牌的隐藏状态输出(hidden state output)乘以对齐权重(alignment weight),该权重表示特定位置的输入令牌与所讨论的输出令牌之间的匹配程度。通过将每个输入隐藏状态输出与对应的对齐权重相乘并连接所有结果来计算上下文向量。该上下文向量与先前的输出令牌一起被馈送到输出令牌。

图 4.5 显示了该计算,仅针对第二个输出令牌。这种带有每个输出令牌权重的对齐模型可以帮助指向生成该输出令牌时最有用的输入令牌。注意,为了简洁起见,一些细节已经简化,简化的部分可以在本文中找到。我们将在后面的章节中从头开始应用注意力架构。

注意力不是一种解释(attention is not an explanation)

将对齐分数(alignment scores)或注意力权重(attention weights)解释为预测特定输出标记的模型的解释可能很诱人。一篇以此为主题的论文,对"注意力是一种解释"这一假设进行了检验。研究得出的结论是:注意力不是一种解释。同一组输入上的不同注意力权重可能导致相同的输出。

注意力模型的下一个进步是在 2017 年以 Transformer 架构的形式出现的。Transformer 模型(Transformer model)是 BERT 架构的关键,接下来让我们了解一下。

4.3.3　Transformer 模型

Vaswani 等人在 2017 年发表了一篇开创性的论文,题为《注意力就是你所需要的一切》(*Attention Is All You Need*),为 Transformer 模型奠定了基础。Transformer 模型一直落后于大多数最新的先进模型,如 ELMo、GPT、GPT - 2 和 BERT。Transformer 模型是在注意力模型的基础上构建的,它从注意力模型中获得了关键的创新——使解码器能够看到所有的输入隐藏状态,同时避开了其中重复出现而导致模型训练缓慢的部分(处理输入序列具有顺序性)。

Transformer 模型具有编码器和解码器部分。这种编码器-解码器结构使其在机器翻译类型的任务上表现极佳。然而,并非所有任务都需要完整的编码器和解码器层。BERT 仅使用编码器部分,而生成模型(如 GPT - 2)则使用解码器部分。在本小节中,只讨论架构的编码器部分。下一章将讨论使用 Transformer 解码器的最佳模型。因此,该章将介绍解码器。

什么是语言模型(Language Model,LM)?

传统上,语言模型任务被定义为预测单词序列中的下一个单词。LMs 对于文本生成特别有用,但对于分类则不太有用。GPT - 2 是满足 LM 定义的模型示例。这样的模型仅具有来自其左侧出现的单词或令牌的上下文(从右到左阅读的语言则相反)。这是在生成文本时适当的权衡。然而,在其他任务中(如问答或翻译)应提供完整的句子。在这种情况下,可以同时使用该单词两边文本的双向模型。BERT 便是一个典型,它失去了自动回归特性,有利于从令牌的两侧获取文本内容。

Transformer 的编码器块具有子层部分——多头自关注子层(multi-head self-attention sub-layer)和前馈子层(feed-forward sub-layer)。自关注子层可以查看输入序列中的所有单词,并在彼此的文中为这些单词生成编码。前馈子层由两层组成,使用线性变换和其中的 ReLU 激活。每个编码器块都由这两个子层组成,而整个编码器由 6 个这样的块组成,如图 4.6 所示。

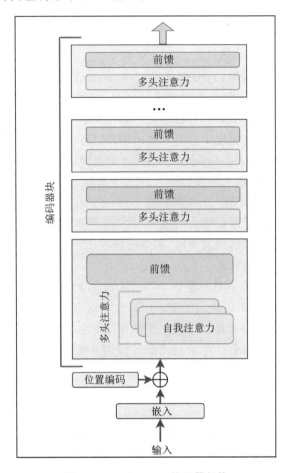

图 4.6 Transformer 编码器架构

在每个编码器块中形成多头注意力块(multi-head attention block)和前馈块(feed-forward block)的剩余连接。在将子层的输出与其接收的输入相加时,执行层标准化。这里的主要创新是多头注意力块。有 8 个相同的注意力块,其输出被串联以产生多头注意力输出(multi-head attention output)。每个注意力块都接受编码并定义三个新的向量,称为查询向量(query vectors)、关键向量(key vectors)和价值向量(value vectors)。这些向量中的每一个都定义为 64 维(该大小是可以调整的超参数)。通过训练学习查询向量、关键向量和价值向量。

为了理解编码器块是如何工作的,不妨假设输入共有 3 个令牌,每个令牌都具有相应的嵌入。这些令牌中的每一个都用其查询向量、关键向量和价值向量初始化。同时初始化权重向量并与输入令牌的嵌入相乘,生成该令牌的密钥。为令牌计算查询向量后,将其乘以所有输入令牌的关键向量。请注意,编码器可以访问每个令牌两侧的所有输入。通过获取所讨论单词的查询向量和输入序列中所有令牌的价值向量来计算得分,所得分数均通过 softmax。该结果可以被解释为说明了一种输入中哪些令牌对该特定输入令牌最重要。

在某种程度上,问题中所讨论的输入令牌会关注具有高 softmax 分数的其他令牌。当输入令牌关注自身时,该分数预计较高,但对于其他令牌也可能较高。接下来,将该 softmax 分数乘以每个令牌的价值向量。然后将不同输入令牌的所有这些价值向量相加。令牌的 softmax 分数越高,其价值向量对特殊输入令牌的输出价值向量越高。这就完成了关注层中给定令牌的输出计算。

多头自关注(multi-head self-attention)创建查询向量、关键向量和价值向量的多个副本,以及用于根据输入令牌的嵌入计算查询向量的权重矩阵。该论文提出了8 个头,这可以通过实验检验。附加的权重矩阵用于组合每个磁头的多个输出,并将它们连接在一起形成一个输出价值向量。

该输出价值向量被馈送到前馈层,前馈层的输出到达下一个编码器块,或者成为最终编码器块处的模型的输出。

虽然核心 BERT 模型本质上是核心 Transformer 编码器模型,但它引入了一些具体的优化措施,下面将介绍。注意,由于所有这些细节都是抽象的,所以使用 BERT 模型要容易得多。此外,了解这些细节可能有助于理解 BERT 的输入和输出。下一小节将介绍使用 BERT 进行 IMDb 情绪分析的代码。

4.3.4　BERT 模型

Transformer 架构(Transformer architecture)的出现是 NLP 领域的开创性突破。这种架构通过多种衍生架构推动了大量的创新,其中之一便是 BERT 模型。BERT 模型于 2018 年发布,使用 Transformer 架构的编码器部分。编码器的布局与前面描述的相同,具有 12 个编码器块和 12 个注意头,其隐藏层的大小为 768。这些参数集称为 BERT 基。这些超参数导致总模型大小为 1.1 亿个参数。此外,还有一个更大的模型,有 24 个编码器块、16 个注意头和 1 024 个隐藏单元大小。自论文发表以来,也出现了许多不同的 BERT 变体,如 ALBERT、DistilBERT、RoBERTa、CamemBERT 等。这些模型中的每一个都试图在准确性或训练/推理时间方面提高BERT 性能。

BERT 的预训练方式是独一无二的。它使用上面解释的多任务迁移学习(multi-task transfer learning)原理来针对两个不同的目标进行预训练。模型训练的第一个目标是屏蔽语言模型(Masked Language Model,MLM)任务。此任务会随机屏蔽一些输入令牌,而该模型必须预测正确的令牌,并给定被屏蔽令牌两侧的令牌。具体地说,输入序列中的一个令牌在 80％ 的时间内被一个特殊的[MASK]令牌替换。在接下来的 10％ 的时间内,所选令牌被词汇表中的另一个随机标记替换。在最

后 10% 的时间内,令牌保持不变。此外,一批中总令牌的 15% 会出现这种情况。该
方案的结果是,模型不能依赖于存在的某些令牌,并且被迫基于任何给定令牌前面和
后面的令牌分布来学习上下文表示。如果没有这种掩蔽,模型的双向性质意味着
每个单词都可以从任一方向间接看到自己,这将使预测目标令牌的任务变得非常
简单。

模型预训练的第二个目标是预测下一句(Next Sentence Prediction,NSP)。这
里的直觉是,有许多 NLP 任务处理成对的句子。例如,一个问答类型的建模问题可
以将问题建模为第一句,而用于回答问题的段落则建模为第二句。模型的输出可以
是跨度识别器,以识别作为问题答案提供的段落中的开始和结束令牌索引。在句子
相似性或释义的情况下(In the case of sentence similarity or paraphrasing),两个句
子对都可以传递,以获得相似性得分。NSP 模型通过在句子对中传递用来指示第二
个句子是否排在第一个句子后面的二进制标签来训练。50% 的训练示例作为带有标
签 IsNext 的语料库中的实际下一语句传递,剩下的 50% 的样本则传递带有输出标
签 NotNext 的随机语句。

BERT 还解决了我们在上面的 GloVe 示例中看到的一个问题——词汇表外令
牌。在 GloVe 示例中,有约 15% 的令牌不在词汇表中。为了解决这个问题,BERT
采用词汇表大小为 30 000 个令牌的词块令牌化(WordPiece tokenization)方案(远小
于 GloVe 词汇表)。WordPiece 属于一类称为子词令牌化(subword tokenization)的
令牌化方案。该类令牌化方案还包括:字节对编码(Byte Pair Encoding,BPE)、语句
块(SentencePiece)和 Unigram 语言模型。WordPiece 模型的灵感来自谷歌翻译中
负责处理日文和韩文部分的团队。第 1 章中我们提到日语不使用空格来分隔单词,
这也导致了其令牌化难度大大提高。为这类语言创建词汇表的方法在用于英语等语
言及将字典大小保持在合理大小时非常有用。

以"Life Insurance Company"(人寿保险公司)一词的德语翻译为例,
它可以译为"Lebensversicherungsgesellschaft"。类似地,"Gross Domes-
tic Product"(国内生产总值)将翻译为"Bruttoinlandsprodukt"。如果这
样提取单词,则词汇量将非常大。子词方法可以更有效地表示这些词。

较小的字典可以减少训练时间和内存需求。如果较小的字典没有词汇表外令牌
(out-of-vocabulary tokens)的代价,那么它的用途将十分广。为了帮助理解子词令
牌化(subword tokenization)的概念,此处不妨考虑一个极端的例子,其中令牌化将
工作分解为单个字符和数字。这个词汇表将总共包含 37 个字符,包含 26 个字母、
10 个数字和空格。子词令牌化方案的一个示例是引入两个新的标记 -ing 和 -ion。
以这两个标记结尾的每个单词都可以分成两个子单词——后缀 x 之前的部分和两个
后缀中的一个。这一点可以通过语言语法和结构的知识,利用词干提取(stemming)
和词形还原(lemmatization)等技术来实现。BERT 中使用的词块令牌化方法基于

BPE。在 BPE 中,第一步是定义目标词汇表大小。

接下来,将整个文本转换为仅包含单个字符令牌的词汇表,并映射到出现频率。现在,在此基础上进行多次传递,以组合成对的令牌,从而最大化创建的二元图的频率。对于创建的每个子字,都会添加一个特殊的令牌来表示该字的结尾,以便可以执行去令牌化(detokenization)。此外,如果子字不是原单词的开头部分,则添加 ♯♯ 标记以帮助重建原始单词。此过程继续进行,直到创出所需的词汇表,或达到令牌的最小频率 1 的基本条件。BPE 最大化了频率,WordPiece 在此基础上构建了另一个目标。

WordPiece 的目标包括通过考虑被合并的令牌的频率以及合并的二元图的频率来增加相互信息(mutual information),需要对模型进行轻微调整。来自 Facebook 的 RoBERTa 尝试使用 BPE 模型进行调整,但在性能上并未有太大差异。GPT‐2 生成模型是在 BPE 模型的基础上产生的。

以 IMDb 数据集为例,下面是一个示例语句:

This was an absolutely terrible movie. Don't be lured in by Christopher Walken or Michael Ironside.(这电影太糟糕了,不要被主演是 Christopher Walken 和 Michael Ironside 这点迷惑了。)

在利用 BERT 令牌化后,将变成以下形式:

[CLS]This was an absolutely terrible movie. Don't be lure ♯♯d in by Christopher Walk ♯♯en or Michael Iron ♯♯en . [SEP]

其中[CLS]和[SEP]是特殊令牌,稍后将介绍。注意"lured"(诱惑)这个词是如何被分解的。既然我们已经理解了 BERT 模型的基本结构,那么我们尝试将其用于 IMDb 情感分类问题的迁移学习。第一步是准备数据。

 BERT 实现的所有代码都可以在本书 4.3 节"基于 BERT 的迁移学习"部分的 GitHub 文件夹下的 imdb-transfer-learning. ipynb 笔记本中找到。请运行标题为"Loading IMDb training data"(加载 IMDb 训练数据)的部分中的代码,以确保在继续之前加载数据。

4.3.4.1 BERT 的令牌化和规范化

在阅读了 BERT 模型的描述之后,需要您做好面对实现代码的困难的准备。但不必紧张,我们在 Hugging Face 的朋友提供了预训练的模型和抽象,使与 BERT 这样的高级模型合作变得轻而易举。让 BERT 工作的一般流程如下:

① 加载预训练模型;

② 实例化分词器并令牌化数据;

③ 建立模型并编译模型;

④ 根据数据拟合模型。

这些步骤只需要几行代码。第一步是安装 Hugging Face 库:

```
! pip install transformers == 3.0.2
```

分词器是第二步,需要先导入,然后才能使用:

```
from transformers import BertTokenizer


bert_name = 'bert - base - cased'
tokenizer = BertTokenizer.from_pretrained(bert_name,
                                          add_special_tokens = True,
                                          do_lower_case = False,
                                          max_length = 150,
                                          pad_to_max_length = True)
```

这就是加载预训练的分词器的全部内容。在上面的代码中需要注意几点。首先,Hugging Face 发布了许多可供下载的模型。模型及其名称的完整列表可在 https://huggingface.co/transformers/pretrained_models.html. 访问。可用的一些关键 BERT 模型如表 4.1 所列。

表 4.1　模型名称及描述

模型名称	描　述
bert-base-uncased/bert-base-cased	基本 BERT 模型的变体,具有 12 个编码器层、768 个单位的隐藏大小和 12 个注意力头,总共约 1.1 亿个参数。唯一的区别是看输入是分大小写还是全小写
bert-large-uncased/bert-large-cased	该模型有 24 个编码器层、1 024 个隐藏单元和 16 个注意力头,总共有 3.4 亿个参数。类似的按大小写和小写模式区分
bert-base-multilingualcased	这里的参数与上面所述的 bert -base-cased 相同,在 104 种语言上训练,拥有最大的维基百科条目。但是,在该模型可用的情况下,不建议对国际语言使用未编码版本
bert-base-casedfinetuned-mrpc	该模型已在 Microsoft Research 释义语料库任务上进行了优化,用于新闻领域的释义识别
bert-base-japanese	与基础模型大小相同,但以日语文本为基础。请注意,MeCab 和 WordPiece 分词器都被使用
bert-base-chinese	与基本模型大小相同,但在简体中文和繁体中文案例上进行了训练

左边的任何值都可以在上面的 bert_name 变量中使用,以加载适当的分词器。上面代码中的第二行是从云端下载的配置和词汇表文件,并实例化分词器。此加载器接受多个参数。由于使用了大小写单词模型,我们不希望分词器中 do_lower_case 参数将单词转换为小写(注意此参数的默认值为 True),因此需要调整其参数。如在 GloVe 模型中演示那般,输入的句子将被令牌化成最多包含 150 个令牌的序列,然后

113

再由 pad_to_max_length 指示分词器填充其生成的序列。

第一个参数 add_special_tokens 值得解释。在到目前为止的示例中,我们采用了一个序列和最大长度。如果序列短于此最大长度,则使用特殊填充令牌填充序列。然而,由于下一个句子预测(next sentence prediction)任务的预训练,BERT 有一种特殊的方法来编码其序列。它需要一种方法来提供两个序列作为输入。在分类的情况下,就像 IMDb 情感预测一样,第二个序列只是空的。需要向 BERT 模型提供三个序列:

① input_ids:该序列对应于转换为 ID 的输入中的令牌。这就是我们迄今为止在其他例子中所做的。在 IMDb 示例中,我们只有一个序列。但是,如果问题需要在两个序列中传递,则将在序列之间添加一个特殊标记[SEP]([SEP]是分词器添加的特殊令牌的示例)。另一个特殊标记[CLS]附加到输入的开始([CLS]代表 Classifier 令牌)。该令牌的嵌入可以被视为分类问题情况下输入的汇总,并且 BERT 模型顶部的其他层将使用该令牌。也可以使用所有输入的嵌入总和作为替代。

② token_type-ids:如果输入包含两个序列,比如像是一个问答类型的问题,则这些 ID 告诉模型指示哪个 input_ID 对应于哪个序列。在某些文本中,这被称为段标识符。第一序列将是第一段,第二序列将是第二段。

③ attention_mask:假设序列被填充,该掩码告诉模型实际令牌的结束位置,以便注意力计算不使用填充令牌。

考虑到 BERT 可以同时输入两个序列,理解其填充过程具有相当重要的地位。否则当提供一对序列时,读者很可能会困惑于在最大序列的上下文中填充是如何工作的。最大序列长度是指该序列对的组合长度。当组合长度超过最大长度时,共有三种不同的截断方法进行处理。前两种方法为剪短两个序列中任一个的长度。第三种方法则是从最长的序列中一次截短一个令牌,这样该序列对的长度最多只相差一个。在构造函数中,可以通过传递 truncation_strategy 参数来确认长度差,该参数的值为 only_first、only_ second 或 longest_firsts。

如果输入序列是"Don't be lured(别被骗)",则图 4.7 显示了如何使用 Word-Piece 分词器以及添加特殊令牌对其进行令牌化。上面的示例将最大序列长度设为9。该示例中仅提供了一个序列,因此令牌类型 ID 和段 ID 具有相同的值。

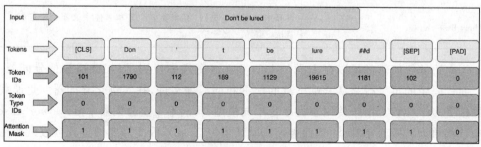

图 4.7　将输入映射到 BERT 序列

注意掩码设置为 1,其中令牌中的对应条目是实际令牌。以下代码用于生成这些编码:

```
tokenizer.encode_plus(" Don't be lured", add_special_tokens = True,
                      max_length = 9,
                      pad_to_max_length = True,
                      return_attention_mask = True,
                      return_token_type_ids = True)
```

{'input_ids': [101, 1790, 112, 189, 1129, 19615, 1181, 102, 0], 'token_type_ids': [0, 0, 0, 0, 0, 0, 0, 0, 0], 'attention_mask': [1, 1, 1, 1, 1, 1, 1, 1, 0]}

本章中不探讨输入一对序列的情况,但了解传递一对序列时编码的外观是很有用的。如果将两个字符串传递给标记器,则将它们视为一对。代码如下所示:

```
tokenizer.encode_plus(" Don't be"," lured", add_special_tokens = True,
                      max_length = 10,
                      pad_to_max_length = True,
                      return_attention_mask = True,
                      return_token_type_ids = True)
```

{'input_ids': [101, 1790, 112, 189, 1129,**102**, 19615, 1181, **102**, 0], 'token_type_ids': [0, 0, 0, 0, 0, 0,**1, 1, 1**, 0], 'attention_mask': [1, 1, 1, 1, 1, 1, 1, 1, 1, 0]}

输入 ID 中用两个分隔符对两个序列进行区分。令牌类型 ID 有助于区分哪些令牌对应于哪个序列。请注意,填充令牌的令牌类型 ID 设置为 0。在网络中,因为所有值均与注意力掩码相乘,所以并不会如此使用。

为了对所有 IMDb 审查的输入进行编码,定义了一个助手函数,如下所示:

```
def bert_encoder(review):
    txt = review.numpy().decode('utf - 8')
    encoded = tokenizer.encode_plus(txt, add_special_tokens = True,
                                    max_length = 150,
                                    pad_to_max_length = True,
                                    return_attention_mask = True,
                                    return_token_type_ids = True)

    return encoded['input_ids'], encoded['token_type_ids'], \
        encoded['attention_mask']
```

该方法非常简单,采用输入张量并使用 UTF - 8 解码。然后利用分词器,将该输入转换为三个序列。

这将是实现不同填充算法的绝佳机会。例如,实现采用文本令牌后所得的最后 150 个令牌而不是前 150 个令牌的算法,并比较两种算法的性能。

然后将其应用于训练数据中的每条评论:

```
bert_train = [bert_encoder(r) for r, l in imdb_train]
bert_lbl = [l for r, l in imdb_train]
bert_train = np.array(bert_train)
bert_lbl = tf.keras.utils.to_categorical(bert_lbl, num_classes = 2)
```

评论的标签也被转换为分类值。使用 sklearn 软件包,将训练数据分成训练集和验证集:

```
# create training and validation splits
from sklearn.model_selection import train_test_split

x_train, x_val, y_train, y_val = train_test_split(bert_train,
                                                  bert_lbl,
                                                  test_size = 0.2,
                                                  random_state = 42)

print(x_train.shape, y_train.shape)
```

(20000, 3, 150) (20000, 2)

为便于在训练中使用,需要进行更多的数据处理来将输入分解成 tf.DataSet 中的三个输入字典。

```
tr_reviews, tr_segments, tr_masks = np.split(x_train, 3, axis = 1)
val_reviews, val_segments, val_masks = np.split(x_val, 3, axis = 1)

tr_reviews = tr_reviews.squeeze()
tr_segments = tr_segments.squeeze()
tr_masks = tr_masks.squeeze()

val_reviews = val_reviews.squeeze()
val_segments = val_segments.squeeze()
val_masks = val_masks.squeeze()
```

这些训练和验证序列被转换成如下数据集:

```
def example_to_features(input_ids,attention_masks,token_type_ids,y):
    return {"input_ids": input_ids,
```

```
                   "attention_mask": attention_masks,
                   "token_type_ids": token_type_ids}, y
train_ds = tf.data.Dataset.from_tensor_slices((tr_reviews,
tr_masks, tr_segments, y_train)).\
              map(example_to_features).shuffle(100).batch(16)

valid_ds = tf.data.Dataset.from_tensor_slices((val_reviews,
val_masks, val_segments, y_val)).\
              map(example_to_features).shuffle(100).batch(16)
```

这里使用的批处理(batch)大小为 16。GPU 的内存是这里的限制因素。Google Colab 可以支持 32 的批处理长度,8 GB RAM GPU 可以支持 16 的批处理大小。现在,我们准备使用 BERT 训练模型进行分类,共有两种方法:第一种方法是在 BERT 之上使用预先构建的分类模型,该方法将在下一小节展示;第二种方法是使用基本 BERT 模型,并在顶部添加自定义层以完成相同的任务,该技术将在后面的章节中演示。

4.3.4.2　预构建的 BERT 分类模型

Hugging Face 库提供了一个类,极大降低了利用预构建的 BERT 模型进行分类的难度:

```
from transformers import TFBertForSequenceClassification
bert_model = TFBertForSequenceClassification.from_pretrained(bert_name)
```

请注意,模型的实例化将需要从云端下载模型。但是,如果代码是从本地或专用计算机运行的,则这些模型将缓存在本地计算机上。在 Google Colab 环境中,每次初始化 Colab 实例时都会运行此下载模型。要使用此模型,我们只需要提供优化器(optimizer)和损失函数(loss function)并编译模型即可。

```
optimizer = tf.keras.optimizers.Aadam(learning_rate = 2e - 5)
loss = tf.keras.losses.BinaryCrossentropy(from_logits = True)

bert_model.compile(optimizer = optimizer, loss = loss, metrics = ['accuracy'])
```

该模型实际上布局非常简单,其摘要如下所示:

```
bert_model.summary()

Model: "tf_bert_for_sequence_classification_7"

_____
Layer (type)              Output Shape          Param #
=================================================

bert (TFBertMainLayer)    multiple              108310272
```

```
----------------------------------------------------------------------
dropout_303（Dropout）            multiple                        0
----------------------------------------------------------------------
classifier（Dense）               multiple                     1538
======================================================================
Total params：108,311,810
Trainable params：108,311,810
Non－trainable params：0
----------------------------------------------------------------------
```

因此,该模型具有整个 BERT 模型、一个 dropout 层以及顶部的分类层。

> BERT 论文提出了一些用于微调(fine-tuning)的设置。论文建议批处理大小为 16 或 32,运行 2～4 个周期;此外,还建议将 Adam 学习率设为以下之一:5e-5、3e-5 或 2e-5。一旦此模型在您的环境中启动并运行,请随时使用不同的设置进行训练,以查看对准确性的影响。

在上一小节中,我们将数据分成 16 组。此处将 Adam 优化器学习率设为 2e-5,并进行 3 个周期的模型训练(注意,训练将十分缓慢)。

```
print("Fine－tuning BERT on IMDB")
bert_history = bert_model.fit(train_ds, epochs = 3,
                                validation_data = valid_ds)
```

```
Fine－tuning BERT on IMDB
Train for 1250 steps，validate for 313 steps
Epoch 1/3
1250/1250 [==============================] － 480s 384ms/step － loss：
0.3567 － accuracy：0.8320 － val_loss：0.2654 － val_accuracy：0.8813
Epoch 2/3
1250/1250 [==============================] － 469s 375ms/step － loss：
0.2009 － accuracy：0.9188 － val_loss：0.3571 － val_accuracy：0.8576
Epoch 3/3
1250/1250 [==============================] － 470s 376ms/step － loss：
0.1056 － accuracy：0.9613 － val_loss：0.3387 － val_accuracy：0.8883
```

如果在测试集上有效,那么我们在这里验证精度所做的少量工作是相当令人印象深刻的。这需要下一步检查。使用上一节中的方便方法,测试数据将以正确的格式进行令牌化和编码:

```
# prep data for testing
bert_test = [bert_encoder(r) for r,l in imdb_test]
bert_tst_lbl = [l for r, l in imdb_test]


bert_test2 = np.array(bert_test)
```

```
bert_tst_lbl2 = tf.keras.utils.to_categorical(bert_tst_lbl,
                                              num_classes = 2)

ts_reviews, ts_segments, ts_masks = np.split(bert_test2, 3, axis = 1)
ts_reviews = ts_reviews.squeeze()
ts_segments = ts_segments.squeeze()
ts_masks = ts_masks.squeeze()


test_ds = tf.data.Dataset.from_tensor_slices((ts_reviews,
                     ts_masks, ts_segments, bert_tst_lbl2)).\
         map(example_to_features).shuffle(100).batch(16)
```

在测试数据集上评估此模型的性能，我们得到以下结果：

```
bert_model.evaluate(test_ds)

1563/1563 [==============================] - 202s 129ms/step - loss:
0.3647 - accuracy: 0.8799


[0.3646871318983454, 0.8799]
```

模型准确率几乎为 88%！这比前面显示的最佳 GloVe 模型的准确率还要高，并且所用的代码要少得多。

在下一小节中，我们将在 BERT 模型的基础上构建自定义层，以将迁移学习提升到下一个层次。

4.3.4.3　基于 BERT 的自定义模型

BERT 模型输出所有输入令牌的上下文嵌入。与[CLS]令牌相对应的嵌入通常用于分类任务，并代表整个文档。来自 Hugging Face 的预构建模型（pre-built model）返回整个序列的嵌入以及该合并输出（pooled output），该合并输出将整个文档表示为模型的输出。这个汇集的输出向量可以在将来的层中使用，以帮助完成分类任务。这是我们在构建自定义模型（customer model）时所采用的方法。

本节的代码在与上述相同的笔记本中的"Customer Model With BERT"标题下。

这一探索的起点是基础 TFBertModel。它可以像这样导入和实例化：

```
from transformers import TFBertModel
bert_name = 'bert - base - cased'
bert = TFBertModel.from_pretrained(bert_name)
bert.summary()
```

```
Model："tf_bert_model"

_____
Layer (type)                    Output Shape              Param #
====================================================================
bert (TFBertMainLayer)          multiple                  108310272
====================================================================
Total params：108,310,272
Trainable params：108,310,272
Non-trainable params：0

_____
```

　　由于我们使用的是相同的预训练模型，即案例化的 BERT-Base 模型（the cased BERT-Base model），因此我们可以重用上一节中的令牌化和准备好的数据。如果还未准备好，请花点时间确保使用 BERT 进行令牌化和规范化部分中的代码已经运行，以准备数据。

　　现在，需要定义自定义模型。该模型的第一层是 BERT 层。该层将接受三个输入，即输入令牌（input tokens）、注意力掩码（attention masks）和令牌类型 ID（token type IDs）：

```
max_seq_len = 150
inp_ids = tf.keras.layers.Input((max_seq_len,), dtype = tf.int64,
name = "input_ids")
att_mask = tf.keras.layers.Input((max_seq_len,), dtype = tf.int64,
name = "attention_mask")
seg_ids = tf.keras.layers.Input((max_seq_len,), dtype = tf.int64,
name = "token_type_ids")
```

　　这些名称需要与训练和测试数据集中定义的字典匹配。这可以通过输出规范化后的数据集进行检查：

```
train_ds.element_spec
```

```
({'input_ids': TensorSpec(shape = (None, 150), dtype = tf.int64,
name = None),
'attention_mask': TensorSpec(shape = (None, 150), dtype = tf.int64,
name = None),
'token_type_ids': TensorSpec(shape = (None, 150), dtype = tf.int64,
name = None)},
TensorSpec(shape = (None, 2), dtype = tf.float32, name = None))
```

　　BERT 模型期望这些输入全部在字典中。此外，BERT 还可以接受作为命名参数的输入，这种方法更清晰，也更容易跟踪输入。一旦输入被映射，就可以计算 BERT 模型的输出：

```
inp_dict = {"input_ids": inp_ids,
            "attention_mask": att_mask,
            "token_type_ids": seg_ids}
outputs = bert(inp_dict)
# let's see the output structure
outputs
```

(<tf.Tensor 'tf_bert_model_3/Identity:0' shape = (None, 150, 768)
dtype = float32> ,
 <tf.Tensor 'tf_bert_model_3/Identity_1:0' shape = (None, 768)
dtype = float32>)

第一个输出具有每个输入令牌的嵌入,包括特殊令牌[CLS]和[SEP]。第二个输出对应于[CLS]令牌的输出。该输出将在模型中进一步使用:

```
x = tf.keras.layers.Dropout(0.2)(outputs[1])
x = tf.keras.layers.Dense(200, activation = 'relu')(x)
x = tf.keras.layers.Dropout(0.2)(x)
x = tf.keras.layers.Dense(2, activation = 'sigmoid')(x)

custom_model = tf.keras.models.Model(inputs = inp_dict, outputs = x)
```

上述模型仅用于说明,以演示该技术。我们在输出层之前添加了一个密集层和两个 dropout 层。现在,自定义模型已准备好接受训练。需要使用优化器(optimizer)、损失函数(loss function)和指标(metrics)来编译模型并观察:

```
optimizer = tf.keras.optimizers.Adam(learning_rate = 2e - 5)
loss = tf.keras.losses.BinaryCrossentropy(from_logits = True)
custom_model.compile(optimizer = optimizer, loss = loss, metrics = ['accuracy'])
```

以下是该模型的效果:

```
custom_model.summary()

Model: "model_2"
```

Layer (type)	Output Shape	Param #	Connected to
attention_mask(InputLayer)	[(None,150)]	0	
input_ids(InputLayer)	[(None,150)]	0	
token_type_ids(InputLayer)	[(None,150)]	0	

tf_bert_model(TFBertModel)	((None,150,768),(	108310272	attention_mask[0][0]
			input_ids[0][0]
			token_type_ids[0][0]
dropout_346 (Dropout)	(None,768)	0	tf_bert_model[3][1]
dense_4 (Dense)	(None,200)	153800	dropout_345[0][0]
dropout_346 (Dropout)	(None,200)	0	dense_4[0][0]
dense_5(Dense)	(None,2)	402	dropout_346[0][0]

```
Total params: 108,464,474
Trainable params: 108,464,474
Non-trainable params: 0
```

除了 BERT 参数外,该自定义模型还具有 154 202 个额外的可训练参数。模型已准备好进行训练。我们将使用上一小节中的相同设置,并针对 3 个时期训练模型:

```
print("Custom Model: Fine-tuning BERT on IMDB")
custom_history = custom_model.fit(train_ds, epochs = 3,
                                  validation_data = valid_ds)
```

```
Custom Model: Fine-tuning BERT on IMDB
Train for 1250 steps, validate for 313 steps
Epoch 1/3
1250/1250 [==============================] - 477s 381ms/step - loss:
0.5912 - accuracy: 0.8069 - val_loss: 0.6009 - val_accuracy: 0.8020
Epoch 2/3
1250/1250 [==============================] - 469s 375ms/step - loss:
0.5696 - accuracy: 0.8570 - val_loss: 0.5643 - val_accuracy: 0.8646
Epoch 3/3
1250/1250 [==============================] - 470s 376ms/step - loss:
0.5559 - accuracy: 0.8883 - val_loss: 0.5647 - val_accuracy: 0.8669
```

对测试集的评估给出了 86.29% 的准确度。请注意,此处也使用了预训练 BERT 模型部分中使用的测试数据编码步骤:

```
custom_model.evaluate(test_ds)
```

```
1563/1563 [==============================] - 201s 128ms/step - loss:
0.5667 - accuracy: 0.8629
```

BERT 的微调(fine-tuning)针对少量的时间段运行,Adam 的学习率值较小。如果进行了大量的微调,则存在 BERT 遗忘其预训练参数的风险。当在顶部构建自定义模型时,这可能是一个限制,因为短短几个周期可能不足以训练已添加的层。在这种情况下,可以冻结 BERT 模型层,并且进一步训练。冻结 BERT 层相当容易,但需要重新编译模型:

```
bert.trainable = False                          # don't train BERT any more
optimizer = tf.keras.optimizers.Adam()          # standard learning rate
custom_model.compile(optimizer = optimizer, loss = loss, metrics = ['accuracy'])
```

我们可以检查模型摘要(见图 4.8),以验证可训练参数的数量已经改变,以反映被冻结的 BERT 层。

```
custom_model.summary()
```

```
Model: "model_2"

Layer (type)                     Output Shape              Param #      Connected to
===================================================================================
attention_mask (InputLayer)      [(None, 150)]             0

input_ids (InputLayer)           [(None, 150)]             0

token_type_ids (InputLayer)      [(None, 150)]             0

tf_bert_model (TFBertModel)      ((None, 150, 768), (      108310272    attention_mask[0][0]
                                                                        input_ids[0][0]
                                                                        token_type_ids[0][0]

dropout_345 (Dropout)            (None, 768)               0            tf_bert_model[3][1]

dense_4 (Dense)                  (None, 200)               153800       dropout_345[0][0]

dropout_346 (Dropout)            (None, 200)               0            dense_4[0][0]

dense_5 (Dense)                  (None, 2)                 402          dropout_346[0][0]
===================================================================================
Total params: 108,464,474
Trainable params: 154,202
Non-trainable params: 108,310,272
```

图 4.8　模型摘要

我们可以看到,所有 BERT 参数现在均设置为不可训练。由于模型正在重新编译,我们也借此机会改变了学习速率。

> 在训练期间改变序列长度和学习速率是 TensorFlow 中的高级技术。BERT 模型还使用 128 作为初始周期的序列长度,随后在训练中将其更改为 512。同样常见的是,在前几个周期,学习速率会提高,然后随着训练的进行而降低。

现在,训练可以在多个周期继续进行,如:

```
print("Custom Model: Keep training custom model on IMDB")
```

```
custom_history = custom_model.fit(train_ds, epochs = 10,
validation_data = valid_ds)
```

为了简洁起见,未显示训练输出。在测试集上检查模型的精度为 86.96%:

```
custom_model.evaluate(test_ds)
```

```
1563/1563 [==============================] - 195s 125ms/step - loss:
0.5657 - accuracy: 0.8696
```

如果您正在考虑此自定义模型的精度是否低于预训练模型,那么这是一个值得深思的问题。网络并不是越大越好,过度训练可能会导致模型性能因过度拟合而降低。在自定义模型中,可以尝试使用所有输入令牌的输出编码,并将它们通过 LSTM 层,或者将它们连接在一起,通过密集层,然后进行预测。

在完成了 Transformer 架构的编码器端之后,我们准备研究用于此处生成的架构的解码器端。这将是下一章的重点。在我们开始学习之前,回顾一下本章中的所有内容。

4.4 总　结

迁移学习在容易获得数据的自然语言处理领域取得了许多进展,但所获得的数据的标记任务相当艰难。我们首先介绍了不同类型的迁移学习,然后采用预训练的 GloVe 嵌入,并将其应用于 IMDb 情绪分析问题,最后得到了具有相当的准确性且训练时间更少的更小的模型。

接下来,在理解 BERT 模型之前,我们从编码器-解码器架构(encoder-decoder architectures)、注意力(attention)和 Transformer 模型(Transformer models)开始,了解了 NLP 模型演变中的关键时刻。使用 Hugging Face 库,我们使用预训练的 BERT 模型和在 BERT 之上构建的自定义模型来对 IMDb 评论进行情感分类。

BERT 仅使用 Transformer 模型的编码器部分。堆栈的解码器端用于文本生成。接下来的两章将侧重于加深对 Transformer 模型的理解。下一章将使用堆栈的解码器端来执行文本生成和句子填空。之后的章节将使用完整的编码器-解码器网络架构(encoder-decoder network architecture)进行文本总结。

到目前为止,我们已经在模型中训练了令牌的嵌入。通过使用预训练的嵌入件可以实现相当大的提升量。下一章将重点介绍迁移学习的概念和预训练嵌入(如 BERT)的使用。

第 5 章
利用 RNN 和 GPT – 2 生成文本

当你用手机输入一个单词时,或者 Gmail 在你回复电子邮件时发送了一个简短的回复或是一个句子时,此处介绍的生成模型(text generation model)都在后台工作。Transformer 架构(Transformer architecture)是最先进的文本生成模型(text generation model)的基础。如第 4 章所述,BERT 仅使用 Transformer 架构的编码器部分。

然而,BERT 是双向的,并不适合用来生成文本。基于 Transformer 架构的解码器部分构建的从左到右(或从右到左,取决于语言)语言模型是当今文本生成模型(text generation model)的基础。

文本可以一次生成一个字符,也可以同时生成单词和句子。这两种方法都在本章中介绍。具体而言,本章将涵盖以下主题:

- 用于生成文本:
  - 生成新闻标题和完成此处消息的基于字符的 RNN(character-based RNNs);
  - 生成完整句子的 GPT – 2。
- 使用以下技术提高文本生成质量:贪婪搜索(greedy search)、波束搜索(beam search)、Top-K 采样(Top-K sampling)。
- 使用学习率退火(learning rate annealing)和检查点(checkpointing)等高级技术实现长时间训练;
- Transformer 解码器架构(Transformer decoder architecture)的详细信息;
- GPT 和 GPT – 2 模型的详细信息。

首先介绍基于字符的文本生成方法。这类的模型在消息传递平台上补全空缺句子中的单词非常有用。

5.1 生成文本 —— 一次一个字符

文本生成(text generation)为判断深入学习模型是否正在学习语言的底层结构提供了一个窗口。本章将使用两种不同的方法生成文本。第一种方法是一种每次生成一个字符的基于 RNN 的模型。

在前几章中,我们看到了基于单词和子单词的不同令牌化方法。这里被令牌化为包括大写和小写字母、标点符号和数字在内的各种字符,共计 96 个令牌。该令牌化是一个极端的例子,常用来测试一个模型对语言结构的了解程度。将通过训练使该模型能够基于给定的输入字符集预测下一个字符。如果语言中确实存在一个底层结构,那么该模型应做到提取该结构并基于此生成合理的句子。

每次生成一个字符,连续不断直至生成一个完整连贯的句子是一项非常具有挑战性的任务。该模型没有字典或词汇表,也没有名词大写或任何语法规则,我们需要在这种情况下让模型生成合理的句子。

句子中的单词结构及其顺序不是随机的,而是由语言中的语法规则驱动的;此外,单词一般都有基于词类和词根的结构。虽然基于字符的模型词汇量小的可怜,但我们希望该模型能够学到如何正确地使用字母。让我们从数据加载和预处理步骤开始。

5.1.1 数据加载和预处理

对于这个特定的例子,我们将使用来自受限域的数据——一组新闻标题。此处的前提是:新闻标题通常字数较少,并有着特定的结构。这些标题通常是一篇文章的摘要,包含大量专有名词,如公司和名人的名字。对于这个特定任务,我们需将两个数据集的数据连接使用。

第一个数据集称为新闻聚合器数据集(news aggregator dataset),由意大利罗马特雷大学工程学院(Faculty of Engineering at Roma Tre University)的人工智能实验室生成。加州大学欧文分校(The University of California, Irvine)已实现该数据集的网站下载:https://archive.ics.uci.edu/ml/datasets/News+Aggregator。该数据集包含超过 420 000 个新闻文章标题、URL 和其他信息。

第二个数据集是来自《赫芬顿邮报》(*The Huffington Post*)的 20 多万篇新闻文章,称为新闻类数据集,由 Rishabh Mishra 收集,并发布在 Kaggle 网站:https://www.kaggle.com/rmisra/news-category-dataset 上。

两个数据集中的新闻标题被提取并编译成一个文件(此步骤已完成)。压缩的输出文件称为 NewsHeadings.tsv.zip,位于本章节 GitHub 存储库下的 chapter5-nlg-with-transformer-gpt/char-rnn 文件夹中。

该文件的格式非常简单,共有两列,由制表符分隔。第一列是原始标题,第二列是同一标题的未加密版本。此次示例仅使用文件的第一列。

当然，您可以尝试使用未编码的版本来查看结果的差异。该类模型训练时间通常较长，一般需几个小时。像是与内核的连接丢失或内核进程死亡，最后导致训练模型的丢失之类的诸多问题，在 IPython 笔记本中进行训练可能很困难。在这个例子中，我们试图做类似于从头开始训练 BERT 那样的工作，但训练时间上要短得多。运行长的训练循环会有在训练循环中间崩溃的风险。在这种情况下，我们不想从头开始训练。模型在训练期间经常设置检查点，以便在发生故障时从最后一个检查点恢复模型状态。然后，可以从最后一个检查点重新开始训练。在运行长训练循环时，命令行执行的 Python 文件提供了最大的控制。

 本例中显示的命令行指令在 Ubuntu 18.04 LTS 机器上进行了测试。这些命令也可在 macOS 命令行上正常工作，但需要进行一些调整。Windows 用户可能需要为其操作系统翻译这些命令。Windows 10 超级用户应该能够使用 Windows Linux 子系统（WSL）（Windows Subsystem for Linux）功能来执行相同的命令。

回到数据格式，加载数据所需要做的就是解压缩准备好的标题文件。导航到已经从 GitHub 中拉出的 ZIP 文件所在的文件夹，对标题的压缩文件进行解压缩和检查：

```
$ unzip news - headlines.tsv.zip
Archive：news - headlines.tsv.zip
inflating：news - headlines.tsv
```

检查文件内容以了解数据：

```
$ head  - 3 news - headlines.tsv
There Were 2 Mass Shootings In Texas Last Week，But Only 1 On TV there
were 2 mass shootings in texas last week，but only 1 on tv
Will Smith Joins Diplo And Nicky Jam For The 2018 World Cup's Official
Song will smith joins diplo and nicky jam for the 2018 world cup's
official song
Hugh Grant Marries For The First Time At Age 57 hugh grant marries for
the first time at age 57
```

模型在上面显示的标题上进行训练。接下来加载文件以执行规范化（normalization）和令牌化（tokenization）。

5.1.2　数据规范化和令牌化

如上所述，该模型为字符级模型。因此，每个字母，包括标点符号、数字和空格，都会被令牌化为一个单独的令牌。此处添加了三个附加令牌，分别是：

- <EOS> :表示句子结束。模型可以使用该令牌来指示文本的生成已完成。所有标题都以该令牌结尾。
- <UNK> :虽然这是一个字符级模型,但数据集中可能有不同于其他语言或字符集的字符。当检测到 96 个字符中不存在的字符时,将使用此标记。这种使用特殊令牌替换词汇表外的单词的方法与基于单词的词汇法相同。
- <PAD> :这是一个独特的填充令牌,用于将所有标题填充到相同长度。在本例中,填充通过手工完成,而不是通过之前常用的 TensorFlow 方法。

本节中代码均在本书中 GitHub 库的 chapter5-nlg-with-transformer-gpt 文件夹下的 rnn-train. py 文件中。文件的第一部分包含用于设置 GPU 的导入和可选说明。如果安装程序不使用 GPU,请忽略此部分。

 GPU 是深度学习工程师和研究人员的绝佳投资。GPU 可以将模型训练速度加快几个数量级甚至更多。使用像英伟达 GeForce RTX 2070 这样的 GPU 来完成深度学习设置是值得的。

数据规范化和令牌化的代码位于本文件第 32 行和第 90 行之间。首先,需要设置令牌化功能:

```
chars = sorted(set("abcdefghijklmnopqrstuvwxyz0123456789
-,;.!?:'''/\|_@#$%`&*~'|+-=()[]{}' ABCDEFGHIJKLMNOPQRSTUVWXYZ"))
chars = list(chars)
EOS = ' <EOS> '
UNK = " <UNK> "
PAD = " <PAD> " # need to move mask to '0'index for Embedding layer
chars. append(UNK)
chars. append(EOS) # end of sentence

chars. insert(0, PAD) # now padding should get index of 0
```

一旦令牌列表就绪,就需要定义将字符转换为令牌的方案,反之亦然。创建映射相对简单:

```
# Creating a mapping from unique characters to indices
char2idx = {u:i for i, u in enumerate(chars)}
idx2char = np. array(chars)

def char_idx(c):
    # takes a character and returns an index
    # if character is not in list, returns the unknown token
    if c in chars:
        return char2idx[c]
```

```
return char2idx[UNK]
```

现在,可以从 TSV 文件读入所需的数据。标题的最大长度为 75 个字符,短于此
长度时进行填充,超过此长度的标题则会被剪掉。<EOS> 令牌被附加到每个标题
的末尾。让我们设置一下:

```
data = []    # load into this list of lists
MAX_LEN = 75  # maximum length of a headline

with open("news-headlines.tsv", "r") as file:
    lines = csv.reader(file, delimiter='\t')
    for line in lines:
        hdln = line[0]
        cnvrtd = [char_idx(c) for c in hdln[:-1]]
        if len(cnvrtd) >= MAX_LEN:
            cnvrtd = cnvrtd[0:MAX_LEN-1]
            cnvrtd.append(char2idx[EOS])
        else:
            cnvrtd.append(char2idx[EOS])
            # add padding tokens
            remain = MAX_LEN - len(cnvrtd)
            if remain > 0:
                for i in range(remain):
                    cnvrtd.append(char2idx[PAD])
        data.append(cnvrtd)
print("**** Data file loaded ****")
```

所有数据都用上面的代码加载到一个列表中。考虑到此处只有一行文字,你可
能会想知道这里的基本事实(ground truth)。由于我们希望该模型生成文本,因此目
标可以简化为预测给定字符集的下一个字符。因此,我们将使用一个技巧来构建基
本事实——将输入序列移动一个字符,并将其设置为预期输出。使用 numpy 很容易
实现这种转换:

```
# now convert to numpy array
np_data = np.array(data)

# for training, we use one character shifted data
np_data_in = np_data[:, :-1]
np_data_out = np_data[:, 1:]
```

通过这个巧妙的方法,我们已经准备好了输入和预期输出,可以进行训练。最后

一步是将其转入 tf. Data. DataSet 以便于批处理和洗牌的数据集：

```
# Create TF dataset
x = tf.data.Dataset.from_tensor_slices((np_data_in, np_data_out))
```

接下来便可以开始训练了。

5.1.3 模型训练

模型训练的代码从 rnn-train. py 文件中的第 90 行开始。模型非常简单，拥有一个嵌入层，以及紧接着的 GRU 层和致密层。如下所示设置词汇表的大小、RNN 单元的数量和嵌入的大小：

```
# Length of the vocabulary in chars
vocab_size = len(chars)


# The embedding dimension
embedding_dim = 256


# Number of RNN units
rnn_units = 1024


# batch size
BATCH_SIZE = 256
```

通过定义批量大小，可以对训练数据进行批量处理，并为模型使用做好准备：

```
# create tf.DataSet
x_train = x.shuffle(100000, reshuffle_each_iteration = True).batch(BATCH_
SIZE, drop_remainder = True)
```

与前几章中的代码类似，构建模型的方便方法定义如下：

```
# define the model
def build_model(vocab_size, embedding_dim, rnn_units, batch_size):
    model = tf.keras.Sequential([
        tf.keras.layers.Embedding(vocab_size, embedding_dim,
                                   mask_zero = True,
                                   batch_input_shape = [batch_size, None]),
        tf.keras.layers.GRU(rnn_units,
                            return_sequences = True,
                            stateful = True,
                            recurrent_initializer = 'glorot_uniform'),
        tf.keras.layers.Dropout(0.1),
```

```
            tf.keras.layers.Dense(vocab_size)
])
return model
```

可以使用此方法实例化模型：

```
model = build_model(
                    vocab_size = vocab_size,
                    embedding_dim = embedding_dim,
                    rnn_units = rnn_units,
                    batch_size = BATCH_SIZE)


print("**** Model Instantiated ****")
print(model.summary())
```

```
**** Model Instantiated ****
Model: "sequential"
```

Layer (type)	Output Shape	Param #
embedding (Embedding)	(256, None, 256)	24576
gru (GRU)	(256, None, 1024)	3938304
dropout (Dropout)	(256, None, 1024)	0
dense (Dense)	(256, None, 96)	98400

```
Total params: 4,061,280
Trainable params: 4,061,280
Non - trainable params: 0
```

在这个模型中,有超过 400 万个可训练参数。具有稀疏分类损失函数的 Adam 优化器用于训练该模型：

```
loss = tf.keras.losses.SparseCategoricalCrossentropy(from_logits = True)
model.compile(optimizer = 'adam', loss = loss)
```

考虑到训练可能需要很长时间,我们需要在训练的同时设置检查点。如果在训练和训练停止时出现任何问题,可以使用这些检查点从上次保存的检查点重新开始训练。使用当前时间戳创建目录以保存这些检查点：

```
# Setup checkpoints
# dynamically build folder names
dt = datetime.datetime.today().strftime("%Y-%b-%d-%H-%M-%S")

# Directory where the checkpoints will be saved
checkpoint_dir = './training_checkpoints/' + dt

# Name of the checkpoint files
checkpoint_prefix = os.path.join(checkpoint_dir, "ckpt_{epoch}")

checkpoint_callback = tf.keras.callbacks.ModelCheckpoint(
    filepath = checkpoint_prefix,
    save_weights_only = True)
```

在上面的最后一行代码中定义了在训练期间保存检查点的自定义回调。这将传递给 model.fit() 函数并在每个周期结束时进行调用。启动训练循环非常简单：

```
print("**** Start Training ****")
EPOCHS = 25
start = time.time()
history = model.fit(x_train, epochs = EPOCHS,
                    callbacks = [checkpoint_callback])
print("**** End Training ****")
print("Training time: ", time.time() - start)
```

该模型将训练 25 个周期，训练所花费的时间也将记录在上述代码中。最后一段代码使用历史记录绘制损失，并将其保存为同一目录中的 PNG 文件：

```
# Plot accuracies
lossplot = "loss-" + dt + ".png"
plt.plot(history.history['loss'])
plt.title('model loss')
plt.xlabel('epoch')
plt.ylabel('loss')
plt.savefig(lossplot)

print("Saved loss to: ", lossplot)
```

开始训练的最佳方法是启动 Python 进程，这样它就可以在后台运行，而不需要终端或命令行。在 Unix 系统上，这可以通过 nohup 命令完成：

```
$ nohup python rnn-train.py > training.log &
```

该命令行以断开终端不会中断训练过程的方式启动该过程。在作者的设备上，该训练大约花了 1 h 43 min。让我们看看损失曲线,如图 5.1 所示。

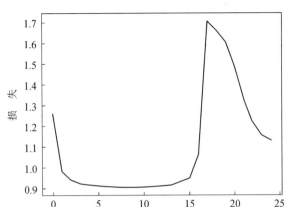

图 5.1　损失曲线

如图 5.1 所示,损失会先下降到一个点,然后再迅速上升。正常情况下,随着模型训练时间的增加,损失应该单调减小,而在上述情况下,损失反而突然增大。在其他情况下,您可能会观察到 NaN 或非数字错误。NAN 是由 RNN 反向传播过程中爆发的梯度问题造成的。梯度方向导致权重快速增长并溢出,从而导致 NAN。鉴于这一现象如此普遍,有不少关于 NLP 工程师和印度食品 nans(指一种印度面包)搭配的笑话。

这些现象背后的主要原因是梯度下降超过最小值,并在再次下降之前开始上升。当梯度下降过大时,会发生这种情况。预防 NaN 问题的另一种方法是梯度剪裁,其中梯度被剪裁到绝对最大值,以防止损失爆炸。在上述 RNN 模型中,需要使用学习速率可以随时间降低的方案。学习速率随时间降低减少了梯度低于最小值的可能。这种随时间降低学习速率的技术称为学习速率退火(learning rate annealing)或学习速率衰减(learning rate decay)。下一小节将介绍在训练模型时实现学习速率衰减。

5.1.4　实现自定义回调的学习速率衰减

在 TensorFlow 中有两种实现学习速率衰减的方法。

第一种方法是使用 tf.keras.optimizers.schedulers 包中的预构建调度器并使用带有优化器的配置实例。预构建调度器的一个示例是 InverseTimeDecay,可以按如下所示进行设置:

```
lr_schedule = tf.keras.optimizers.schedules.InverseTimeDecay(
    0.001,
    decay_steps = STEPS_PER_EPOCH * (EPOCHS/10),
    decay_rate = 2,
    staircase = False)
```

第一个参数是初始学习速率,在上面的示例中为 0.001。每个周期的步数可以通过将训练样本数除以批量大小来计算。衰减步骤的数量决定了学习速率如何降低。用于计算学习速率的方程为

$$\text{new\_rate} = \frac{\text{initial\_rate}}{1 + \text{decay\_rate} \times \left(\dfrac{\text{step}}{\text{decay\_step}}\right)}$$

设置后,该函数仅需计算新学习速率的步长。设置计划后,可以将其传递给优化器:

```
optimizer = tf.keras.optimizers.Adam(lr_schedule)
```

训练循环代码的其余部分不变。然而,该学习速率调度器从第一个周期开始降低学习速率。较低的学习速率会增加训练时间。理想情况下,我们将在前几个周期保持学习速率不变,以一定程度减少训练时间,然后再降低学习速率。

从图 5.1 中可以看出,学习速率在第 10 个周期之前可能是有效的。BERT 还使用学习速率衰减前的学习速率预热(learning rate warmup)。学习速率预热通常指在几个时期内提高学习速率,BERT 被训练了 1 000 000 步,大致相当于 40 个周期的训练量。对于第一个 10 000 步,学习速率升高,然后线性衰减。通过自定义回调以更好地实现该学习速率调度。

TensorFlow 中的自定义回调允许在训练和推理期间的各个点执行自定义逻辑。我们看到了一个在训练期间保存检查点的预构建回调的示例。自定义回调提供了可以在训练期间的各个点执行的所需逻辑的钩子。这个主要步骤是定义 tf. keras. callbacks. Callback 的子类。然后,可以实现以下一个或多个函数来钩住 TensorFlow 公开的事件:

- on_[train,test,predict]_begin/on_[train,test,predict]_end:该回调发生在训练开始或结束时,包含训练、测试和预测循环的方法。这些方法的名称可以根据括号中显示的可能性使用适当的阶段名来构造。方法命名约定是列表中其他方法的通用模式。
- on_[train,test,predict]_batch_begin/ on_[train,test,predict]_batch_ end:这些回调发生在特定批次的训练开始或结束时。
- on_epoch_begin / on_epoch_end:一个特定于训练的函数,在周期开始或结束时调用。

我们将在周期开始处实现一个回调,以调整该周期的学习速率。我们将在可配置的初始周期数量上保持学习速率不变,然后以类似于上述逆时间衰减函数的方式降低学习速率。学习速率衰减函数如图 5.2 所示。

首先,用在子类中定义的函数创建子类。在 rnn_train. py 中最好将其设置在训练开始前的检查点回调附近。这个类定义如下所示:

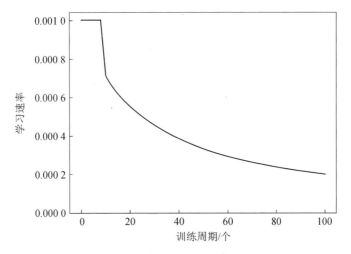

图 5.2 自定义学习速率衰减函数

```
class LearningRateScheduler(tf.keras.callbacks.Callback):
    """Learning rate scheduler which decays the learning rate"""

    def __init__(self, init_lr, decay, steps, start_epoch):
        super().__init__()
        self.init_lr = init_lr            # initial learning rate
        self.decay = decay                # how sharply to decay
        self.steps = steps                # total number of steps of decay
        self.start_epoch = start_epoch    # which epoch to start decaying

    def on_epoch_begin(self, epoch, logs = None):
        if not hasattr(self.model.optimizer, 'lr'):
            raise ValueError('Optimizer must have a "lr" attribute.')
        # Get the current learning rate
        lr = float(tf.keras.backend.get_value(self.model.optimizer.lr))
        if(epoch >= self.start_epoch):
            # Get the scheduled learning rate.
            scheduled_lr = self.init_lr / (1 + self.decay * (epoch / self.
steps))
            # Set the new learning rate
            tf.keras.backend.set_value(self.model.optimizer.lr,
                                        scheduled_lr)
        print('\nEpoch % 05d: Learning rate is % 6.4f.' % (epoch, scheduled_lr))
```

在训练循环中使用该回调时需要先实例化回调。下面是设置实例化回调时的相
关参数：

- 初始学习速率设置为 0.001。
- 衰减率设置为 4。请随意使用不同的设置。
- 步数设置为周期的数量(该模型为 150)。
- 学习速率衰减应该在第 10 个周期之后开始,所以起始周期设置为 10。

训练循环在加入回调并更新后:

```
print("**** Start Training ****")
EPOCHS = 150
lr_decay = LearningRateScheduler(0.001, 4., EPOCHS, 10)
start = time.time()
history = model.fit(x_train, epochs = EPOCHS,
                    callbacks = [checkpoint_callback, lr_decay])
print("**** End Training ****")
print("Training time: ", time.time() - start)
print("Checkpoint directory: ", checkpoint_dir)
```

上面突出显示了更改。现在,可以使用上面所示的命令训练模型了。在这台能够使用 GPU 的设备上,150 次训练花费了超过 10 h。损失面如图 5.3 所示。

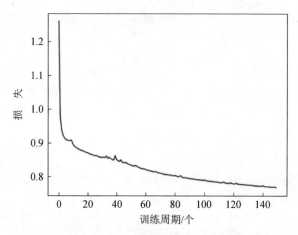

图 5.3　学习速率衰减后的模型损失

在图 5.3 中,在接近第 10 个周期之前的最初几个周期,损失下降得非常快。这时学习速率开始下降,损失再次开始下降。这可以从日志文件的一个片段中验证:

```
...
Epoch 8/150
2434/2434 [==================] - 249s 102ms/step - loss: 0.9055
Epoch 9/150
2434/2434 [==================] - 249s 102ms/step - loss: 0.9052
Epoch 10/150
```

```
2434/2434 [==================] - 249s 102ms/step - loss:0.9064
Epoch 00010: Learning rate is 0.00078947.
Epoch 11/150
2434/2434 [==================] - 249s 102ms/step - loss:0.8949
Epoch 00011: Learning rate is 0.00077320.
Epoch 12/150
2434/2434 [==================] - 249s 102ms/step - loss: 0.8888
...
Epoch 00149: Learning rate is 0.00020107.
Epoch 150/150
2434/2434 [==================] - 249s 102ms/step - loss:0.7667
**** End Training ****
Training time: 37361.16723680496
Checkpoint directory: ./training_checkpoints/2021 - Jan - 01 - 09 - 55 - 03
Saved loss to: loss - 2021 - Jan - 01 - 09 - 55 - 03.png
```

注意上面突出显示的损失。在第 10 个周期左右,随着学习速率的衰减,损失略有增加,然后损失再次开始下降。在图 5.3 中看到的损失中凸起的地方与学习速率高于此处所需有关,学习速率的衰减将其拉低,使损失更低。学习速率开始为 0.001,结束时为 0.000 2 的 1/5。

训练这个模型需要花费大量的时间并学习速率衰减等高级技巧。但是这个模型是如何生成文本的呢? 这是下一小节的重点。

5.1.5　用贪婪搜索生成文本

在每个阶段结束时都要设立检查点,用以加载训练过的生成文本的模型。这部分代码是在 IPython 笔记本中实现的。本小节的代码可以在本章 GitHub 下的 charRNN-text-generation. ipynb 文件中找到。文本的生成依赖于训练过程中使用的相同的规范化和令牌化逻辑。笔记本的"Setup Tokenization"(设置令牌化)部分复制了此代码。

生成文本有两个主要步骤:第一步是从检查点恢复训练好的模型;第二步是从训练好的模型中每次生成一个字符,直到满足特定的结束条件。

笔记本的"Load The Model"(加载模型)部分包含了定义模型的代码。因为检查点只存储层的权重,所以定义模型结构很重要。其与训练网络的主要区别是批大小。此处需要一次生成一个句子,所以我们将批大小设置为 1。

```
# Length of the vocabulary in chars
vocab_size = len(chars)


# The embedding dimension
embedding_dim = 256
```

```
# Number of RNN units
rnn_units = 1024


# Batch size
BATCH_SIZE = 1
```

一个用于建立模型结构的方便函数定义如下：

```
# this one is without padding masking or dropout layer
def build_gen_model(vocab_size, embedding_dim, rnn_units, batch_size):
    model = tf.keras.Sequential([
        tf.keras.layers.Embedding(vocab_size, embedding_dim,
                                    batch_input_shape=[batch_size, None]),
        tf.keras.layers.GRU(rnn_units,
                            return_sequences=True,
                            stateful=True,
                            recurrent_initializer='glorot_uniform'),
        tf.keras.layers.Dense(vocab_size)
    ])
    return model

gen_model = build_gen_model(vocab_size, embedding_dim, rnn_units,
                            BATCH_SIZE)
```

请注意，嵌入层不使用屏蔽，因为在文本生成中，我们传递的不是整个序列，而是需要完成的序列的一部分。既然已经定义了模型，就可以从检查点加载层的权重了。请记住将检查点目录替换为包含训练检查点的本地目录：

```
checkpoint_dir = './training_checkpoints/<YOUR-CHECKPOINT-DIR>'

gen_model.load_weights(tf.train.latest_checkpoint(checkpoint_dir))

gen_model.build(tf.TensorShape([1, None]))
```

第二个主要步骤是通过每次生成一个字符来生成文本。生成文本需要一个种子或开始的几个字母，这些字母由模型完成，形成一个句子。生成过程封装在下面的函数中：

```
def generate_text(model, start_string, temperature=0.7, num_
generate=75):
    # Low temperatures results in more predictable text.
    # Higher temperatures results in more surprising text.
```

```
    # Experiment to find the best setting.

    # Converting our start string to numbers (vectorizing)
    input_eval = [char2idx[s] for s in start_string]
    input_eval = tf.expand_dims(input_eval, 0)

    # Empty string to store our results
    text_generated = []

    # Here batch size == 1
    for i in range(num_generate):
        predictions = model(input_eval)
        # remove the batch dimension
        predictions = tf.squeeze(predictions, 0)

        # using a categorical distribution to predict the
        # word returned by the model
        predictions = predictions / temperature
        predicted_id = tf.random.categorical(predictions,
                                    num_samples = 1)[-1,0].numpy()

        # We pass the predicted word as the next input to the model
        # along with the previous hidden state
        input_eval = tf.expand_dims([predicted_id], 0)

        text_generated.append(idx2char[predicted_id])
        # lets break is <EOS> token is generated
        # if idx2char[predicted_id] == EOS:
        # break # end of a sentence reached, let's stop

    return (start_string + ''.join(text_generated))
```

生成方法接收作为生成起点且矢量化后的种子字符串。实际的生成发生在循环中，每次生成一个字符并添加到生成的序列中。在每一个点上，都将选择最切合文本的字符。选择最大概率的字母叫作贪婪搜索（greedy search）。但是，有一个名为温度（temperature）的配置参数，可用于调整生成文本的可预测性。

一旦预测了所有字符的概率，将概率除以温度就会改变生成字符的分布。温度值越小，生成的文本就越接近原始文本；反过来，温度值越大，文本也更有创意。在这里，选择 0.7 的值是倾向于更有创意的文本。

生成文本只需一行代码：

```
print(generate_text(gen_model, start_string = u"Google"))
```

Google plans to release the Xbox One vs. Samsung Galaxy

Gea <EOS> <PAD> ote on Mother's Day

每次执行该命令都可能会产生略有不同的结果。上面生成的这行代码虽然毫无意义,但结构非常好。该模型学习了大写规则和标题结构。通常,我们不会生成 <EOS> 令牌以外的文本,但是为了理解模型输出,这里生成了所有 75 个字符。

 注意,文本生成所显示的输出是指示性的。对于相同的提示符,可能会有不同的输出。这个过程中存在一些内在的随机性,我们可以通过设置随机种子来尝试和控制这种随机性。当一个模型被重新训练时,它可能会在损失面上的一个稍微不同的点上结束,在那里,即使损失数字看起来相似,但模型权重也可能会有轻微的差异。请将整个章节中呈现的输出作为指示性和实际的对比。

表 5.1 是种子字符串和模型输出的一些其他示例,它们被剪断在句尾标记之后。

表 5.1　种子字符串和模型输出的一些其他示例

种　子	生成句子
S&P	S&P 500 closes above 190 <EOS>（标准普尔 500 指数收于 190 点以上）; S&P: Russell Slive to again find any business manufacture <EOS>（标准普尔: Russell Slive 再次发现任何商业制造）; S&P closes above 2 000 for first tim <EOS>（标准普尔 500 指数首次收于 2 000 点以上）
Beyonce	Beyonce and Solange pose together for 'American Idol' contes <EOS>（Beyonce 和 Solange 在"美国偶像"节目中合影）; Beyonce's sister Solange rules' Dawn of the Planet of the Apes' report <EOS>（Beyonce 的妹妹 Solange 负责《猩球崛起》的报道）; Beyonce & Jay Z Get Married <EOS>（Beyonce 和 Jay Z 结婚了）

请注意,模型在 Beyonce 的前两句话中使用了引号作为种子词。表 5.2 显示了不同温度设置对类似种子词的影响。

通常,温度值越高,文本质量越低。以上示例都是通过将不同的温度值传递给生成函数生成的。

这种基于字符的模型常应用于文本消息或电子邮件的程序中。默认情况下,generate_text()方法会生成 75 个字符来完成标题。输入较短长度的句子更容易查看模型如何进行文本预测。

表 5.3 显示了基于提供的句子片段往后预测 10 个字符的实验,通过以下方式实现:

```
print(generate_text(gen_model, start_string = u"Lets meet tom",
temperature = 0.7, num_generate = 10))
```

Lets meet tomorrow to t

表 5.2　不同温度设置对类似种子词的影响

种　子	温　度	生成句子
S&P	0.1	S&P 500 Closes Above 1 900 For First Tim <EOS>（标准普尔 500 指数首次突破 1 900 点收盘）
	0.3	S&P Close to $ 5.7 Billion Deal to Buy Beats Electronic <EOS>（标准普尔指数以接近 57 亿美元收购 Beats Electronic）
	0.5	S&P 500 index slips to 7.2%, signaling a strong retail sale <EOS>（标准普尔 500 指数下滑至 7.2%,表明零售销售强劲）
	0.9	S&P, Ack Factors at Risk of what you see This Ma <EOS>（标准普尔指数、Ack 因素与您在本 Ma 中看到的风险）
Kim	0.1	Kim Kardashian and Kanye West wedding photos release <EOS>（Kim Kardashian 和 Kanye West 婚礼照片发布）
	0.3	Kim Kardashian Shares Her Best And Worst Of His First Look At The Met Gala <EOS>（金·卡戴珊与大家分享了她在大都会艺术节上最佳和最差的第一次亮相）
	0.5	Kim Kardashian Wedding Dress Dress In The Works From Fia <EOS>（金·卡戴珊:婚纱礼服出自 Fia <EOS>）
	0.9	Kim Kardashian's en <EOS>（金·卡戴珊在 <EOS>）

表 5.3　提词及填充后模型

提　词	填充后模型
I need some money from ba	I need some money from bank chairma
Swimming in the p	Swimming in the profifi tabili
Can you give me a	Can you give me a Letter to
are you fr	are you from around
The meeting is	The meeting is back in ex
Lets have coffee at S	Lets have coffee at Samsung hea Lets have coffee at Staples stor Lets have coffee at San Diego Z

由于所使用的数据集仅来自新闻标题,因此具有明显的活动类型倾向。例如,第

二句可以用"pool"(泳池)来完成,而不是用"profitability"(盈利能力)来填充模型。如果使用更通用的文本数据集,那么该模型可以很好地为句子末尾的部分类型词生成补全。然而,这种文本生成方法有一个限制——贪婪搜索算法(greedy search algorithm)的使用。

贪婪搜索(greedy search)过程是上述文本生成的关键部分,是生成文本的几种方法之一。让我们举一个例子来理解这个过程。对于本例,Peter Norvig 分析了双随机数频率(bigram frequencies),并发表在 http://norvig.com/mayzner.html 上。这项工作分析了 7 430 多亿个英语单词。在未编码模型中有 26 个字符,理论上有 $26 \times 26 = 676$ 个双字组合。然而,这篇文章报告说,在大约 2.8 万亿个双字组实例中从未见过以下双字组:JQ、QG、QK、QY、QZ、WQ 和 WZ。

笔记本的 Greedy Search with Bigrams 部分有下载和处理整个数据集并显示贪婪搜索的过程的代码。在下载所有 n-gram 的集合后,提取二元图。构造一组字典,以帮助确定在给定起始字母的基础上,出现下一个字母的概率中最高的一个。然后,使用一些递归代码,构造一棵树,选择出现概率排在前三的字母。在上面的生成代码中,仅选择顶部字母。然而,选择前三个字母来显示贪婪搜索的工作原理及其缺点。

使用 anytree 的 Python 包,来将数据可视化为一定格式的树。该树如图 5.4 所示。

该算法被赋予了在总共 5 个字符中完成 WI 的任务。前面的树显示了给定路径的累积概率。该树显示了多条路径,包括贪婪搜索未采用的分支。构建 3 个字母的单词时,概率最高的选择是 WIN,概率为 0.243;其次是 WIS,概率为 0.011 28。如果是生成 4 个字母的单词,那么贪婪搜索将仅考虑以 WIN 开头的单词(从出现概率最高的路径开始考虑)。WIND 在该路径中的最大概率为 0.000 329。然而,快速扫一遍所有 4 个字母的单词会发现,概率最高的单词应该是概率为 0.000 399 的 WITH。

本质上,这是对通过贪婪搜索算法生成文本的挑战。考虑到联合概率,高概率选项会由于贪婪算法取每个字符处的最优概率而不是整体的最高累积概率而被隐藏。无论文本是一次生成一个字符还是一个单词,贪婪搜索都会遇到同样的问题。

另一种称为波束搜索(beam search)的算法允许跟踪多个选项,并在生成过程中剔除概率较低的选项。

图 5.4 所示的树也可以被视为跟踪概率波束的示例。要了解这种技术的效果,最好使用更复杂的文本生成模型。

OpenAI 发布的基于 GPT-2 或生成式预训练(Generative Pre-Training)的模型设定了许多基准,包括开放式文本生成。这是本章下半部分的主题,其中首先解释 GPT-2 模型。下一个主题是优化用于完成电子邮件消息的 GPT-2 模型,此外还会展示用于提高生成文本质量的波束搜索和其他选项。

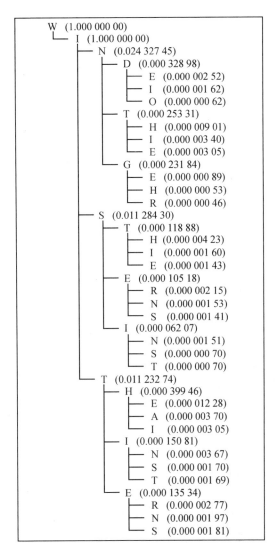

图 5.4　从 WI 开始的贪婪搜索树

5.2　生成预训练(GPT－2)模型

OpenAI 于 2018 年 6 月发布了 GPT 模型的第一个版本。他们在 2019 年 2 月发布了 GPT－2。由于担心恶意使用,大型 GPT－2 模型的全部细节未随论文发布,因此该论文引起了广泛关注。大型 GPT－2 模型随后于 2019 年 11 月发布。GPT－3 模型是最新的,于 2020 年 5 月发布。

图 5.5 显示了这些模型中最大模型的参数数量。

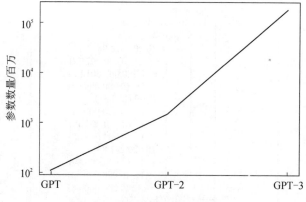

图 5.5　不同 GPT 模型中的参数

　　第一个模型使用标准 Transformer 解码器架构,具有 12 层,每层都具有 12 个注意头和 768 维嵌入,总共约 1.1 亿个参数,与 BERT 模型非常相似。最大的 GPT-2 有超过 15 亿个参数,而最近发布的 GPT-3 模型最大的变体有超过 1 750 亿个参数。

训练语言模型的成本

　　随着参数数量和数据集大小的增加,训练所需的时间也会增加。根据 Lambda Labs 的一篇文章,如果 GPT-3 模型在单个 Nvidia V100 GPU 上进行训练,需要 342 年。使用微软 Azure 的股票定价,这将花费超过 300 万美元。GPT-2 模型训练估计每小时 256 美元。假设运行时间与 BERT 相似,约为 4 天,则成本约为 25 000 美元。如果将研究期间训练多个模型的成本计算在内,总成本很容易增加 10 倍。

　　以这样的成本,个人甚至大多数公司都无法从零开始训练这些模型。而迁移学习和来自 Hugging Face 等公司的预训练模型的可用性使普通公众能够使用这些模型。

　　GPT 模型的基本架构使用 Transformer 架构的解码器部分。解码器是从左到右的语言模型。相反,BERT 模型是一种双向模型。从左到右的模型是自回归的,也就是说,它使用迄今为止生成的令牌来生成下一个令牌。因为它不能像双向模型那样能够看到后面的令牌,所以这种语言模型非常适合文本生成。

　　图 5.6 显示了全 Transformer 架构,左侧为编码器块,右侧为解码器块。

　　图 5.6 的左侧应该很熟悉——基本上是第 4 章中"Transformer 模型"部分的图 4.6,所示的编码器块与 BERT 模型相同。解码器块与编码器块非常相似,但有几个显著差异。

　　在编码器块中,只有一个输入源-输入序列以及所有的输入令牌可供多头注意力

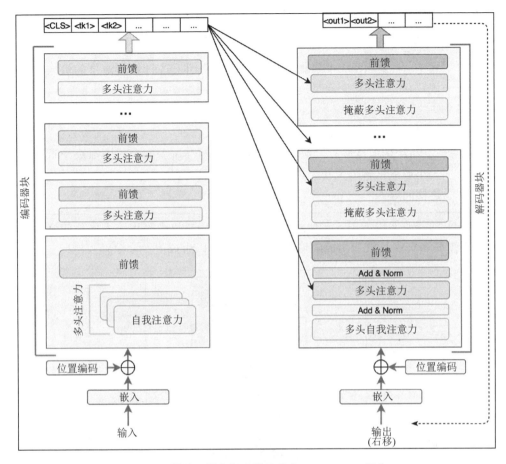

图 5.6　带编码器和解码器块的全 Transformer 架构

（multi-head attention）操作。这使编码器能够从左右两侧理解令牌的上下文。

在解码器块中，每个块有两个输入。编码器块生成的输出可用于所有解码器块，并通过多头注意力和层规范（layer norms）馈送到解码器块的中间。

什么是层规范化（layer normalization）？

使用随机梯度下降（Stochastic Gradient Descent，SGD）优化器或类似 Adam 的变体来训练大型深度神经网络。在大数据集上训练大型模型可能需要大量时间才能使模型收敛。权重规范化、批量规范化和层规范化等技术旨在通过帮助模型更快地收敛，同时充当正则化器（regularizer），从而减少训练时间。层规范化的思想是用输入的平均值和标准差来缩放给定隐藏层的输入。首先，计算平均值和标准差：

$$\mu^l = \frac{1}{H}\sum_{i=1}^{H}\alpha_i^l, \quad \sigma^l = \sqrt{\frac{1}{H}\sum_{i=1}^{H}(\alpha_i^l - \mu^l)^2}$$

式中,H 表示层 l 中隐藏单元的数量。使用上述计算值对层的输入进行规范化:

$$\bar{\alpha}_i^l = \frac{g_i^l}{\sigma_i^l}(\alpha_i^l - \mu_i^l)$$

式中,g 是增益参数。请注意,平均值和标准偏差的公式不取决于批量的大小或数据集的大小。因此,这种类型的规范化可用于 RNN 和其他序列建模问题。

GPT 的修改架构如图 5.7 所示。由于没有编码器块来提供输入序列的表示,因此不再需要多头层。模型生成的输出被递归反馈,以生成下一个令牌。

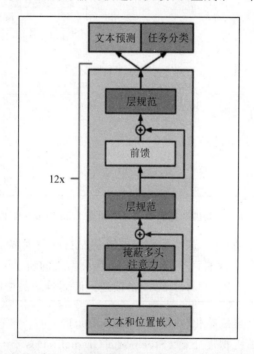

图 5.7　GPT 架构(来源:拉德福德等,通过生成预训练提高语言理解能力)

最小的 GPT‐2 模型具有 12 层,每个令牌有 768 个维度。最大的 GPT‐2 模型有 48 层,每个令牌有 1 600 个维度。为了对这种规模的模型进行预训练,GPT‐2 的作者需要创建一个新的数据集。网页提供了大量的文本来源,但文本存在质量问题。为了解决这个问题,他们从 Reddit(至少获得了三个 karma 积分)上删除了所有出站链接。作者的假设是,业力点是链接网页质量的指标。这种假设允许抓取大量文本数据。结果数据集约为 4 500 万个链接。

为了从网页上的 HTML 中提取文本,使用了 2 个 Python 库:Dragnet 和 Paper。经过一些质量检查和重复数据消除后,最终数据集约为 800 万个文档,其中包含 40 GB 的文本。作者所做的一件令人兴奋的事情是删除了所有维基百科文档,因为他们认为许多测试数据集都使用了维基百科,添加这些页面会导致测试和训练数据集之间的重叠。预训练目标是在给定一组单词的基础上预测下一个单词的标准 LM 训练目标。

在预训练期间,GPT－2 模型以 1 024 个令牌的最大序列长度进行训练。字节对编码(Byte Pair Encoding,BPE)算法用于令牌化,词汇表大小约为 50 000 个令牌。GPT－2 使用字节序列而不是 Unicode 代码点进行字节对合并。如果 GPT－2 仅使用字节进行编码,则词汇表将包含 256 个令牌。另一方面,使用 Unicode 代码点将产生超过 130 000 个令牌的词汇表。通过在 BPE 中巧妙地使用字节,GPT－2 能够将词汇表大小保持在可管理的 50 257 个令牌。

GPT－2 中分词器的另一个特性是,它将所有文本转换为小写,并在使用 BPE 之前使用 spaCy 和 ftfy 分词器。ftfy 库对于 fixing Unicode 问题非常有用。如果这两个不可用,则使用基本的 BERT 标记器。

尽管从左到右的模型似乎是有限的,但有几种方法可以对输入进行编码,以解决各种问题,如图 5.8 所示。

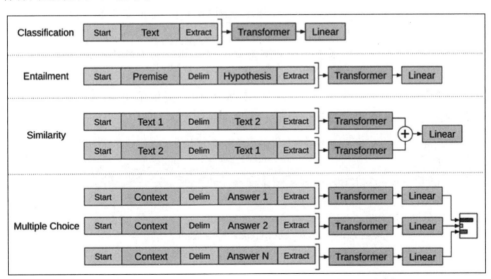

图 5.8　GPT－2 中不同问题的输入转换(来源:拉德福德等,通过生成预训练提高语言理解能力)

图 5.8 显示了预训练的 GPT－2 模型如何用于文本生成以外的各种任务。在每个实例中,在输入序列之前和之后添加开始和结束令牌。在所有情况下,将线性层添加到模型微调期间训练的末端。其主要优点是可以使用相同的架构来完成许多不同类型的任务。图 5.8 中最顶层的架构显示了如何将其用于分类。例如,GPT－2 可

用于使用该方法的 IMDb 情绪分析模型。

另一个例子是文本蕴涵(textual entailment)。文本蕴涵是一项自然语言处理任务,通常用于建立两段文本之间的关系。第一个文本片段称为前提(premise),第二个文本片段称为假设(hypothesis)。前提和假设之间可能存在不同的关系。前提可以验证或反驳假设,也可以与假设毫不相关。

假设前提(premise)是"Exercising every day is an impotant part of a healthy lifestyle"(每天锻炼是健康生活方式和长寿的重要环节)。如果假设是"exercise increases lifespan"(锻炼可以延长寿命),那么前提就包含(entails)或验证(validates)了该假设。或者,如果假设是"Running has no benefits"(跑步没有半点好处),则前提与假设相矛盾(contradicts)。最后,如果假设是"lifting weights can build a six-pack"(举重练出六块腹肌),那么前提既不包含也不与假设相矛盾。要使用 GPT－2 执行蕴涵,前提和假设之间通常用分隔符(通常为 $)进行连接。

对于文本相似性,构造了两个输入序列,第一文本序列和第二文本序列。将 GPT 模型的输出相加并馈送到线性层。类似的方法也用于多项选择题。然而,本章的重点是文本生成。

通过 GPT－2 生成文本

Hugging Face 的 transformers 库简化了使用 GPT－2 生成文本的过程。与第 4 章所示的预训练的 BERT 模型类似,Hugging Face 提供了预训练的 GPT 和 GPT－2 模型。本章其余部分将使用这些预训练模型。这一部分和本章其余部分的代码可以在名为 text-generationwith-GPT－2.ipynb 的 IPython 笔记本中找到。运行安装程序后,转到 Generating Text with GPT－2 部分(同时提供了用 GPT 生成文本的部分,以供参考)。生成文本的第一步是下载预训练模型及其相应的分词器:

```
from transformers import TFGPT2LMHeadModel, GPT2Tokenizer


gpt2tokenizer = GPT2Tokenizer.from_pretrained("gpt2")


# add the EOS token as PAD token to avoid warnings
gpt2 = TFGPT2LMHeadModel.from_pretrained("gpt2",
                        pad_token_id = gpt2tokenizer.eos_token_id)
```

下载模型过程需要少量时间。如果 spaCy 和 ftfy 在您的环境中不可用,会产生警告。这两个库对于文本生成不是强制性的。以下代码可用于使用贪婪搜索算法(greedy search algorithm)生成文本:

```
# encode context the generation is conditioned on
input_ids = gpt2tokenizer.encode('Robotics is the domain of ', return_
tensors = 'tf')
```

```
# generate text until the output length
# (which includes the context length) reaches 50
greedy_output = gpt2.generate(input_ids, max_length = 50)

print("Output:\n" + 50 * '-')
print(gpt2tokenizer.decode(greedy_output[0], skip_special_tokens = True))
```

```
Output:
--------------------------------------------------
Robotics is the domain of the United States Government.

The United States Government is the primary source of information on
the use of drones in the United States.

The United States Government is the primary source of information on
the use of drones
```

模型完成时会有提示。该模型开始时十分值得期待，但很快就重复相同的输出。

> 请注意，文本生成显示的输出是指示性的。您可能会看到同一提示的不同输出。原因如下：
> ① 这个过程中有一些固有的随机性，我们可以通过设置随机种子来尝试和控制。
> ② 这些模型本身可能会被 Hugging Face 团队定期重新训练，并可能会随着新版本的出现而演变。

　　贪婪搜索（greedy search）的问题已在上一小节中指出。波束搜索（beam search）可被视为备选方案。在生成令牌的每个步骤中，保留一组最高概率令牌作为波束的一部分，而不仅仅是关注最高概率的单个令牌。具有最高总概率的序列在生成结束时返回。上一节中的贪婪搜索的图 5.4，可被视为波束大小为 3 的波束搜索算法的输出。

　　使用波束搜索生成文本非常简单：

```
# BEAM SEARCH
# activate beam search and early_stopping
beam_output = gpt2.generate(
    input_ids,
    max_length = 50,
    num_beams = 5,
    early_stopping = True
)
```

```
print("Output:\n" + 50 * '-')
print(gpt2tokenizer.decode(beam_output[0], skip_special_tokens = True))
```

Output：

Robotics is the domain of science and technology. It is the domain of
science and technology. It is the domain of science and technology. It
is the domain of science and technology. It is the domain of science
and technology. It is the domain

定性来说，第一句话比贪婪搜索产生的句子更有意义。当所有波束到达 EOS 令牌时，early_stopping 参数信号会停止生成文本。然而，仍有大量重复。可用于控制重复的一个参数是通过设置 n-grams 来限制：

```
# set no_repeat_ngram_size to 2
beam_output = gpt2.generate(
    input_ids,
    max_length = 50,
    num_beams = 5,
    no_repeat_ngram_size = 3,
    early_stopping = True
)

print("Output:\n" + 50 * '-')
print(gpt2tokenizer.decode(beam_output[0], skip_special_tokens = True))
```

Output：

Robotics is the domain of science and technology.

In this article, we will look at some of the most important aspects of
robotics and how they can be used to improve the lives of people around
the world. We will also take a look

这在生成的文本质量上产生了相当大的差异。no_ repeat_ngram_size 参数防止模型多次生成任何 3-grams 或三元组的令牌。虽然这提高了文本的质量，但使用 n-grams 约束可能会对生成文本的质量产生显著影响。如果生成的文本是关于 The White House(白宫)的，那么这三个词只能在整个生成的文本中使用一次。在这种情况下，使用 n-gram 约束将适得其反。

波束搜索还是非波束搜索

波束搜索在生成的序列长度受限的情况下工作良好。随着序列长度的增加，要保持和计算的波束数量显著增加。因此，波束搜索在摘要和翻译等任务中工作良好，但在开放式文本生成中表现不佳。此外，波束搜索通过尝试最大化累积概率，生成更可预测的文本。文本感觉不那么自然。下面的代码可以用来了解生成的各种波束，只需确保波束数大于或等于要返回的序列数：

```
# Returning multiple beams
beam_outputs = gpt2.generate(
    input_ids,
    max_length = 50,
    num_beams = 7,
    no_repeat_ngram_size = 3,
    num_return_sequences = 3,
    early_stopping = True,
    temperature = 0.7
)

print("Output:\n" + 50 * '-')
for i, beam_output in enumerate(beam_outputs):
    print("\n{}: {}".format(i,
                    gpt2tokenizer.decode(beam_output,
                            skip_special_tokens = True)))
```

```
Output:
--------------------------------------------------
0: Robotics is the domain of the U.S. Department of
Homeland Security. The agency is responsible for
the security of the United States and its allies,
including the United Kingdom, Canada, Australia, New
Zealand, and the European Union.
1: Robotics is the domain of the U.S. Department of
Homeland Security. The agency is responsible for
the security of the United States and its allies,
including the United Kingdom, France, Germany,
Italy, Japan, and the European Union.

2: Robotics is the domain of the U.S. Department of
Homeland Security. The agency is responsible for
the security of the United States and its allies,
including the United Kingdom, Canada, Australia, New
Zealand, the European Union, and the United
The text generated is very similar but differs near
the end. Also, note that temperature is available to
control the creativity of the generated text.
```

还有另一种提高生成文本的连贯性和创造性的方法,称为 Top - K 采样。这是 GPT - 2 中的首选方法,对 GPT - 1 在故事生成任务中的成功起着至关重要的作用。在解释它是如何工作的之前,让我们尝试一下,看看输出:

```
# Top-K sampling
tf.random.set_seed(42) # for reproducible results
beam_output = gpt2.generate(
    input_ids,
    max_length = 50,
    do_sample = True,
    top_k = 25,
    temperature = 2
)


print("Output:\n" + 50 * '-')
print(gpt2tokenizer.decode(beam_output[0], skip_special_tokens = True))
```

```
Output:
----------------------------------------------------
Robotics is the domain of people with multiple careers working with
robotics systems. The purpose of Robotics & Machine Learning in Science
and engineering research is not necessarily different for any given
research type because the results would be much more diverse.


Our team uses
```

选择高温值生成上述样品。设置随机种子以确保可重复的结果。2018 年,Fan Lewis 和 Dauphin 在一篇题为《分层神经故事生成》(*Hierarchical Neural Story Generation*)的论文中发表了 Top - K 采样方法。该算法相对简单——在每一步,它都从 Top K 的最高概率令牌中选取一个令牌。如果 K 设置为 1,则该算法与贪婪搜索相同。

在上面的代码示例中,模型在生成文本时查看 50 000 多个令牌中概率排在前 25 的令牌。然后,它从这些令牌中随机选取一个并继续生成文本。选择较大的 K 值将产生更令人惊讶或更具创造性的文本。选择较低的 K 值将产生更可预测的文本。如果您对迄今为止的结果有点不满意,那是因为所选的提词非常困难。不妨考虑 Top - K 值为 50、提词为"In the dark of the night,there was a"时产生的输出:

In the dark of the night,there was a sudden appearance of light.

Sighing,Xiao Chen slowly stood up and looked at Tian Cheng standing over. He took a step to look closely at Tian Cheng's left wrist and frowned.

Lin Feng was startled，and quickly took out a long sword！

Lin Feng didn't understand what sort of sword that Long Fei had wielded in the Black and Crystal Palace！

The Black and Crystal Palace was completely different than his original Black Stone City. Long Fei carried a sword as a souvenir，which had been placed on the back of his father's arm by Tian Cheng.

He drew the sword from his dad's arm again！

The black blade was one of the most valuable weapons within the Black and Crystal Palace. The sword was just as sharp as the sharpest of all weapons，which had been placed on Long Fei's father's arm by the Black Stone City's Black Ice，for him to

上述较长的文本由最小的 GPT‐2 模型生成，该模型具有大约 1.24 亿个参数。现在可以使用几种不同的设置和模型尺寸。记住，能力越强，责任越大。

在第 4 章和本章中，我们从概念上讨论了 Transformer 架构的编码器和解码器部分。现在，我们准备在下一章中将这两部分合在一起。让我们快速回顾一下本章的内容。

5.3　总　结

文本生成是一项复杂的任务。其应用可以辅助键入文本消息和电子邮件，此外也有像是生成故事这类创造性的用途。在本章中，我们介绍了一个基于字符的 RNN 模型，该模型一次可以生成标题的一个字符，并很好地把握句子结构、大小写和其他内容。尽管该模型是在一个特定的数据集上训练的，但它在根据前后文本内容完成短句和键入单词方面显示出了前景。第 6 章将介绍基于 Transformer 解码器架构的最先进的 GPT‐2 模型。第 4 章介绍了使用 Transformer 编码器架构的 BERT。

生成文本有许多旋钮可调，如温度重采样分布(temperature to resample distributions)、贪婪搜索(greedy search)、波束搜索(beam search)和 Top‐K 采样(Top-K sampling)，以平衡生成文本的创造性和可预测性。我们看到了这些设置对文本生成的影响，并使用 Hugging Face 提供的预训练 GPT‐2 模型生成文本。

既然已经介绍了 Transformer 架构的编码器和解码器部分，下一章将使用完整的 Transformer 构建文本总结(text summarization)模型。文本总结是当今自然语言处理的前沿。我们将建立一个模型来阅读新闻文章并进行总结。

第 6 章

基于 seq2seq Attention 和 Transformer Networks 的文本总结

对文本内容进行总结十分考验深度学习模型对于语言的理解。总结可以认为是人类的一种特殊能力，需要人们在理解文本的基础上表达出文本的要点。在前几章中，我们构建了可以帮助进行摘要的组件。首先，我们使用 BERT 对文本进行编码并进行情感分析，然后再用具有 GPT－2 的解码器架构来生成文本，再将编码器和解码器放在一起产生摘要模型。在本章中，我们将使用 Bahdanau Attention 实现 seq2seq 编码器-解码器（seq2seq Encoder-Decoder）。具体而言，我们将涵盖以下主题：

- 提取和抽象文本总结概述；
- 通过注意力（attention）构建 seq2seq 模型以摘要文本；
- 使用波束搜索（beam search）改进摘要模型；
- 使用长度规范化（length normalizations）解决波束搜索问题；
- 使用 ROUGE 度量衡量摘要模型的性能；
- 一览最新的摘要模型。

这一旅程的第一步始于理解文本总结背后的主要思想。在构建模型之前，理解任务是很重要的。

6.1 文本总结概述

总结的核心思想是将较长的文本或文章用较短的文本展现出来，长度压缩后的文本应包含原内容中关键信息的主要思想。可以对单个文档进行总结。此文档可能很长，也可能只包含几句话。短文摘要的一个示例是依据文章的前几句内容来生成标题，称为句子压缩（sentence compression）。当需要对多个文档进行总结时，这些文档通常彼此相关。它们可能是一家公司的财务报告，也可能是关于某一事件的多篇新闻报道。总结本身长度不定,但在生成标题时,摘要长度不宜过长。较长的总结类似于摘要,可以包含多个句子。

有两种主要的总结文本的方法:

① 提取总结(extractive summarization):从文章中选择短语或句子,并将其组合成文本的总结。这种方法的一个心理模型是画出文本中的重点,然后再由这些重点组成总结。而相比较来说,提取总结则更为直接,因为其可以复制源文本中的句子,不用过多考虑语法问题。总结的质量也更容易使用诸如 ROUGE 之类的度量来衡量(本章后面将详细介绍该指标)。在运用深度学习和神经网络之前,提取总结是主要的方法。

② 抽象总结(abstractive summarization):一个人在总结一篇文章时可以使用任意词汇,而不是局限于使用文章中的词语。抽象总结的心理模型是,这个人正在写一篇新的文章。模型必须对不同单词的含义有一定的理解,以便模型能够在总结中使用它们。抽象总结很难实现和评估,而 seq2seq 体系结构的出现则大大提高了抽象摘要模型的质量。

本章侧重于抽象总结。表 6.1 是我们的模型可以生成的一些总结示例:

表 6.1　总结示例

源文本	生成的总结
american airlines group inc said on sunday it plans to raise ＃＃ billion by selling shares and convertible senior notes, to improve the airline's liquidity as it grapples with travel restrictions caused by the coronavirus . (美国航空集团(american airlines group inc.)周日表示,计划通过出售股票和可转换优先票据筹集资金 350 亿欧元,以改善该航空公司在应对冠状病毒引起的旅行限制时的流动性)	american airlines to raise ＃＃ bln convertible **bond issue**
sales of newly-built single-family houses occurred at a seasonally adjusted annual rate of ＃＃ in may , that represented a ＃.＃％ increase from the downwardly revised pace of ＃＃ in april . (5 月份,新建单户住宅的销售按季节性调整后的年增长率计算,为＃.＃％,从 4 月份向下修正的＃＃增长)	**new home** sales **rise in** may
jc penney will close another ＃＃ stores for good . the department store chain, which filed for bankruptcy last month , is nching toward its target of closing ＃＃ stores . (jc penney 将永远关闭另一家百货商店。这家百货连锁店上个月导致破产,目前正朝着关闭百货商店的目标缓慢前进)	jc penney to close **more** stores

源文本被预处理为全部小写,数字被替换为占位符令牌,以防止模型在总结中发明数字。生成的总结突出显示了一些单词。这些单词没有出现在源文本中,模型却能够在总结中提出。因此,该模型是一个抽象总结模型。那么,如何建立这样一个模型呢?

查看总结问题的一种方法是,模型将输入令牌序列转换为较小的输出令牌集。该模型基于提供的监督示例学习输出长度。另一个众所周知的问题是将输入序列映射到输出序列,即神经机器翻译（Neural Machine Translation,NMT）问题。在 NMT 中,输入序列可以是源语言的句子,输出可以是目标语言的令牌序列。翻译过程如下:

① 将输入文本转换为令牌;

② 学习这些令牌的嵌入;

③ 将令牌嵌入通过编码器以计算隐藏状态和输出;

④ 将隐藏状态与注意力机制一起用于生成输入的上下文向量;

⑤ 将编码器输出、隐藏状态和上下文向量传递到网络的解码器部分;

⑥ 使用自回归模型从左到右生成输出。

2017 年 7 月,Google AI 发布了一篇使用 seq2seq 注意力（seq2seq attention）模型的 NMT 教程。该模型使用 GRU 单元的从左向右的编码器。解码器同样使用 GRU 单元。在文本总结中,需要总结的文本的片段是一个先决条件。这对于机器翻译可能有效,也可能无效。在某些情况下,翻译是动态执行的,从左到右的编码器便可发挥作用了。然而,如果想让需要转换或总结的文本从一开始就可用,那么双向编码器可以对给定令牌两侧的上下文进行编码。编码器中的 BiRNN 可以优化模型的整体性能。NMT 教程代码为 seq2seq 注意力模型和前面提到的注意力教程（attention tutorial）提供了灵感。在我们处理模型之前,先看看用于此目的的数据集。

6.2 数据加载与预处理

有几个与总结相关的数据集可用于训练。这些数据集可通过 TensorFlow 数据集或 tfds 包获得,我们在前几章中也使用了该包。可用的数据集在长度和样式上有所不同。CNN/DailyMail 数据集是最常用的数据集之一,于 2015 年出版,共有约 100 万篇新闻文章,从 2007 年开始的 CNN 和从 2010 年开始的《每日邮报》的文章一直收集到 2015 年。总结通常是多句话。新闻编辑室数据集（The Newsroom dataset）（可从 https://summari.es 访问）,包含 38 种出版物的 130 多万篇新闻文章。但是,此数据集需要注册才能下载,这也是本书中未使用此数据集的原因。wikiHow 数据集包含完整的 Wikipedia 文章页和这些文章的总结语句。LCSTS 数据集包含从新浪微博收集的中文数据、段落以及一句话进行的总结。

另一个流行的数据集是 Gigaword 数据集。它提供了新闻故事开头的一两句话,并以故事的标题作总结。这个数据集相当大,约有 400 万行。该数据集由 Napoles 等人于 2011 年发表在一篇题为 *Annotated Gigaword* 的论文中。使用 tfds 导入该数据集非常容易。由于数据集规模大,模型的训练时间长,训练代码存储在 Python 文件中,而推理代码存储在 IPython 笔记本中。第 5 章也使用了这种模式。培训代码在 s2s-training.py 文件中。文件的顶部包含导入和一个名为 setupGPU（）的方法来初始化 GPU。该文件包含一个提供控制流的主功能和几个执行特定操作的功能。

需要首先加载数据集。加载数据的代码在 load_ data()函数中：

```
def load_data():
    print(" Loading the dataset")
    (ds_train, ds_val, ds_test), ds_info = tfds.load(
        'gigaword',
        split = ['train', 'validation', 'test'],
        shuffle_files = True,
        as_supervised = True,
        with_info = True,
    )
    return ds_train, ds_val, ds_test
```

主函数中的相应部分如下所示：

```
if __name__ == "__main__":
    setupGPU() # OPTIONAL - only if using GPU
    ds_train, _, _ = load_data()
```

仅加载训练集。验证数据集包含大约 190 000 个示例,而测试拆分包含超过
1 900 个示例。相反,训练集包含 380 多万个示例。根据互联网连接状况,下载数据
集可能需要一段时间。

```
Downloading and preparing dataset gigaword/1.2.0 (download: 551.61
MiB, generated: Unknown size, total: 551.61 MiB) to /xxx/tensorflow_
datasets/gigaword/1.2.0...
/xxx/anaconda3/envs/tf21g/lib/python3.7/site - packages/urllib3/
connectionpool.py:986: InsecureRequestWarning: Unverified HTTPS
request is being made to host 'drive.google.com'. Adding certificate
verification is strongly advised. See: https://urllib3.readthedocs.io/
en/latest/advanced - usage.html#ssl - warnings
InsecureRequestWarning,
InsecureRequestWarning,

Shuffling and writing examples to /xxx/tensorflow_datasets/
gigaword/1.2.0.incomplete1FP5M4/gigaword - train.tfrecord
100 %
<snip/>
100 %
1950/1951 [00:00 < 00:00, 45393.40 examples/s]
Dataset gigaword downloaded and prepared to /xxx/tensorflow_datasets/
gigaword/1.2.0. Subsequent calls will reuse this data.
```

可以忽略关于不安全请求的警告（安全）。数据现在已准备好进行令牌化及矢量化。

6.3　数据令牌化及矢量化

Gigaword 数据集已经使用 StanfordNLP 分词器进行了清理、规范化和令牌化。所有数据都转换为小写，并使用 StanfordNLP 分词器进行规范化，如前面的示例所示。这一步的主要任务是创建词汇表。基于单词的分词器（word-based tokenizer）是总结中最常见的选择。然而，我们将在本章中使用子词分词器（subword tokenizer）。子词分词器既限制了词汇表大小，又最小化了未知词的数量。第 3 章中我们描述了 BERT 上不同类型的分词器。像 BERT 和 GPT - 2 这样的模型便使用了子词分词器的一些变体。tfds 包为我们提供了一种创建子词分词器的方法，该分词器从文本语料库中初始化。因为生成词汇表需要在所有的训练数据上运行，所以这个过程可能会很慢。初始化后，分词器可以持久化到磁盘以供将来使用。此过程的代码在 get_tokenizer() 函数中定义：

```python
def get_tokenizer(data, file = "gigaword32k.enc"):
    if os.path.exists(file + .subwords):
        # data has already been tokenized - just load and return
        tokenizer = \
tfds.features.text.SubwordTextEncoder.load_from_file(file)
    else:
        # This takes a while
        tokenizer = \
tfds.features.text.SubwordTextEncoder.build_from_corpus(
        ((art.numpy() + b" " + smm.numpy()) for art, smm in data),
        target_vocab_size = 2**15
        )  # End tokenizer construction

        tokenizer.save_to_file(file) # save for future iterations

print("Tokenizer ready. Total vocabulary size：", tokenizer.vocab_size)
return tokenizer
```

此方法检查是否保存并加载子词分词器。如果磁盘上不存在分词器，则它会通过将文章和总结合并在一起来创建一个分词器。在作者的设备上创建新的分词器需要 20 min。

因此，最好只执行一次此过程，并保留结果以供将来使用。本章的 GitHub 文件夹包含一个已保存的分词器版本，以节省您的一些时间。

在词汇表创建之后,将向其添加两个表示序列开始和结束的附加标记。这些令牌帮助控制模型输入和输出的开始和结束。序列结束令牌为生成总结的解码器提供了一种方式,用信号通知总结的结束。此时的主要方法如下:

```python
if __name__ == "__main__":
    setupGPU()  # OPTIONAL - only if using GPU
    ds_train, _, _ = load_data()
    tokenizer = get_tokenizer(ds_train)
    # Test tokenizer
    txt = "Coronavirus spread surprised everyone"
    print(txt, " => ", tokenizer.encode(txt.lower()))

    for ts in tokenizer.encode(txt.lower()):
        print ('{} ----> {}'.format(ts, tokenizer.decode([ts])))
    # add start and end of sentence tokens
    start = tokenizer.vocab_size + 1
    end = tokenizer.vocab_size
    vocab_size = end + 2
```

文章及其总结可以使用分词器进行令牌化。文章可以有不同的长度,需要按照设定的最大长度截断。考虑到 Gigaword 数据集仅包含文章中的几个句子,将最大令牌长度设为 128。注意,由于是子字分词器,128 个令牌并不等于 128 个字。使用子字分词器可以最小化总结生成期间产生的未知令牌。

分词器准备就绪后,文章和总结文本都需要标记。由于总结每次仅传递一个令牌给解码器,因此提供的总结文本将通过添加开始令牌向右移动,如前所示。结束令牌将附加到总结,以使解码器了解如何用信号通知结束总结的生成过程。seq2seq.py 文件中的 encode()方法定义了矢量化步骤:

```python
def encode(article, summary, start = start, end = end,
           tokenizer = tokenizer, art_max_len = 128,
           smry_max_len = 50):
    # vectorize article
    tokens = tokenizer.encode(article.numpy())
    if len(tokens) > art_max_len:
        tokens = tokens[:art_max_len]
    art_enc = sequence.pad_sequences([tokens], padding = 'post',
                                maxlen = art_max_len).squeeze()
    # vectorize summary
    tokens = [start] + tokenizer.encode(summary.numpy())
    if len(tokens) > smry_max_len:
        tokens = tokens[:smry_max_len]
```

```
    else:
      tokens = tokens + [end]
    smry_enc = sequence.pad_sequences([tokens], padding = 'post',
                                maxlen = smry_max_len).squeeze()

    return art_enc, smry_enc
```

由于这是一个处理张量文本内容的 Python 函数,因此需要定义另一个函数。该函数可以传递到数据集,以应用于数据的所有行。该函数也在与编码函数相同的文件中定义。

```
def tf_encode(article, summary):
    art_enc, smry_enc = tf.py_function(encode, [article, summary],
                                [tf.int64, tf.int64])
    art_enc.set_shape([None])
    smry_enc.set_shape([None])
    return art_enc, smry_enc
```

返回 s2s-training.py 文件中的主要功能,数据集可以在以下函数的帮助下进行矢量化:

```
BUFFER_SIZE = 1500000 # dataset is 3.8M samples, using less
BATCH_SIZE = 64   # try bigger batch for faster training

train = ds_train.take(BUFFER_SIZE) # 1.5M samples
print("Dataset sample taken")
train_dataset = train.map(s2s.tf_encode)

# train_dataset = train_dataset.shuffle(BUFFER_SIZE) - optional
train_dataset = train_dataset.batch(BATCH_SIZE,
drop_remainder = True)
print("Dataset batching done")
```

请注意,最好对数据集进行洗牌。通过重新排列数据集,模型更容易收敛,而不会过度分批。当然,这反过来也增加了训练时间。这已在此处注释,因为这是一个可选步骤。建议在训练生产用例的模型时,批量地洗牌记录。准备数据的最后一步是对数据进行批处理,如本文最后一步所示。现在,我们已经准备好构建模型并对其进行训练。

6.4　基于注意力的 seq2seq 模型

文本总结模型包括具有双向 RNN 的编码器部分和单向解码器部分。此处有帮助解码器在生成输出令牌时关注输入的特定部分的注意力层（attention layer）。总体架构如图 6.1 所示。

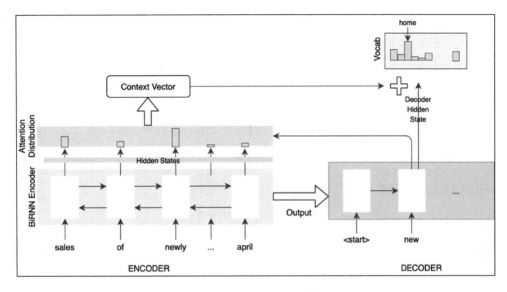

图 6.1　seq2seq 和注意力模型

以下小节详细介绍了这些层。模型这些部分的所有代码都在文件 seq2seq.py 中。所有层使用 s2s-training.py 文件中主函数指定的公共超参数：

```
embedding_dim = 128
units = 256 # from pointer generator paper
```

本节的代码和体系结构受到了 2017 年 4 月发表的题为 *Get To The Point：Summarization with Pointer-Generator Networks* 的论文的启发。该论文由 Abigail See、Peter Liu 和 Chris Manning 撰写。基本体系结构易于遵循，且在一台装备了商品 GPU 的台式机训练所得的模型上展现了惊人的性能。

6.4.1　编码器模型

编码器层的详细架构如图 6.2 所示。令牌化和矢量化后的输入通过嵌入层馈送。分词器生成的令牌的嵌入是从头开始学习的。可以使用一组预训练的嵌入，如 GloVe，并使用相应的分词器。虽然使用预训练的嵌入集有助于提高模型的准确性，但基于单词的词汇表会包含许多未知令牌，正如我们在前面的 IMDb 示例和 GloVe 向量中看到的那样。未知令牌将影响模型文本外单词创建总结的能力。如果在每日新闻中使用总结模型，则可能会有几个未知词，如人名、地名或新产品名。

嵌入层的维数为 128，如超参数所示。按照文本指示选择类似的超参数。然后，我们创建了一个可由编码器和解码器使用的嵌入单例。该类的代码在 seq2seq.py

161

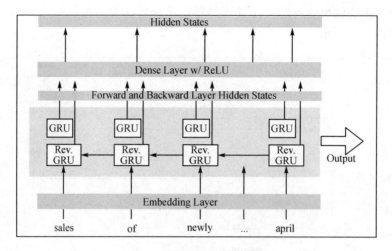

图 6.2 编码器层的详细架构

文件中。

```
class Embedding(object):
    embedding = None # singleton

    @classmethod
    def get_embedding(self, vocab_size, embedding_dim):
        if self.embedding is None:
            self.embedding = tf.keras.layers.Embedding(vocab_size,
                                                        embedding_dim,
                                                        mask_zero = True)
        return self.embedding
```

输入序列将被填充到 128 的固定长度。因此,掩蔽参数被传递到嵌入层,以便嵌入层忽略掩蔽令牌。接下来,让我们定义一个编码器类,并在构造函数中实例化嵌入层:

```
# Encoder
class Encoder(tf.keras.Model):
    def __init__(self, vocab_size, embedding_dim, enc_units, batch_size):
        super(Encoder, self).__init__()
        self.batch_size = batch_size
        self.enc_units = enc_units
        # Shared embedding layer
        self.embedding = Embedding.get_embedding(vocab_size,
                                                 embedding_dim)
```

构造函数接受多个参数：

- 词汇表的大小：本例为 32 899 个令牌。
- 嵌入维度：此处为 128。您可以尝试使用更大或更小的嵌入维度。维度越小，模型也就越小，训练模型所需的内存也越少。
- 编码器单元：双向层中正向和反向单元的数量。256 个单元将用于总共 512 个单元。
- 批次大小：指输入批次的大小。每 64 条记录一批。批量越大，训练越快，但同时占用内存也会越多。因此，这个数字可以根据训练硬件的容量进行调整。

嵌入层的输出被馈送到双向 RNN 层。每个方向有 256 个 GRU 单元。Keras 中的双向层提供了将前向层和后向层的输出组合起来的选项。此处，我们连接前向和后向 GRU 单元的输出，则输出将为 512 维。此外，注意力机制还需要隐藏状态，因此传递一个参数来检索输出状态。双向 GRU 层的配置如下：

```
self.bigru = Bidirectional(GRU(self.enc_units,
                    return_sequences = True,
                    return_state = True,
                    recurrent_initializer = 'glorot_uniform'),
                merge_mode = 'concat'
                )
self.relu = Dense(self.enc_units, activation = 'relu')
```

同时还建立了具有 ReLU 激活的致密层。这两个层返回其隐藏层。然而，解码器和关注层需要一个隐藏状态向量。我们通过密集层传递隐藏状态，并将维度从 512 转换为 256，以符合解码器和注意模块（attention modules）的需要。这就完成了编码器类的构造函数。由于这是一个自定义模型，具有计算模型的特定方法，因此定义了一个 call() 方法，该方法对一批输入进行操作，以生成输出和隐藏状态。该方法采用隐藏状态为双向层种子（seed the bidirectional layer）。

```
def call(self, x, hidden):
    x = self.embedding(x) # We are using a mask

    output, forward_state, backward_state = self.bigru(x, initial_
state = hidden)
# now, concat the hidden states through the dense ReLU
# layer
    hidden_states = tf.concat([forward_state, backward_state],
                        axis = 1)
    output_state = self.relu(hidden_states)
```

```
return output, output_state
```

首先,输入通过嵌入层。输出被馈送到双向层,并检索输出和隐藏状态。将两个隐藏状态串联并通过密集层馈送,以创建输出隐藏状态。最后,定义了返回初始隐藏状态的实用方法。

```
def initialize_hidden_state(self):
    return [tf.zeros((self.batch_size, self.enc_units))
            for i in range(2)]
```

这就完成了编码器的代码。在进入解码器之前,需要定义将在解码器中使用的关注层。此处将用到 Bahdanau 的注意力公式(Bahdanau's attention formulation)。请注意,TensorFlow/Keras 处并未提供可直接使用的现成的关注层。然而,这个简单的注意力层代码是完全可重复使用的。

6.4.2 Bahdanau 注意力层

Bahdanau 等人于 2015 年发表了该形式的全局注意力(global attention)。正如我们在前几章中看到的,该机制已广泛应用于 Transformer 模型中。现在,我们将从头开始实现一个关注层。这部分代码的灵感来自 TensorFlow 团队发布的 NMT 教程。

注意力(attention)背后的核心思想是让解码器看到所有输入,并在预测输出令牌的同时关注最相关的输入。全局注意力机制(global attention mechanism)允许解码器看到所有输入。此处将实施该全局注意力机制。在抽象层次上,注意力机制的目的是将一组值映射到给定的查询。它通过为给定查询提供这些值中的每个值的相关性得分来实现这一点。

在本例中,查询(query)是解码器的隐藏状态,而值(values)是编码器的输出。我们感兴趣的是找出哪些输入最有助于从解码器生成下一个令牌。第一步是使用编码器输出和解码器的先前隐藏状态来计算分数。如果这是解码的第一步,则编码器的隐藏状态用于作为解码器种子(seed the decoder)。相应的权重矩阵乘以编码器的输出和解码器的隐藏状态。输出通过 tanh 激活函数并乘以另一个权重矩阵以产生最终分数。下式显示了该公式:

$$\text{score} = V \cdot \tanh(W_1 \cdot \text{hidden}_{\text{decode}} + W_2 \cdot \text{output}_{\text{encoder}} + \text{bias})$$

矩阵 V、W_1 和 W_2 均是训练的。然后,为了理解解码器输出和编码器输出之间的校准,计算 softmax:

$$\text{attention}_{\text{weights}} = \text{softmax}(\text{score})$$

最后一步是生成文本向量(context vector)。通过将注意力权重乘以编码器输出来生成文本向量:

$$\text{context}_{\text{vector}} = \text{attentention}_{\text{weights}} \cdot \text{output}_{\text{encode}}$$

这些便是注意力层中的所有计算。

第一步是为注意力类(attention class)设置构造函数:

```
class BahdanauAttention(tf.keras.layers.Layer):
    def __init__(self, units):
        super(BahdanauAttention, self).__init__()
        self.W1 = tf.keras.layers.Dense(units)
        self.W2 = tf.keras.layers.Dense(units)
        self.V = tf.keras.layers.Dense(1)
```

BahdanauAttention 类的 call()方法通过添加一些额外的代码来管理张量形状,实现了前面显示的方程,如下所示:

```
def call(self, decoder_hidden, enc_output):
    # decoder hidden state shape == (64, 256)
    # [batch size, decoder units]
    # encoder output shape == (64, 128, 256)
    # which is [batch size, max sequence length, encoder units]
    query = decoder_hidden # to map our code to generic
    # form of attention
    values = enc_output

    # query_with_time_axis shape == (batch_size, 1, hidden size)
    # we are doing this to broadcast addition along the time axis
    query_with_time_axis = tf.expand_dims(query, 1)

    # score shape == (batch_size, max_length, 1)
    score = self.V(tf.nn.tanh(
        self.W1(query_with_time_axis) + self.W2(values)))

    # attention_weights shape == (batch_size, max_length, 1)
    attention_weights = tf.nn.softmax(score, axis=1)

    # context_vector shape after sum == (batch_size, hidden_size)
    context_vector = attention_weights * values
    context_vector = tf.reduce_sum(context_vector, axis=1)

    return context_vector, attention_weights
```

6.4.3　解码器模型

详细的解码器架构如图 6.3 所示。

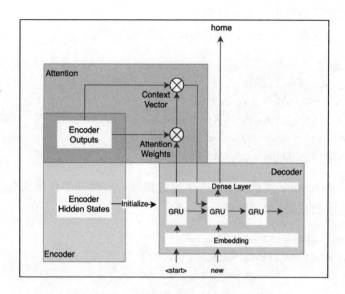

图 6.3　详细的解码器架构

　　来自编码器的隐藏状态用于初始化解码器的隐藏状态。开始令牌用以启动正在生成的摘要。解码器的隐藏状态与编码器输出一起用于计算注意力权重和文本向量。文本向量与输出令牌的嵌入连接并通过单向 GRU 单元传递。GRU 单元的输出通过密集层，使用 softmax 激活函数获得输出令牌。此过程逐令牌重复。

　　注意，解码器在训练和推理期间的功能不同。在训练期间，解码器的输出令牌用于计算损失，但不反馈到解码器以产生下一个令牌。取而代之的是，在每个时间步将来自 ground truth 的下一个令牌馈送到解码器中。这个过程被称为"teacher forc-ing"（教师反馈）。当生成摘要时，解码器生成的输出令牌仅在推理期间反馈。

　　seq2seq.py 文件中定义了解码器类。该类的构造函数用于设置维度和各个层：

```
class Decoder(tf.keras.Model):
    def __init__(self, vocab_size, embedding_dim, dec_units, batch_sz):
        super(Decoder, self).__init__()
        self.batch_sz = batch_sz
        self.dec_units = dec_units
        # Unique embedding layer
        self.embedding = tf.keras.layers.Embedding(vocab_size,
                                                   embedding_dim,
                                                   mask_zero = True)
        # Shared embedding layer
        # self.embedding = Embedding.get_embedding(vocab_size,
        # embedding_dim)
```

```
        self.gru = tf.keras.layers.GRU(self.dec_units,
                                       return_sequences = True,
                                       return_state = True,
                                       recurrent_initializer = \
                                       'glorot_uniform')
        self.fc1 = tf.keras.layers.Dense(vocab_size,
                                         activation = 'softmax')
        # used for attention
        self.attention = BahdanauAttention(self.dec_units)
```

解码器中的嵌入层不与编码器共享。这是一种设计选择。摘要中通常使用共享嵌入层。在 Gigaword 数据集中,文章及其摘要的结构略有不同,因为新闻标题严格来说并不算是真正的句子,而是句子的片段。在训练过程中,使用不同的嵌入层比共享嵌入效果更好。在 CNN/DailyMail 数据集上,共享嵌入可能比 Gigaword 数据集提供更好的结果。在机器翻译的情况下,编码器和解码器会处理不同的语言,最好具有单独的嵌入层。我们鼓励您在不同的数据集上尝试这两个版本,并建立自己的直觉。

前面的注释代码极大简化了在编码器和解码器之间来回切换共享嵌入和单独嵌入的过程。

解码器的下一部分是计算输出:

```
def call(self, x, hidden, enc_output):
    # enc_output shape == (batch_size, max_length, hidden_size)
    context_vector, attention_weights = self.attention(hidden,
                                                        enc_output)


    # x shape after passing through embedding
    # == (batch_size, 1, embedding_dim)
    x = self.embedding(x)

    x = tf.concat([tf.expand_dims(context_vector, 1), x], axis = -1)


    # passing the concatenated vector to the GRU
    output, state = self.gru(x)

    output = tf.reshape(output, (-1, output.shape[2]))


    x = self.fc1(output)


    return x, state, attention_weights
```

167

计算相当简单。模型如下所示：

```
Model："encoder"
_____
Layer（type）                    Output Shape              Param #
=================================================================
embedding（Embedding）           multiple                  4211072
_____
bidirectional（Bidirectional     multiple                  592896
_____
dense（Dense）                   multiple                  131328
=================================================================
Total params：4,935,296
Trainable params：4,935,296
Non-trainable params：0
_____

Model："decoder"
_____
Layer（type）                    Output Shape              Param #
=================================================================
embedding_1（Embedding）         multiple                  4211072
_____
gru_1（GRU）                     multiple                  689664
_____
dense_1（Dense）                 multiple                  8455043
_____
bahdanau_attention（Bahdanau multiple 197377
=================================================================
Total params：13,553,156
Trainable params：13,553,156
Non-trainable params：0
```

编码器模型包含 4.9M 个参数，而解码器模型包含 13.5M 个参数，总共 18.4M 个参数。现在，我们准备好训练模型了。

6.5　训练模型

在自定义训练循环的训练中，需要执行许多步骤。首先，让我们定义一个执行训练循环的步骤的方法。s2s-training.py 文件中定义了该方法：

```python
@tf.function
def train_step(inp, targ, enc_hidden, max_gradient_norm = 5):
    loss = 0

    with tf.GradientTape() as tape:
        # print("inside gradient tape")
        enc_output, enc_hidden = encoder(inp, enc_hidden)

        dec_hidden = enc_hidden
        dec_input = tf.expand_dims([start] * BATCH_SIZE, 1)

        # Teacher forcing - feeding the target as the next input
        for t in range(1, targ.shape[1]):
            # passing enc_output to the decoder
            predictions, dec_hidden, _ = decoder(dec_input,
                                        dec_hidden, enc_output)

            loss += s2s.loss_function(targ[:, t], predictions)
            # using teacher forcing
            dec_input = tf.expand_dims(targ[:, t], 1)

    batch_loss = (loss / int(targ.shape[1]))

    variables = encoder.trainable_variables + \
decoder.trainable_variables
    gradients = tape.gradient(loss, variables)

    # Gradient clipping
    clipped_gradients, _ = tf.clip_by_global_norm(
                                gradients, max_gradient_norm)

    optimizer.apply_gradients(zip(clipped_gradients, variables))

    return batch_loss
```

　　这是一个使用 GradientTape 的自定义训练循环,它跟踪模型的不同变量并计算梯度。每批输入,上述函数都要运行一次。输入通过编码器获得最终编码和最后隐藏状态。解码器用最后一个编码器隐藏状态初始化,每次生成一个令牌。然而,生成的令牌不反馈到解码器中;相反,实际令牌被反馈。这种方法被称为"teacher forcing"(教师强迫)。seq2seq.py 文件中定义了自定义损耗函数:

```
loss_object = tf.keras.losses.SparseCategoricalCrossentropy(
                  from_logits = False, reduction = 'none')


def loss_function(real, pred):
    mask = tf.math.logical_not(tf.math.equal(real, 0))
    loss_ = loss_object(real, pred)

    mask = tf.cast(mask, dtype = loss_.dtype)
    loss_ *= mask


    return tf.reduce_mean(loss_)
```

损失函数的关键是使用掩码来处理不同长度的总结。模型的最后一部分是使用优化器。这里使用的是 Adam 优化器,它具有一个学习速率计划,可以在训练的各个阶段降低学习速率。学习速率退火(learning rate annealing)的概念已在前几章中介绍。优化器的代码在 s2s-training.py 文件的主函数中:

```
steps_per_epoch = BUFFER_SIZE // BATCH_SIZE
embedding_dim = 128
units = 256 # from pointer generator paper
EPOCHS = 16

encoder = s2s.Encoder(vocab_size, embedding_dim, units, BATCH_SIZE)
decoder = s2s.Decoder(vocab_size, embedding_dim, units, BATCH_SIZE)

# Learning rate scheduler
lr_schedule = tf.keras.optimizers.schedules.InverseTimeDecay(
                  0.001,
                  decay_steps = steps_per_epoch * (EPOCHS/2),
                  decay_rate = 2,
                  staircase = False)

optimizer = tf.keras.optimizers.Adam(lr_schedule)
```

由于模型训练时间较长,设置检查点非常重要,以便在出现问题时可以从检查点处继续训练。检查点还为我们提供了一个跨流调整训练参数的机会。主函数的下一部分设置检查点系统。我们在第 5 章中查看了检查点,此处将扩展所学内容,并设置一个可选的命令行参数,用于确定是否需要从指定的检查点重新启动训练:

```
if args.checkpoint is None:
    dt = datetime.datetime.today().strftime("%Y-%b-%d-%H-%M-%S")
```

```
        checkpoint_dir = './training_checkpoints-' + dt
    else:
        checkpoint_dir = args.checkpoint
    checkpoint_prefix = os.path.join(checkpoint_dir, "ckpt")
    checkpoint = tf.train.Checkpoint(optimizer = optimizer,
                                     encoder = encoder,
                                     decoder = decoder)
    if args.checkpoint is not None:
        # restore last model
        print("Checkpoint being restored: ",
    tf.train.latest_checkpoint(checkpoint_dir))
        chkpt_status = checkpoint.restore(
    tf.train.latest_checkpoint(checkpoint_dir))
        # to check loading worked
      chkpt_status.assert_existing_objects_matched()
    else:
        print("Starting new training run from scratch")

    print("New checkpoints will be stored in: ", checkpoint_dir)
```

如果需要从检查点重新开始训练,则可以在调用训练脚本时指定形式为--check-point <dir> 的命令行参数。如果未提供任何参数,则将创建新的检查点目录。1.5M 记录的训练需要 3 个多小时。运行 10 次迭代将花费一天半的时间。我们在本章前面提到的指针生成器模型经过了 33 个周期的训练,训练时间超过 4 天。当然,经过 4 个阶段的训练后,便可能会看到一些成果。

现在,主函数的最后一部分是开始训练过程:

```
print("Starting Training. Total number of steps / epoch: ", steps_per_
epoch)


    for epoch in range(EPOCHS):
        start_tm = time.time()
        enc_hidden = encoder.initialize_hidden_state()
        total_loss = 0
        for (batch, (art, smry)) in enumerate(train_dataset.take(steps_
per_epoch)):
            batch_loss = train_step(art, smry, enc_hidden)
            total_loss += batch_loss
            if batch % 100 == 0:
                ts = datetime.datetime.now().\
strftime("%d-%b-%Y(%H:%M:%S)")
```

```
                    print('[{}] Epoch {} Batch {} Loss {:.6f}'.\
                        format(ts,epoch + 1, batch,
                        batch_loss.numpy())) # end print


                # saving (checkpoint) the model every 2 epochs
                if (epoch + 1) % 2 == 0:
                    checkpoint.save(file_prefix = checkpoint_prefix)
                print('Epoch {} Loss {:.6f}'.\
                        format(epoch + 1, total_loss / steps_per_epoch))


                print('Time taken for 1 epoch {} sec\n'.\
                        format(time.time() - start_tm))
```

训练循环每 100 个批次输出一次损失,并在每第二个周期保存一个检查点。根据需要随时调整这些设置。以下命令可用于开始训练:

```
$ python s2s - training.py
```

该脚本的输出应类似于:

```
Loading the dataset
Tokenizer ready. Total vocabulary size: 32897
Coronavirus spread surprised everyone => [16166, 2342, 1980, 7546,
21092]
16166 ----> corona
2342 ----> virus
1980 ----> spread
7546 ----> surprised
21092 ----> everyone
Dataset sample taken
Dataset batching done
Starting new training run from scratch
New checkpoints will be stored in: ./training_checkpoints - 2021 -
Jan - 04 - 04 - 33 - 42
Starting Training. Total number of steps / epoch: 31
[04 - Jan - 2021 (04:34:45)] Epoch 1 Batch 0 Loss 2.063991
...
Epoch 1 Loss 1.921176
Time taken for 1 epoch 83.241370677948 sec
[04 - Jan - 2021 (04:35:06)] Epoch 2 Batch 0 Loss 1.487815
Epoch 2 Loss 1.496654
Time taken for 1 epoch 21.058568954467773 sec
```

由于我们编辑了这一行,此示例运行仅使用了 2 000 个示例:

172

```
BUFFER_SIZE = 2000 # 3500000 takes 7hr/epoch
```

如果从检查点重新启动训练，则命令行将为

```
$ python s2s-trainingo.py --checkpoint training_checkpoints-2021-
Jan-04-04-33-42
```

有了这个注释，模型从我们在训练步骤中使用的检查点目录中被激活，并在该检查点继续进行训练。一旦模型完成训练，我们就可以生成总结了。下一节中我们将用该模型对 1.5M 的记录进行 8 个周期的训练。使用所有 380 万条记录和多个时期的训练将获得更好的结果。

6.6　生成总结

生成总结时需要构建一个新的推理循环。回想一下，训练期间使用 teacher forcing 时，解码器的输出不用于预测下一个令牌。在生成总结时，我们需要在生成令牌的基础上继续预测下一个令牌。由于我们想处理各种输入文本并生成总结，我们将使用 IPython 笔记本 generating-sumaries.ipynb 中的代码。导入并设置所有内容后，需要实例化分词器。笔记本的 Setup Tokenization 部分加载分词器，并通过添加开始和结束令牌 ID 来设置词汇表。与加载数据时类似，设置数据编码方法来编码输入文章。

现在，我们必须从保存的检查点合成模型。首先创建所有模型对象：

```
BATCH_SIZE = 1 # for inference
embedding_dim = 128
units = 256 # from pointer generator paper
vocab_size = end + 2

# Create encoder and decoder objects
encoder = s2s.Encoder(vocab_size, embedding_dim, units,
                      BATCH_SIZE)
decoder = s2s.Decoder(vocab_size, embedding_dim, units,
                      BATCH_SIZE)
optimizer = tf.keras.optimizers.Adam()
```

接下来，定义具有适当检查点目录的检查点：

```
# Hydrate the model from saved checkpoint
checkpoint_dir = 'training_checkpoints-2021-Jan-25-09-26-31'
checkpoint_prefix = os.path.join(checkpoint_dir, "ckpt")
```

```
checkpoint = tf.train.Checkpoint(optimizer = optimizer,
                                 encoder = encoder,
                                 decoder = decoder)
```

然后设置最后一个检查点:

```
# The last training checkpoint
tf.train.latest_checkpoint(checkpoint_dir)
```

'training_checkpoints-2021-Jan-25-09-26-31/ckpt-11'

现在,模型便准备好进行推理了。

检查点和变量名

如果第二个命令无法将检查点中变量的名称与模型中的名称匹配,则可能会出现错误。这可能是因为我们在模型中实例化层时没有显式地命名它们。当模型实例化时,TensorFlow 将为层提供动态生成的名称:

```
for layer in decoder.layers:
print(layer.name)

embedding_1
gru_1
fc1
```

检查点中的变量名可以通过以下方式进行检查:

```
tf.train.list_variables(
tf.train.latest_checkpoint('./<chkpt_dir>/')
)
```

如果模型再次实例化,则这些名称可能会更改,并且可能无法从检查点恢复。有两种解决方案可以防止这种情况。一个快速的方法是重新启动笔记本内核,另一个相对更好的方法则是在训练之前编辑代码并在编码器和解码器构造中为每个层添加名称。这确保了检查点将始终查找变量。解码器中的 fc1 层显示了这种方法的示例:

```
self.fc1 = tf.keras.layers.Dense(
vocab_size, activation = 'softmax',
name = 'fc1')
```

可以通过贪婪搜索(greedy search)或波束搜索(beam search)算法进行推理(此处均将演示)。在进入生成摘要的代码之前,将定义绘制注意力权重的方便方法。这有助于提供生成给定令牌的直观信息:

```
# function for plotting the attention weights
def plot_attention(attention, article, summary):
    fig = plt.figure(figsize = (10,10))
    ax = fig.add_subplot(1, 1, 1)
    # https://matplotlib.org/3.1.0/tutorials/colors/colormaps.html
    # for scales
    ax.matshow(attention, cmap = 'cividis')

    fontdict = {'fontsize': 14}

    ax.set_xticklabels([''] + article, fontdict = fontdict, rotation = 90)

    ax.set_yticklabels([''] + summary, fontdict = fontdict)

    ax.xaxis.set_major_locator(ticker.MultipleLocator(1))
    ax.yaxis.set_major_locator(ticker.MultipleLocator(1))

    plt.show()
```

将输入序列作为列,将输出摘要标记作为行来配置绘图。可以随意使用不同的色阶,更好地了解令牌之间的关联强度。

我们已经覆盖了很多领域,并可能训练了数小时的网络。是时候看到我们的劳动成果了!

6.6.1　贪婪搜索

贪婪搜索在每个时间步选择最高概率令牌来构造序列。预测的令牌被反馈到模型中以生成下一个令牌。这与第 5 章在 char-RNN 模型中生成字符时使用的模型相同。

```
art_max_len = 128
smry_max_len = 50

def greedy_search(article):
    # To store attention plots of the output
    attention_plot = np.zeros((smry_max_len, art_max_len))

    tokens = tokenizer.encode(article)
    if len(tokens) > art_max_len:
        tokens = tokens[:art_max_len]

    inputs = sequence.pad_sequences([tokens], padding = 'post',
```

```
                                            maxlen = art_max_len).squeeze()
        inputs = tf.expand_dims(tf.convert_to_tensor(inputs), 0)

        # output summary tokens will be stored in this
        summary = "

        hidden = [tf.zeros((1, units)) for i in range(2)] # BiRNN
        enc_out, enc_hidden = encoder(inputs, hidden)
        dec_hidden = enc_hidden
        dec_input = tf.expand_dims([start], 0)

        for t in range(smry_max_len):
            predictions, dec_hidden, attention_weights = \
    decoder(dec_input, dec_hidden, enc_out)

            predicted_id = tf.argmax(predictions[0]).numpy()
            if predicted_id == end:
                return summary, article, attention_plot
            # storing the attention weights to plot later on
            attention_weights = tf.reshape(attention_weights, (-1, ))
            attention_plot[t] = attention_weights.numpy()

            summary += tokenizer.decode([predicted_id])
            # the predicted ID is fed back into the model
            dec_input = tf.expand_dims([predicted_id], 0)

    return summary, article, attention_plot
```

　　代码的第一部分对输入进行编码,编码方式与训练期间的编码方式相同。这些输入通过编码器传递到最终编码器输出和最后隐藏状态。解码器的初始隐藏状态被设置为编码器的最后隐藏状态。现在,生成输出令牌的过程开始了。首先,输入被馈送到解码器,解码器生成预测、隐藏状态和注意力权重,将注意力权重添加到每个时间步长的注意力权重的运行列表中。这一生成过程一直持续到有任一序列更早到达为止;生成序列结束令牌或产生 50 个令牌,然后返回结果总结和绘制注意力图。此处定义了一种调用该贪婪搜索算法的总结方法,能够绘制注意力权重,并将生成的令牌转换为适当的词:

```
# Summarize
def summarize(article, algo = 'greedy'):
    if algo == 'greedy':
        summary, article, attention_plot = greedy_search(article)
```

```
    else:
        print("Algorithm {} not implemented".format(algo))
        return

    print('Input: % s' % (article))
    print('* * Predicted Summary: {}'.format(summary))

    attention_plot = \
  attention_plot[:len(summary.split(' ')), :len(article.split(' '))]

    plot_attention(attention_plot, article.split(' '),
                        summary.split(' '))
```

前面的方法有一个地方我们可以稍后插入波束搜索。让我们测试一下这个模型：

```
# Test Summarization
txt = "president georgi parvanov summoned france 's ambassador on
wednesday in a show of displeasure over comments from french president
jacques chirac chiding east european nations for their support of
washington on the issue of iraq ."
summarize(txt.lower())
```

```
Input: president georgi parvanov summoned france's ambassador on
wednesday in a show of displeasure over comments from french president
jacques chirac chiding east european nations for their support of
washington on the issue of iraq .
** Predicted Summary: bulgarian president summons french ambassador
over remarks on iraq
```

图 6.4 所示为总结的注意力图。

以下为生成的总结：

bulgarian president summons french ambassador over remarks on iraq. (保加利亚总统就伊拉克问题召见法国大使。)

可以看出总结的相当成功。最令人惊讶的是，该模型能够在源文本中没有任何地方提及"Bulgarian"（保加利亚）的情况下识别"Bulgarian president"（保加利亚总统）一词。此外，该总结还包含了源文本中没有的其他词。这些在前面的输出中突出显示。这个模型能够将单词"summoned"（召见）的时态变为"summons"。"remark"（评论，此为谈话的意思）一词从未在源文本中出现。该模型却能够从许多输入令牌中推断出这一点。该笔记本包含了许多由该模型生成的总结的例子，不论好坏。

以下是一段相当有挑战性的文本示例：

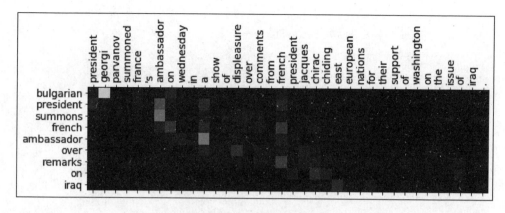

图 6.4 示例总结的注意力图

- 输入：charles kennedy，leader of britain's third—ranked liberal democrats，announced saturday he was quitting with immediate effect and would not stand in a new leadership election．us president george w. bush on saturday called for extending tax cuts adopted in his first term，which he said had bolstered economic growth.（英国排名第三的自由民主党领袖查尔斯·肯尼迪（Charles Kennedy）周六宣布，他将立即辞职，不会参加新的领导层选举。美国总统乔治·W·布什（George W. Bush）周六呼吁延长其第一个任期内通过的减税政策，他表示，这一政策促进了经济增长。）

- 预测总结：kennedy quits to be a step toward new term。（肯尼迪辞职是迈向新任期的一步。）

本例设计了两个看似无关的句子，而模型试图去理解它们，但最终却搞混了。还有其他例子表明，该模型并不完美：

- 输入：jc penney will close another ＃＃ stores for good．the department store chain，which filed for bankruptcy last month，is inching toward its target of closing ＃＃ stores.（jc penney 将永远关闭另一家百货商店。这家百货连锁店上个月导致破产，目前正朝着关闭 ＃＃ 个百货商店的目标缓慢前进。）

- 预测总结：jc penney to close another ＃＃ stores for ＃nd stores。（jc penney 将为第＃门店关闭另一门店。）

在本例中，模型重复自身，关注相同的位置。事实上，这是总结模型的常见问题。防止重复的一个解决方案是增加覆盖损失（coverage loss）。覆盖损失保持了跨时间步长的注意力权重的运行总和，并将其反馈给注意力机制，作为将其引导到先前关注的位置的一种方式。此外，将覆盖损失项添加到总损失方程中，以惩罚重复。在这种特殊情况下，延长模型训练时间也会有所帮助。请注意，基于 Transformer 的模型受重复影响较小。

第二个例子是模型发明新词的情况：

- 输入：the german engineering giant siemens is working on a revamped version of its defective tram car , of which the ＃＃＃ units sold so far world-wide are being recalled owing to a technical fault , a company spokeswoman said on tuesday.（德国工程巨头西门子（siemens）的一位发言人周二表示，该公司正在研发其有缺陷有轨电车的改进版，由于技术故障，目前在全球销售的 ＃＃＃ 单元正在召回。）
- 预测总结：siemens to launch reb-made cars。（西门子将推出 reb-made 的汽车。）

此处，该模型发明了 reb-made 这个错误单词，如图 6.5 所示。

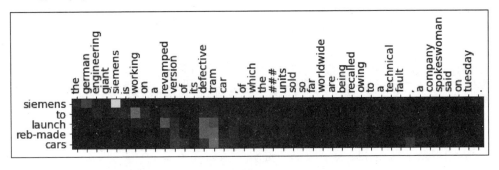

图 6.5　模型发明了"reb-made"一词

从前面关注的情节来看，新词是通过关注"revamped"（更新）、"version"（版）、"defective"（有缺陷）和"tram"（有轨电车）而产生的。这是生成的总结中的拼凑词。

如前所述，使用波束搜索有助于进一步提高翻译的准确性。在实现波束搜索算法后，我们将尝试一些具有挑战性的示例。

6.6.2　波束搜索

波束搜索使用多个路径或波束来生成令牌，并尝试最小化总体条件概率。在每个时间步，评估所有选项，并在迄今为止的所有时间步上评估累积条件概率。仅保留顶部 k 个波束，其中 k 是波束宽度；其余部分将在下一个时间步骤进行裁剪。贪婪搜索是波束宽度为 1 的波束搜索的一种特殊情况。事实上，该属性用作波束搜索算法的测试用例。此部分的代码可以在 IPython 笔记本的"Beam Search"部分找到。

此处定义了一个名为 beam_search() 的新方法。该方法的第一部分类似于贪婪搜索，其中输入被令牌化并通过编码器。该算法与贪婪搜索算法的主要区别在于核心循环，它一次处理一个令牌。在波束搜索中，需要为每个波束生成一个令牌。这使得波束搜索比贪婪搜索慢，并且运行时间与波束宽度成比例增加。在每个时间步，对于 k 个波束中的每个波束，生成、排序并修剪回 k 个项目。执行此步骤，直到每个波束生成序列结束令牌或已生成最大数量的令牌。如果要生成 m 个令牌，则波束搜索

将需要解码器的 $k \times m$ 次运行来生成输出序列。主循环代码如下：

```python
# initial beam with (tokens, last hidden state, attn, score)
start_pt = [([start], dec_hidden, attention_plot, 0.0)] # initial beam

for t in range(smry_max_len):
    options = list() # empty list to store candidates
    for row in start_pt:
        # handle beams emitting end signal
        allend = True
        dec_input = row[0][-1]
        if dec_input != end_tk:
            # last token
            dec_input = tf.expand_dims([dec_input], 0)

            dec_hidden = row[1] # second item is hidden states
            attn_plt = np.zeros((smry_max_len, art_max_len)) + \
                            row[2] # new attn vector

            predictions, dec_hidden, attention_weights = \
decoder(dec_input, dec_hidden, enc_out)

            # storing the attention weights to plot later on
            attention_weights = tf.reshape(attention_weights, (-1, ))
            attn_plt[t] = attention_weights.numpy()

            # take top-K in this beam
            values, indices = tf.math.top_k(predictions[0],
                                            k = beam_width)

            for tokid, scre in zip(indices, values):
                score = row[3] - np.log(scre)
                options.append((row[0] + [tokid], dec_hidden,
                                attn_plt, score))
            allend = False
        else:
            options.append(row) # add ended beams back in
    if allend:
        break # end for loop as all sequences have ended
    start_pt = sorted(options, key = lambda tup:tup[3])[:beam_width]
```

在开始时，开始令牌中只有一个波束。然后定义一个跟踪生成波束的列表。元组列表存储注意力图、令牌、最后隐藏状态和波束的总成本。条件概率要求所有概率的乘积。假设所有概率都是介于 0~1 之间的数字,条件概率可能会变得非常小。相反,概率日志被添加在一起,如前面突出显示的代码所示。最好的波束使该分数最小化。最后,插入一个小部分,在函数完成执行后打印所有顶部波束及其分数。此部分是可选的,可以在以下情况下移除:

```
if verbose: # to control output
    # print all the final summaries
    for idx, row in enumerate(start_pt):
        tokens = [x for x in row[0] if x < end_tk]
        print("Summary {} with {:.5f}: {}".format(idx, row[3],
                                    tokenizer.decode(tokens)))
```

最后,函数会返回最佳波束:

```
# return final sequence
summary = tokenizer.decode([x for x in start_pt[0][0] if x < end_
tk])
attention_plot = start_pt[0][2] # third item in tuple
return summary, article, attention_plot
```

对 summary()方法进行了扩展,以便生成贪婪搜索和波束搜索,如下所示:

```
# Summarize
def summarize(article, algo = 'greedy', beam_width = 3, verbose = True):
    if algo == 'greedy':
        summary, article, attention_plot = greedy_search(article)
    elif algo == 'beam':
        summary, article, attention_plot = beam_search(article,
                                        beam_width = beam_width,
                                        verbose = verbose)
    else:
        print("Algorithm {} not implemented".format(algo))
        return

    print('Input: % s' % (article))
    print('** Predicted Summary: {}'.format(summary))

    attention_plot = attention_plot[:len(summary.split(' ')),
                            :len(article.split(' '))]
    plot_attention(attention_plot, article.split(' '),
            summary.split(' '))
```

仍以西门子新闻为例：

- 贪婪搜索的总结：siemens to launch reb-made cars.（西门子将推出 reb-made 的汽车。）
- 波束搜索的总结：simens working on revamped european tram car.（西门子致力于改造欧洲有轨电车。）

可以看出，与贪婪搜索相比，波束搜索生成的总结包含更多细节，能够更好地展现文本内容。它引入了一个新词"European"（欧洲的），在当前的语境中，这个词准确与否有待商定。将如图 6.6 所示的注意力图与前面显示的注意力图进行对比。

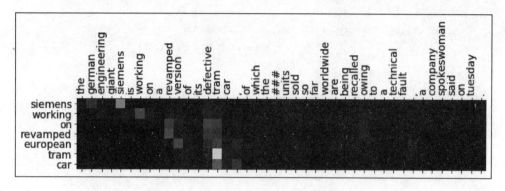

图 6.6　波束搜索生成的总结的注意力图

波束搜索生成的总结涵盖了源文本中的更多概念。在 JC Penney 示例中，波束搜索的表现也要强于贪婪搜索：

- 贪婪搜索的总结：jc penney to close another ＃＃ stores for ＃nd stores.（jc penney 将为第＃门店关闭另一门店。）
- 波束搜索的总结：jc penney to close ＃ ＃ more stores.（jc penney 将关闭＃＃家商店。）

波束搜索生成的总结要更简洁且没有语法错误。这些示例是在波束宽度为 3 的情况下生成的。笔记本中包含了其他几个示例供您使用。一般来说，波束搜索会改善生成的总结的质量，但同时也会减少输出的长度。波束搜索遇到的问题是，序列的分数对于序列长度不是标准化的，并且重复关注相同的输入令牌没有惩罚。

 对于这点，最有效的方法便是让模型针对更多的示例、训练更长的时间。这些示例中使用的模型在 Gigaword 数据集 380 万个示例中的 150 万个示例上训练了 22 个周期。然而，重要的是，此处有现成的有波束搜索和各种惩罚，可以用来提高模型的质量。

针对这些问题，有两种具体的惩罚，将在下一小节具体讨论。

6.6.3　使用波束搜索解码惩罚

吴等人在 2016 年发表的开创性论文 *Google's Neural Machine Translation System* 中提出了两种惩罚。这些惩罚是：

- Length normalization(长度规范化)：旨在推动生成较长或较短的总结。
- Coverage normalization(覆盖率规范化)：其目的是如果输出过分关注输入序列的同一部分，则惩罚生成。根据 pointer-generator 的文章，这最好在训练的最后几次迭代中添加。本小节中将不执行此操作。

这些方法受到 NMT 的启发，必须适应总结的需要。在高水平上，分数可由以下公式表示：

$$\text{score}_{\text{norm}} = \frac{\text{score}}{\text{length\_penalty}} + \text{coverrage\_penalty}$$

例如，波束搜索算法在自然情况下会产生较短的序列。长度惩罚(length penalty)对于 NMT 很重要，因为输出序列应该处理输入文本。但这不同于总结，总结一般长度较短。长度规范化(length normalization)基于参数和当前令牌号计算因子。波束的成本除以该因子，以计算长度规范化分数。本书提出以下经验公式：

$$\text{length\_penalty}(Y) = \frac{(5 + |Y|)^{\alpha}}{(5 + 1)^{\alpha}}$$

α 值越小，序列越短；而 α 值越大，序列越长。α 值介于 0~1 之间。条件概率分数除以前一个量，得到波束的规范化分数。length_wu()方法使用此参数将分数规范化。

该部分的所有代码都在笔记本的"Beam Search with Length Normalizations"部分：

```
def length_wu(step, score, alpha = 0.):
    # NMT length re-ranking score from
    # "Google's Neural Machine Translation System" paper by Wu et al
    modifier = (((5 + step) ** alpha) /
                ((5 + 1) ** alpha))
    return (score / modifier)
```

此处创建了一种新的具有规范化的波束搜索方法。大部分代码与以前的实现相同。启用长度规范化的关键变化包括向方法信号添加 α 参数，并更新分数的计算，以便使用上述方法：

```
# Beam search implementation with normalization
def beam_search_norm(article, beam_width = 3,
                     art_max_len = 128,
                     smry_max_len = 50,
                     end_tk = end,
```

```
                    alpha = 0. ,
                    verbose = True)
```

接下来,分数被规范化如下(代码中第 60 行附近):

```
for tokid, scre in zip(indices, values):
    score = row[3] − np.log(scre)
    score = length_wu(t, score, alpha)
```

接下来不妨试验其效果,首先以西门子为例:

- 贪婪搜索的总结:siemens to launch reb-made cars.(西门子将推出 reb-made 的汽车。)
- 波束搜索的总结:simens working on revamped european tram car.(西门子 致力于改造欧洲有轨电车。)
- 具有长度惩罚的波束搜索的总结:siemens working on new version of defec-tive tram car.(西门子正在开发有缺陷有轨电车的新版本。)

此处使用 5 的波束尺寸和 0.8 的 α 值来生成前面的示例。长度规范化使得生成 的总结变长,纠正了只使用波束搜索生成总结时遇到的一些问题。图 6.7 所示为长 度规范化的波束搜索生成的总结效果。

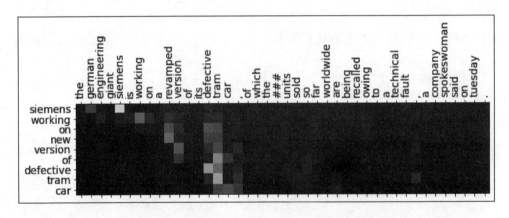

图 6.7　长度规范化的波束搜索生成的总结效果

接下来试验一个训练集以外的示例:

- 输入:the uk on friday said that it would allow a quarantine-free internation-al travel to some low-risk countries falling in its green zone list of an esti-mated ＃＃ nations . uk transport secretary said that the us will fall within the red zone.(英国上周五表示,将允许一些低风险国家的国际旅行不受检疫,这些国家属于英国的绿色区域名单,估计有 ＃＃ 个国家。英国运输大臣表示,美国将属于红色区域。)

- 贪婪搜索的总结:uk to allow free travel to low-risk countries.(英国允许自由前往低风险国家。)
- 波束搜索的总结:britain to allow free travel to low-risk countries.(英国将允许自由前往低风险国家。)
- 长度规范化的波束搜索的总结:britain to allow quarantines free travel to low-risk countries.(英国允许隔离人员自由前往低风险国家。)

可以看出,长度规范化后的波束搜索生成的总结效果最佳。注意,仅波束搜索就删除了"free travel"(自由旅行)之前的一个非常重要的词"quarantines"(隔离),完全改变了总结的要义。使用长度规范化总结会包含所需的所有信息。注意,Gigaword 数据集本身所包含的总结就较短,而波束搜索则会使它们变得更短。因此,我们使用较大的 α 值。通常,较小的 α 值用于总结,较大的则用于 NMT。您可以尝试使用不同的长度规范化参数和波束宽度值来构建一些直觉。注意,长度惩罚(length penal-ty)的公式是经验公式,同样也应该进行实验。

惩罚增加了一个新参数,除了波束大小之外,还需要调整该参数。

选择正确的参数需要比人工检查更好的评估总结的方法。这是下一节的重点。

6.7　评估总结

人们在写总结时通常具有创造性,总结中经常会用到文本词汇表中不存在的词。模型生成抽象总结时,也可能会使用与所提供的基本事实总结中已有词不同的词。其实并没有什么高效的方法对基本事实总结和模型生成的总结进行语义上的比较。总结问题通常要涉及人工评估步骤,即对生成的总结进行定性检查。这种方法既不可扩展又较为昂贵。有一些使用 n-gram 重叠和最长公共子序列匹配(在词干提取(stemming)和词形还原(lemmatization)之后)的近似方法。希望这种预处理有助于将基本事实和生成的总结更紧密地结合起来进行评估。用于评估总结的最常用指标是:Recall-Oriented Understudy for Gisting Evaluation,也称为 ROUGE。在机器翻译中,使用了诸如"Bilingual Evaluation Understudy"(双语评估候补)(BLEU)和"Metric for Evaluation of Translation with Explicit Ordering"(具有显式排序的翻译评估量)(METEOR)等度量。BLEU 主要依赖于精度(对翻译至关重要)。总之,召回率(recall)更重要。因此,ROUGE 是评估总结模型的首选度量。2004 年,Chin Yew Lin 在一篇题为 *Rouge:A Package for Automatic Evaluation of Summaries* 的论文中提出了该方法。

6.8　ROUGE 度量评估

由模型生成的总结应可读、连贯,且真实、正确。此外,它应该在语法上正确。人

185

工评估总结可能是一项艰巨的任务。如果一个人花了 30 s 来评估 Gigaword 数据集中的一个总结,那么一个人检查整个验证集就需要 26 个多小时。每次生成抽象总结时都需要进行人工评估工作。ROUGE 度量试图衡量抽象总结的各个方面,共包含 4 个指标:

① ROUGE-N 是生成的摘要和基本事实或参考摘要之间的 n-gram 召回率。名称末尾的"N"指定 n-gram 的长度。报告 ROUGE－1 和 ROUGE－2 是很常见的。度量的计算方法是将基础事实总结和生成的总结之间的匹配 n-gram 的比率除以基础事实中的 n-gram 总数。该公式面向召回率。如果存在多个参考总结,则成对计算每个参考摘要的 ROUGE-N 度量,并取最大分数(本例仅存在一个参考摘要)。

② ROUGE-L 使用生成的总结和基本事实之间的最长公共子序列(Longest Common Subsequence,LCS)来计算度量。通常,在计算 LCS 之前对序列进行词干提取。一旦已知 LCS 的长度,通过将其除以参考总结的长度来计算精度;通过除以生成的分数的长度来计算召回率。F1 分数是精确性(precision)和召回率的调和平均值(同样被计算和报告),为我们提供了一种平衡精确性和召回率的方法。由于 LCS 已经包括公共 n-gram,因此不需要选择 n-grams 长度。这种特定版本的 ROUGE-L 称为句子级 LCS 评分。对于总结包含多个句子的情况,也有一总结级别的分数。它用于 CNN 和 DailyMail 等数据集。Summary-level 分数将基本事实中的每个句子与所有生成的句子进行匹配,以计算联合 LCS 精度(precision)和召回率。该方法的详细信息可在前面参考的文件中找到。

③ ROUGE-W 是前一个度量的加权版本,其中 LCS 中的连续匹配的权重要高于一个令牌被其他令牌从中间隔断的情况。

④ ROUGE-S 使用 skip-bigram 共现统计数据。skip-bigram 允许两个令牌之间存在任意间隙。精度和召回率是使用这种方法计算的。

提出这些度量的论文还包含了用 Perl 计算这些度量的代码。这需要生成带有引用的文本文件并生成总结。Google Research 发布了一个完整的 Python 实现,可从其 GitHub 存储库获得:https://github.com/google-research/google-research。rouge/目录包含这些指标的代码。请按照存储库中的安装说明进行操作。一旦安装,我们便可以对贪婪搜索、波束搜索和具有长度规范化的波束搜索(beam search with length normalization)进行评估,以使用 ROUGE-L 度量来判断它们的质量。此部分的代码在"ROUGE Evaluation"部分。

导入和初始化 scorer 库的步骤如下所示:

```
from rouge_score import rouge_scorer as rs
scorer = rs.RougeScorer(['rougeL'], use_stemmer = True)
```

Summary()方法的一个版本名为 summary_quilley(),用于总结文本片段,而不打印任何如注意力图那样的输出。验证测试的随机样本将用于测量性能。加载数据的代码和静默总结(quiet summarization)方法可以在笔记本中找到,并且应该在运行度量之前运行。可以使用贪婪搜索运行求值,代码片段如下所示:

```
# total eval size: 189651
articles = 1000
f1 = 0.
prec = 0.
rec = 0.
beam_width = 1

for art, smm in ds_val.take(articles):
    summ = summarize_quietly(str(art.numpy()), algo = 'beam - norm',
                             beam_width = 1, verbose = False)
    score = scorer.score(str(smm.numpy()), summ)
    f1 += score['rougeL'].fmeasure / articles
    prec += score['rougeL'].precision / articles
    rec += score['rougeL'].recall / articles

    # see if a sample needs to be printed
    if random.choices((True, False), [1, 99])[0] is True:
    # 1% samples printed out
        print("Article: ", art.numpy())
        print("Ground Truth: ", smm.numpy())
        print("Greedy Summary: ", summarize_quietly(str(art.numpy()),
            algo = 'beam - norm',
            beam_width = 1, verbose = False))
        print("Beam Search Summary :", summ, "\n")

print("Precision: {:.6f}, Recall: {:.6f}, F1 - Score: {:.6f}".
format(prec, rec, f1))
```

虽然验证集包含近 190 000 条记录,但前面的代码在 1 000 条记录上运行度量。代码还随机输出大约 1% 样本的总结。该评估的结果应类似于:

Precision: 0.344725, Recall: 0.249029, F1 - Score: 0.266480

这是一个不错的开始,因为我们的精确度很高,但召回率很低。根据 papers-withcode.com 显示,Gigaword 数据集的当前排行榜的最高 ROUGE-L F1 分数为 36.74。此处用波束搜索再次进行测试,并查看结果。这里的代码与前面的代码相同,唯一的区别是使用的波束宽度为 3:

Precision: 0.382001, Recall: 0.226766, F1 - Score: 0.260703

可以看到,在以召回率为代价的情况下,精确性似乎得到了显著提高。但总体而言,F1 得分略有下降。同时,可能由于召回率下降的原因,波束搜索生成的总结变短。调整长度规范化(length normalization)可以帮助解决该问题,而另一个可能的方法是尝试更大的波束。波束尺寸为 5 时会产生以下结果:

Precision:0.400730, Recall:0.219472, F1 - Score:0.258531

准确率显著提高,召回率进一步降低。现在,让我们尝试一些长度规范化。运行 α 值为 0.7 的波束搜索,得到以下结果:

Precision:0.356155, Recall:0.253459, F1 - Score:0.271813

α 值不变,波束宽度调整为 5,结果如下:

Precision:0.356993, Recall:0.252384, F1 - Score:0.273171

由于精确度下降,召回率大幅增加。总的来说,对于仅在部分数据上训练的基本模型来说,性能相当好。得分为 27.3 将在排行榜的前 20 名中占有一席之地。

在基于 Transformer 的模型(Transformer-based model)出现之前,基于 seq2seq 的文本总结(seq2seq-based text summarization)是主要方法。现在,基于 Transformer 的模型(包括编码器和解码器部分)用于总结。下一节回顾总结的最新方法。

6.9　总结文本——最新技术

如今用于总结文本的主要方法是使用全 Transformer 架构(full Transformer architecture)。这类模型相当大,通常从 2.23 亿个参数到超过 10 亿个参数(如 GPT - 3)都有。Google Research 在 2020 年 6 月的 ICML 上发表了一篇论文,题为 *PEGASUS:Pre-training with Extracted Gap-sentences for Abstractive Summarization*。该文章为截至本书撰写之时的最新成果设定了基准。该模型提出的关键创新点是为总结提供了一个特定的预训练目标。回想一下,BERT 是使用掩蔽语言模型(Masked Language Model,MLM)目标进行预训练的,其中令牌被随机掩蔽,模型必须预测它们。PEGASUS 模型提出了一个间隙句子生成(Gap Sentence Generation,GSG)预训练目标,其中重要的句子被一个特殊的掩蔽令牌完全替换,模型必须生成序列。

将给定分数与整个文档的 ROUGE1-F1 分数进行对比来判断句子的重要性。从输入中屏蔽了一定数量的得分最高的句子,模型需要对这些句子进行预测。其他细节可在上述文件中找到。基本 Transformer 模型(base Transformer model)与 BERT 配置非常相似。预训练目标对 ROUGE1/2/L-F1 分数产生显著差异,并在许多数据集上设置新记录。

这些模型相当大,在桌面上直接训练是不现实的。通常,这些模型在大量数据集上一次就要预训练好几天。但幸运的是,通过 HuggingFace 这样的库可以获得这些模型的预训练版本。

6.10 总 结

总结文本被认为是人类特有的能力。在过去的 2～3 年中,深度学习 NLP 模型在这一领域取得了巨大进展。总结文本在许多应用中仍然是一个非常热门的研究领域。在本章中,我们从头构建了一个 seq2seq 模型,可以总结新闻文章中的句子并生成标题。由于其简单性,该模型获得了相当好的结果。而借助于学习速率退火(learning rate annealing),我们延长了模型的训练时间。通过对模型进行检查点检查,训练变得有弹性,在训练失败时可以从最后一个检查点重新开始训练。在训练后,我们通过自定义波束搜索改进了生成的总结。由于波束搜索倾向于提供简短的总结,因此使用了长度规范化(length normalization)技术来优化生成的总结。

测量生成总结的质量是对抽象总结的一个挑战。以下是验证数据集的随机示例:

- 输入:the french soccer star david ginola on saturday launched his anti-land mines campaign on behalf of the international committee for the red cross which has taken him on as a sort of poster boy for the cause . (法国足球明星大卫·吉诺拉周六代表红十字国际委员会发起了他的反地雷运动,红十字国际委员会将他视为这项事业的海报男孩。)
- 基本事实:soccer star joins red cross effort against land mines. (足球明星加入红十字会对抗地雷的行动。)
- 波束搜索(5/0.7):former french star ginola launches anti-land mine campaign. (前法国明星吉诺拉发起反地雷运动。)

生成的摘要与实际情况非常相似。然而,逐个进行令牌匹配会获得很低的分数。使用 n-gram 和 LCS 的 ROUGE 度量允许我们测量总结的质量。

最后,我们快速浏览了当前最先进的用于总结文本的模型。在更大的数据集上预先训练的大型模型占据主导地位。不幸的是,训练如此规模的模型所需的资源往往超出个人所能提供的量。

现在,我们将进入一个非常新和令人兴奋的研究领域——多模态网络(multi-modal networks)。到目前为止,我们只是孤立地处理文本。但一幅画真的值千言万语吗?在下一章中,我们将得到答案。

第 7 章

基于 ResNets 和 Transformer Networks 的多模式网络和图像字幕

"A picture is worth a thousand words"（一张图片胜过千言万语）是一句著名的格言。在本章中，我们将测试这句格言，并为图像生成标题。在此过程中，我们将使用多模态网络（multi-modal networks）。到目前为止，我们已经能够处理文本作为输入的各类问题，接下来就是处理以图片为输入的问题了。

人类可以用多个感官获取并处理信息，以了解周围的环境：我们可以观看带有字幕的视频，并结合提供的信息来理解场景；也可以使用面部表情和嘴唇运动以及声音来理解语音。我们可以识别图像中的文本，也可以回答关于图像的自然语言问题。换句话说，我们有能力同时处理不同类型的信息，并将其合理组合，以了解我们周围的世界。人工智能和深度学习的未来在于构建能够模拟人类认知功能的多模态网络。

图像、语音和文本处理的最新进展为多模态网络奠定了坚实的基础。本章将带您从 NLP 的世界前往多模式学习的世界，我们将使用熟悉的 Transformer 架构来将视觉和文本特征结合起来。

我们将在本章中涵盖以下主题：

- 多模式深度学习概述；
- 视觉和语言任务；
- 图像字幕任务和 MS-COCO 数据集的详细概述；
- 残差网络（residual network）架构，特别是 ResNet；
- 使用预先训练的 ResNet50 从图像中提取特征；
- 从头开始构建完整的变换器模型；
- 提高图像字幕性能的想法。

我们的旅程从视觉理解领域的各种任务概述开始,重点是结合语言和图像的任务。

7.1　多模态深度学习

字典对"modality"(模态)的定义指出,它是"a particular modeinwich something exists or is experienced or expressed"(某事物存在、经历或表达的特定模式)。感觉模态,如触觉、味觉、嗅觉、视觉和声音,允许人类体验周围的世界。假设你在农场采摘草莓,你的朋友告诉你采摘成熟的红色草莓。该指令"成熟和红色草莓",被加工并转化为视觉和触觉标准。当你看到草莓并触摸到它们时,你会本能地知道它们是否符合成熟和红色的标准。这项任务是一个需要多种模式协同工作的一个例子,而这些能力对于机器人是必不可少的。

作为前面示例的直接应用,考虑一个需要采摘成熟果实的采摘机器人。1976 年 12 月,哈里·麦高克(Harry McGurk)和约翰·麦克唐纳(John MacDonald)在著名杂志《自然》上发表了一篇题为 *Hearing lips and seeing voices* 的研究报告(https://www.nature.com/articles/264746a0)。他们录制了一段视频,其中一个年轻女子在说话,音节 ba 的发音被复制到音节 ga 的嘴唇运动上。当这段视频回放给成年人来复述里面的声音时,人们却一直在重复 da 的音节。而在没有视频的情况下播放音轨时,人们则说出了正确的音节。这篇研究论文强调了视觉在语音识别中的作用。在视听语音识别(Audio-Visual Speech Recognition,AVSR)领域,开发了使用唇读信息的语音识别模型。多模态深度学习模型(multi-modal deep learning models)在医疗设备和诊断、学习技术以及其他人工智能(Artificial Intelligence,AI)领域有着令人兴奋的应用。

让我们深入了解视觉和语言的特定交互以及我们可以执行的各种任务。

视觉与语言任务

计算机视觉(Computer Vision,CV)和自然语言处理的结合使我们能够构建能够说话且拥有视觉的人工智能系统。CV 和 NLP 一起为模型开发产生了有趣的任务。拍摄图像并为其生成标题是一项众所周知的任务。此任务的一个实际应用是为网页上的图像生成 alt-text 标记。视障读者使用屏幕阅读器,可以在阅读页面的同时阅读这些标签,提高网页的可访问性。该领域的其他主题包括视频字幕和讲故事——由一系列图像组成故事。图 7.1 显示了图像和标题的一些示例。本章主要关注图像字幕。

视觉问答(Visual Question Answering,VQA)是回答图像中物体问题的挑战性任务。图 7.2 显示了来自 VQA 数据集的一些示例。与图像字幕相比,VQA 是一项更复杂的任务,其中突出的对象反映在字幕中。回答这个问题可能还需要一些推理。

图 7.1 带标题的示例图像

图 7.2 VQA 数据集示例 (来源:VQA:Visual Question Answering by Agrawal et al.)

考虑图 7.2 中的右下图像。回答问题,"这个人有 20/20 视力吗?"这需要推理。VQA 的数据集可在 visualqa.org 上获得。

推理引出了另一项同样具有挑战性且吸引人的任务——视觉常识推理(Visual Commonsense Reasoning,VCR)。当我们观察图像时,我们可以猜测情绪、行为,并对正在发生的事情做出假设。这样的任务对人们来说是相当容易的,甚至不需要刻意去思考就能做到。而 VCR 任务的目的就是建立能够执行该任务的模型。这些模型还应该能够解释或选择已经做出的逻辑推理的适当原因。图 7.3 显示了 VCR 数据集的示例。有关 VCR 数据集的更多详细信息,请访问 visualcommonsense.com。

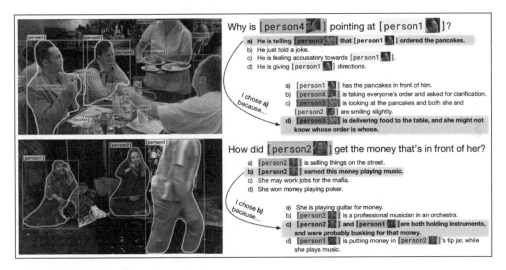

图 7.3　VCR 数据集的示例(来源:From Recognition to Cognition:
Visual Commonsense Reasoning by Zellers et al.)

到目前为止,我们已实现了图像到文本的转换。而反过来实现文本到图像的转换也是可能的,这同样是一个活跃的研究领域。在此任务中,图像或视频是使用 GANs 和其他生成架构从文本生成的。不妨想象一下,借助一本故事书,我们便可以直接生成其对应的漫画!这项特殊任务目前处于研究的前沿。

该领域的一个关键概念是视觉定位(visual grounding)。定位(grounding)能够将语言中的概念与现实世界联系起来。简单地说,它可以将文字与图片中对应的对象相匹配。通过将视觉和语言结合起来,我们可以将语言的概念和图像的各个部分结合起来。例如,将 basketball(篮球)一词映射到图像中看起来像篮球的东西,被称为视觉定位。除此之外,一些更抽象的概念也可以被定位。例如,一头矮象和一个矮人的测量值不同。定位为我们提供了一种了解模型学习的内容的方法,并帮助我们引导模型学习朝着正确的方向前进。

既然我们已经对视觉和语言任务有了一定的了解,下面让我们深入研究图像字幕任务。

7.2 图像字幕

图像字幕(image captioning)是通过句子描述图片内容。字幕有助于基于内容的图像检索和视觉搜索(content-based image retrieval and visual search)。我们已经讨论了图像字幕如何通过降低屏幕前读者总结图像内容的难度来提高网站的可访问性。字幕可以被视为对图像的总结。可以将该问题定义为图像总结问题,然后采用第 6 章中的 seq2seq 模型来解决该问题。在文本总结任务中,输入是文本内容的较长序列,输出则是较短的总结序列。而在图像字幕任务中,输出的格式类似于文本的总结。但如何将由像素组成的图像构造为一系列嵌入,并将其馈送到编码器中是一个重大的挑战。

其次,总结架构使用双向长短时记忆网络(Bi-directional Long Short-Term Memory networks,BiLSTMs),其基本原理是,彼此靠近的单词在意义上接近。BiLSTM 通过从两个方向查看输入序列并生成编码表示来利用这一特性。生成适用于编码器的图像表示需要一些思考。

用序列表示图像的最直接方案可能是将图像用像素列表表示。该方法中,大小为 28×28 像素的图像将转化为有 784 个令牌的序列。当令牌表示文本时,嵌入层会学习每个令牌的表示。如果该嵌入层的维数为 64,则每个令牌将由 64 维向量表示。该嵌入向量是在训练期间学习的。扩展我们使用像素作为令牌的类比,一个简单的解决方案是使用图像中像素的红/绿/蓝通道的值来生成三维嵌入。然而,训练这三个维度听起来并不是一种合乎逻辑的方法。更重要的是,像素以 2D 表示布局,而文本则以 1D 表示布局(见图 7.4)。

文本序列中,每个单词仅与其左右两侧的单词有关。而当像素按顺序排列时,像素的数据局部性便会遭到破坏,因为像素的内容与其周围的像素都相关,而不仅仅是与左右相邻像素有关。以下郁金香的超放大图像显示了这一想法。

数据局部性(data locality)和平移不变性(translation invariance)是图像的两个关键属性。平移不变性是指物体可以出现在图像中的不同点。在完全连接的模型中,模型将尝试学习对象的位置,以防止模型泛化。卷积神经网络(Convolutional Neural Networks,CNN)的专门架构可用于利用这些特性并从图像中提取信号。在高层次上,我们使用 CNN,特别是 ResNet50 架构,将图像转换为张量并提供给 seq2seq 架构。我们的模型将以最佳的方式结合 CNN 和 RNN,以处理 seq2seq 模型下的图像和文本部分。图 7.5 从非常高的层次显示了我们的架构。

对 CNN 的全面解释并不在本书的范围内,但我们将简要介绍其关键概念。此处将使用预先训练的 CNN 模型,因此并不需要对 CNN 进行深入研究。Packt 出版的第 3 版 *Python Machine Learning* 是了解学习 CNN 的优秀资源。

在第 6 章的文本总结中,我们构建了一个基于注意力的 seq2seq 模型。在本章

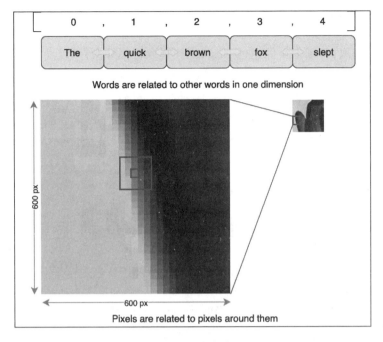

图 7.4　文本与图像中的数据位置

图 7.5　高级图像字幕模型架构

中,我们将构建 Transformer 模型。Transformer 模型目前是 NLP 的最新技术。Transformer 的编码器部分是 Bidirectional Encoder Representations from Transformers(BERT)架构的核心。Transformer 的解码器部分是 Generative Pre-trained Transformer(GPT)体系结构家族的核心。Transformer 架构在图像字幕问题方面有其特定优势。在 seq2seq 架构中,我们使用了 BiLSTM,试图通过共现来学习各种关系。在 Transformer 架构中,没有重复出现;相反,在输入之间完成位置编码和自我注意模型关系。这一变化使我们能够将经过处理的图像块作为输入,并学习图像块之间的关系。

 　实现图像字幕模型需要大量代码,因为我们将使用 ResNet50 和 Transformer 架构从 0 开始构建几个部分,如预处理图像。本章包含的代码比其他章节多得多。我们将用代码片段来突出代码中最重要的方面,而不是像我们目前所做的那样详细检查每一行代码。

构建模型的主要步骤如下:
① 下载数据:由于数据集很大,该环节相对耗时。

195

② 预处理字幕:由于字幕为 JSON 格式,因此要将其添加到 CSV 中,以便于处理。

③ 特征提取:将图像文件通过 ResNet50 提取特征并保存,以加快训练速度。

④ Transformer 训练:在处理后的数据上训练具有位置编码(positional encoding)、多头注意(multi-head attention)、编码器和解码器的全 Transformer 模型。

⑤ 推理:使用经过训练的模型对一些图像进行字幕标注。

⑥ 评估性能:使用双语评估替补(Bilingual Evaluation Understudy,BLEU)分数对训练模型和实际数据进行比较。

让我们从数据集开始。

7.3 用于图像字幕的 MS-COCO 数据集

微软于 2014 年发布了 Common Objects in Context 或 COCO 数据集。该数据集的所有版本都可以在 cocodataset.org 上找到。COCO 数据集是一个大型数据集,用于对象检测(object detection)、分割(segmentation)和字幕(captioning)以及其他注释。我们的重点将是对 2014 年的数据集进行训练和图像验证,其中每张图像有5 个字幕。训练集大约有 83K 个图像,验证集大约有 41K 个图像。训练和验证图像和字幕需要从 COCO 网站下载。

警告:训练图像数据集大约为 13 GB,而验证数据集超过 6 GB。图像文件的注释(包括标题)大小约为 214 MB。下载此数据集时,请小心您的互联网带宽使用成本以及一些潜在成本。

谷歌还发布了一个新的概念字幕数据集(https://ai.google.com/research/ConceptualCaptions.),包含超过 300 万张图像。大型数据集可以让深度模型更好地训练。此处有一个相关的比赛,您可以提交您的模型,与他人进行竞争。

考虑到下载文件内存较大,您可能希望使用最适合您的下载方式。如果 wget 在您的环境中可用,您可以使用它下载文件,如下所示:

```
$ wget http://images.cocodataset.org/zips/train2014.zip
$ wget http://images.cocodataset.org/zips/val2014.zip
$ wget http://images.cocodataset.org/annotations/annotations_
trainval2014.zip
```

请注意,训练集和验证集的注释位于一个压缩存档中。下载文件后,需要将其解压缩。每个压缩文件都创建自己的文件夹,并将内容放入其中。我们将创建一个名为 data 的文件夹,并将所有展开的内容移动到其中:

```
$ mkdir data
$ mv train2014 data/
$ mv val2014 data/
$ mv annotations data/
```

所有图像都在 train2014 或 val2014 文件夹中。数据初始预处理的代码在 data-download-preprocess.py 文件中。训练集和验证集图像的字幕可在 annotations 子文件夹内的 Captions_train2014.json 或 Captions_val2014.jsonjson 文件中找到。这两个文件的格式相似。文件有 4 个主键：信息（info）、图像（image）、许可证（license）和注释（annotation）。图像键包含每个图像的一条记录，以及有关大小、URL、名称和用于引用数据集中该图像的唯一 ID 的信息。字幕与字幕的唯一 ID 一起存储为图像 ID 和字幕文本的元组。我们使用 Python 的 json 模块读取和处理这些文件：

```python
valcaptions = json.load(open(
    './data/annotations/captions_val2014.json', 'r'))
trcaptions = json.load(open(
    './data/annotations/captions_train2014.json', 'r'))


# inspect the annotations
print(trcaptions.keys())


dict_keys(['info', 'images', 'licenses', 'annotations'])
```

我们的目标是生成一个包含两列的简单文件——一列为图像文件名，另一列则为该文件的标题。请注意，验证集包含训练集中一半的图像。Andrej Karpathy 和 Fei-Fei Li 在一篇题为 *Deep Visual-Semantic Alignment for Generating Image Descriptions* 的关于字幕的开创性论文中提出，在从验证集保留 5 000 幅图像进行测试后，对所有训练和验证图像进行训练。我们将遵循这种方法，将图像名称和 ID 处理到字典中：

```python
prefix = "./data/"
val_prefix = prefix + 'val2014/'
train_prefix = prefix + 'train2014/'


# training images
trimages = {x['id']: x['file_name'] for x in trcaptions['images']}

# validation images
# take all images from validation except 5k - karpathy split
valset = len(valcaptions['images']) - 5000 # leave last 5k
valimages = {x['id']: x['file_name'] for x in valcaptions['images']}
```

```
[:valset]}

truevalimg = {x['id']: x['file_name'] for x in valcaptions['images']
[valset:]}
```

由于每个图像都有 5 个字幕,因此验证集不能基于字幕进行拆分;否则,数据将从训练集泄漏到验证集/测试集。在前面的代码中,我们为验证集保留了最后 5K 个图像。

现在,让我们看一下训练和验证图像的字幕,并创建一个组合列表。我们将创建空列表来存储图像路径和字幕的元组:

```
# we flatten to (caption, image_path) structure
data = list()
errors = list()
validation = list()
```

接下来,我们将处理所有训练字幕:

```
for item in trcaptions['annotations']:
    if int(item['image_id']) in trimages:
        fpath = train_prefix + trimages[int(item['image_id'])]
        caption = item['caption']
        data.append((caption, fpath))
    else:
        errors.append(item)
```

对于验证字幕,逻辑类似,但我们需要确保已保留的图像不包含任何字幕:

```
for item in valcaptions['annotations']:
    caption = item['caption']
    if int(item['image_id']) in valimages:
        fpath = val_prefix + valimages[int(item['image_id'])]
        data.append((caption, fpath))
    elif int(item['image_id']) in truevalimg: # reserved
        fpath = val_prefix + truevalimg[int(item['image_id'])]
        validation.append((caption, fpath))
    else:
        errors.append(item)
```

如果遇到错误,可能是由于下载损坏或解压缩文件时出错。训练数据集被洗牌以帮助训练。最后,两个 CSV 文件与训练和测试数据保持一致:

```
# persist for future use
with open(prefix + 'data.csv', 'w') as file:
```

```
    writer = csv.writer(file, quoting = csv.QUOTE_ALL)
    writer.writerows(data)

# persist for future use
with open(prefix + 'validation.csv', 'w') as file:
    writer = csv.writer(file, quoting = csv.QUOTE_ALL)
    writer.writerows(validation)

print("TRAINING: Total Number of Captions: {}, Total Number of Images:
{}".format(
    len(data), len(trimages) + len(valimages)))

print("VALIDATION/TESTING: Total Number of Captions: {}, Total Number
of Images: {}".format(
    len(validation), len(truevalimg)))

print("Errors: ", errors)
```

TRAINING: Total Number of Captions: 591751, Total Number of Images:
118287
VALIDATION/TESTING: Total Number of Captions: 25016, Total Number of
Images: 5000
Errors: []

此时,数据下载和预处理阶段已完成。下一步是使用 ResNet50 预处理所有图像以提取特征。在编写代码之前,我们将绕道一小段,看看 CNN 和 ResNet 架构。如果您已经熟悉 CNN,您可以跳到代码部分。

7.4　用 CNNs 和 ResNet50 进行图像处理

在深度学习的世界中,已经开发了特定的架构来处理特定的模式。CNN 在处理图像方面非常成功,是 CV 任务的标准架构。使用预训练模型从图像中提取特征的一个优秀的心理模型是使用预训练的词嵌入,如文本的 GloVe。在这种特殊情况下,我们使用一种称为 ResNet50 的特定架构。虽然 CNN 的全面处理不在本书的范围,但本节将提供 CNN 和 ResNet 的简要概述。如果您已经熟悉这些概念,可以跳到 7.5 节。

CNNs

CNN 是一种架构,旨在学习与图像识别相关的以下关键属性:
- 数据位置(data locality):图像中的像素与其周围的像素高度相关。

- 平移不变性(translation invariance):目标对象,例如鸟,可能出现在图像中的不同位置。模型应该能够识别对象,而不管对象在图像中处在何种位置。
- 比例不变性(scale invariance):目标对象尺寸大小可能不定,具体取决于缩放。理想情况下,模型应该能够识别图像中的目标对象,而不受其尺寸影响。

卷积(convolution)和池层(pooling layers)是帮助 CNN 从图像中提取特征的关键组件。

(1) 卷 积

卷积是一种数学运算,通过滤波器(filter)对获取的图像块进行扫描。滤波器是一个矩阵,通常为正方形,常用尺寸为 3×3、5×5 和 7×7。图 7.6 显示了应用于 5×5 图像的 3×3 卷积矩阵的示例。图像块从左到右,从上到下扫描。此图像块每一步移动的像素数称为步长。若在水平和垂直方向上的步长为 1,则将 5×5 图像缩小为 3×3 图像。

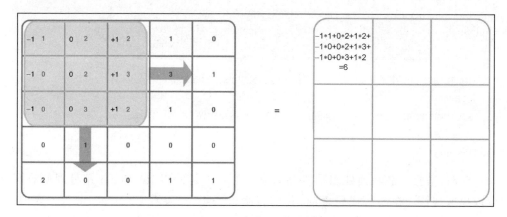

图 7.6 卷积运算示例

此处应用的特定滤波器是边缘检测滤波器(edge detection filter)。在 CNN 出现之前,CV 严重依赖手动滤波器。Sobel 滤波器是用于边缘检测的特殊滤波器的示例。convolution-example.ipynb 笔记本提供了使用 Sobel 滤波器检测边缘的示例。代码非常简单,导入后,加载图像文件并将其转换为灰度图像。

```
tulip = Image.open("chap7 - tulip.jpg")

# convert to gray scale image
tulip_grey = tulip.convert('L')
tulip_ar = np.array(tulip_grey)
```

接下来,我们定义 Sobel 滤波器并对图像应用 Sobel 滤波器:

```
# Sobel Filter
kernel_1 = np.array([[1, 0, -1],
```

```
                        [2, 0, -2],
                        [1, 0, -1]])                    # Vertical edge
kernel_2 = np.array([[1, 2, 1],
                      [0, 0, 0],
                      [-1, -2, -1]])                    # Horizontal edge
out1 = convolve2d(tulip_ar, kernel_1)                   # vertical filter
out2 = convolve2d(tulip_ar, kernel_2)                   # horizontal filter
# Create a composite image from the two edge detectors
out3 = np.sqrt(out1**2 + out2**2)
```

原始图像和中间版本如图 7.7 所示。

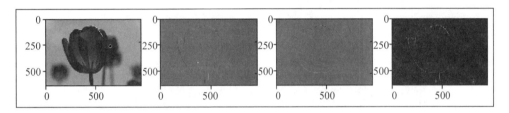

图 7.7　使用 Sobel 滤波器的边缘检测

　　该滤波器的构建过程非常乏味。然而,CNN 可以通过将滤波器矩阵视为可学习参数来进行大量的学习。CNN 通常通过数百或数千个这样的滤波器(称为通道)传递图像,并将它们堆叠在一起。可以认为每个滤波器负责检测不同的特定特征,如垂直线、水平线、圆弧、圆、梯形等。然而,当将多个这样的层放在一起时,便会产生神奇的现象。堆叠多层会导致学习分层表示(learning hierarchical representations)。直观理解这一概念的话,不妨想象一下,早期的层负责学习简单的形状,如直线和圆弧;中间层则学习圆形和六边形;而顶层负责学习复杂的对象,如停车标志和方向盘。卷积运算(convolution operation)是利用数据局部性和提取特征以实现翻译不变性的关键创新。

　　这种分层最终会导致通过模型流动的数据量增加。池化(pooling)是一种有助于减少流动数据的维度并进一步突出这些特征的操作。

(2) 池　化

　　一旦计算了来自卷积运算的值,就可对图块应用池化,以进一步集中图像中的信号。最常见的池化形式称为最大池化(max pooling),如图 7.8 所示。这很简单,只需在修补程序中取最大值即可。

　　图 7.8 显示了非重叠 2×2 图块上的最大池化。

　　另一种汇集的方法是平均这些值。池化在降低复杂性和计算负载的同时,也在一定程度上帮助实现了比例不变性。然而,这样的模型有可能会过拟合,不能很好地推广。dropout 是一种有助于正则化的技术,有助于此类模型的泛化。

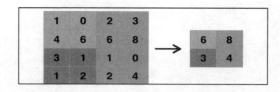

图 7.8　最大池化操作

(3) 基于 dropout 的正则化

我们在前几章中使用了 dropout、LSTM 和 BiLSTM 设置。dropout 背后的核心思想如图 7.9 所示。

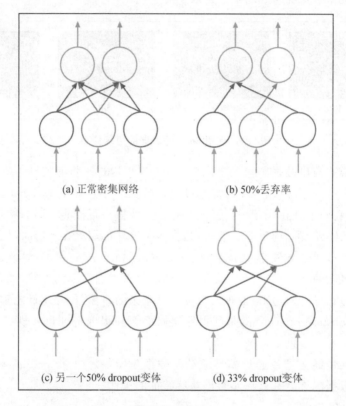

(a) 正常密集网络　　　　　　　(b) 50%丢弃率

(c) 另一个50% dropout变体　　　(d) 33% dropout变体

图 7.9　dropout

不是将模型的较低层的每个单元连接到下一个较高层中的每个单元,而是在训练期间随机丢弃一些连接。输入仅在训练期间被丢弃。由于与测试/推理时间 (test/inference time) 相比,丢弃输入减少了到达节点的总输入,因此输入按丢弃比例增加,以维持总输入的相对大小不变。在训练期间丢弃一些输入使得模型不能依赖于特定输入的存在,迫使模型加深对于每个输入的学习。这有助于网络建立对缺失的输入的恢复能力,从而有助于推广模型。

这些技术的结合有助于所建立的网络的不断深化。随着网络越来越深化,出现的一个挑战是,来自输入的信号在更高层变得非常小。剩余连接(residual connections)是一种有助于解决此问题的技术。

(4) 剩余连接和 ResNets

直觉表明,层数越多,性能越好。较深的网络具有更大的模型容量,相较于较浅的网络,它应该能够建模更复杂的分布。随着建立模型的深度不断加深,会观察到模型精度的下降。由于训练数据上同样出现了精度下降的情况,因此可以排除过拟合的可能。当输入通过越来越多的层时,优化器很难将梯度调整到模型中学习受损的点。Kaiming He 和他的合作者在他们的开创性论文 *Deep Residual Learning for Image Recognition* 中发表了 ResNet 架构。

在理解 ResNet 之前,我们必须理解剩余连接(residual connections)。剩余连接的核心概念如图 7.10 所示。在规则密集层中,输入首先乘以权重。然后,添加偏置,这是线性操作。输出通过激活函数传递,如 ReLU,它在层中引入非线性。激活函数的输出是层的最终输出。

然而,剩余连接在线性计算和激活函数之间引入了求和,如图 7.10 右侧所示。

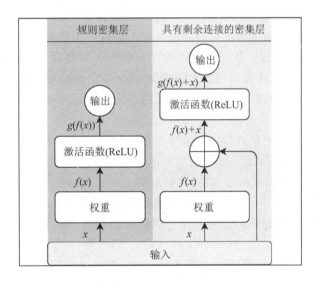

图 7.10　概念性剩余连接

请注意,图 7.10 仅用于说明剩余连接背后的核心概念。在 ResNets 中,多个块之间进行剩余连接。图 7.11 显示了 ResNet50 的基本构建块,也称为瓶颈设计(bottleneck design)。之所以叫作瓶颈设计是因为 1×1 卷积块在将输入传递到 3×3 卷积块之前减少了输入的维数。最后一个 1×1 卷积块为下一层再次缩放输入。

ResNet50 由几个这样的块彼此叠置而成。有 4 个组,每个组由 3~7 个这样的块组成。Sergey Ioffe 和 Christian Szegedy 在 2015 年发表的题为 *Batch Normali-*

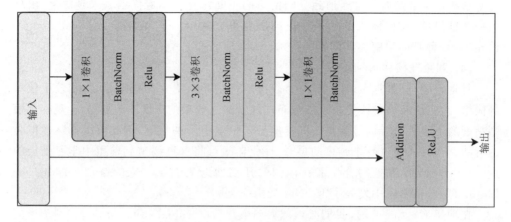

图 7.11　ResNet50 基本构建块

zation:*Accelerating Deep Network Training By Reducing Internal Covariate Shift*（批处理规范化:通过减少内部协变量偏移加速深度网络训练）的论文中提出了 BatchNorm（或 batch normalization）（批处理规范化）。批处理规范化旨在减少从一层输入到下一层输出的方差。通过减少这种方差,BatchNorm 的作用类似于 L2 正则化的作用（通过将权重大小的惩罚添加到成本函数中来实现同样的效果）。Batch-Norm 的主要动机是通过大量层来高效地反向传播梯度更新,同时最小化该更新可能导致的分歧的风险。在随机梯度下降中,假设一层的输出不影响任何其他层,梯度用于同时更新所有层的权重。然而,该假设并不完全适用所有情况。对于一个 n 层网络,该计算需要 n 阶梯度,这是很困难的。取而代之的是,使用批处理规范,一次处理一个小批,并使用更新的约束来减少权重分布中的这种不必要的偏移。批处理规范通过在输出被馈送到下一层之前对输出进行归一化来实现这一点。

　　ResNet50 的最后两层是密集层,将最后一个块的输出按对象类别进行分类。全面覆盖 ResNet 是一项艰巨的任务,但希望本期 CNN 和 ResNet 速成课程能为您提供足够的背景知识,了解它们如何工作。我们鼓励您阅读参考论文和 Packt 发布的 *Deep Learning with TensorFlow 2 and Keras* 第 2 版,以了解该主题的详细处理。幸运的是,TensorFlow 提供了一个预训练的 ResNet50 模型,可以随时使用。在下一节中,我们将使用这个预训练的 ResNet50 模型来提取图像特征。

7.5　用 ResNet50 提取图像特征

　　ResNet50 模型在 ImageNet 数据集上进行训练。该数据集包含超过 20 000 个类别的数百万张图像。大型视觉识别挑战（ILSVRC）,集中于前 1 000 个类别,供模型在识别图像方面进行竞争。因此,执行分类的 ResNet50 的顶层具有 1 000 的维度。使用预训练的 ResNet50 模型背后的思想是,它已经能够解析出在图像字幕中可能有用的对象。

tensorflow. keras. applications 程序包提供了预训练模型,如 ResNet50。在编写本文时,提供的所有预训练模型都与 CV 相关。加载预训练模型非常容易。本节的所有代码都在 GitHub 上的 feature-extraction. py 文件中。使用单独的文件使我们能够将特征提取作为脚本运行。

考虑到我们将处理超过 100 000 张图像,这个过程可能需要一段时间。CNN 在计算中大大受益于 GPU。现在让我们进入代码。首先,必须为我们在第 6 章中使用 JSON 注释创建的 CSV 文件设置路径。

```
prefix = './data/'
save_prefix = prefix + "features/" # for storing prefixes
annot = prefix + 'data.csv'
# load the pre - processed file
inputs = pd. read_csv(annot, header = None, names = ["caption", "image"])
```

ResNet50 要求图像为 224×224 像素,具有 3 个通道。来自 COCO 集合的输入图像具有不同的大小。因此,我们必须将输入文件转换为 ResNet 训练所需的标准形式:

```
# We are going to use the last residual block of
# the ResNet50 architecture
# which has dimension 7x7x2048 and store into individual file
def load_image(image_path, size = (224, 224)):
    # pre - processes images for ResNet50 in batches
    image = tf. io. read_file(image_path)
    image = tf. io. decode_jpeg(image, channels = 3)
    image = tf. image. resize(image, size)
    image = preprocess_input(image) # from keras. applications. ResNet50
    return image, image_path
```

代码突出显示的部分显示了 ResNet50 包提供的特殊预处理功能。输入图像中的像素通过 decode_jpeg()函数加载到阵列中。对于每个颜色通道,每个像素具有介于 0~255 之间的值。preprocess_input()函数对像素值进行规范化,使其平均值为 0。由于每个输入图像都有 5 个字幕,我们应该只处理数据集中的唯一图像。

```
uniq_images = sorted(inputs['image']. unique())
print("Unique images: ", len(uniq_images)) # 118,287 images
```

接下来,我们必须将数据集转换为 tf. dat. Dataset,使用之前定义的方便函数,更容易批处理和处理输入文件:

```
image_dataset = tf.data.Dataset.from_tensor_slices(uniq_images)
image_dataset = image_dataset.map(
    load_image, num_parallel_calls = tf.data.experimental.AUTOTUNE).
batch(16)
```

为了有效地处理和生成特征,我们必须一次处理 16 个图像文件。下一步是加载预训练的 ResNet50 模型。

```
rs50 = tf.keras.applications.ResNet50(
    include_top = False,
    weights = "imagenet",
    input_shape = (224, 224, 3)
)

new_input = rs50.input
hidden_layer = rs50.layers[ - 1].output

features_extract = tf.keras.Model(new_input, hidden_layer)
features_extract.summary()
```

```
_____
Layer (type)                    Output Shape           Param #
Connected to
=================================================================
input_1 (InputLayer)            [(None, 224, 224, 3)   0

_____
<CONV BLOCK 1>

_____
<CONV BLOCK 2>

_____
<CONV BLOCK 3>

_____
<CONV BLOCK 4>

_____
<CONV BLOCK 5>
=================================================================
Total params: 23,587,712
Trainable params: 23,534,592
Non - trainable params: 53,120

_____
```

为简洁起见,前面的输出已缩写。该模型包含超过 2 300 万个可训练参数。我们不需要顶级分类层,因为我们使用模型进行特征提取。我们定义了一个具有输入和输出层的新模型。这里，从最后一层获取输出。可以通过改变 hidden_layer 变量的定义，从 ResNet 的不同部分获取输出。事实上，该变量可以是层列表，在这种情况下，features_extract 模型的输出将是列表中每个层的输出。

接下来，必须设置一个目录来存储提取的特征。

```
save_prefix = prefix + "features/"
try:
    # Create this directory
    os.mkdir(save_prefix)
except FileExistsError:
    pass # Directory already exists
```

特征提取模型可以处理成批图像并预测输出。每个图像的输出都是 2 048 个 7×7 像素的图块。如果提供了一批 16 幅图像，则模型的输出将是维度为[16,7,7, 2 048]的张量。我们将每个图像文件的特征存储为一个单独的文件，同时关注 [492 048]的维度。现在，每个图像都已被转换为 49 个像素的序列，嵌入大小为 2 048。以下代码执行此操作：

```
for img, path in tqdm(image_dataset):
    batch_features = features_extract(img)
    batch_features = tf.reshape(batch_features,
                                (batch_features.shape[0], -1,
                                 batch_features.shape[3]))
for feat, p in zip(batch_features, path):
    filepath = p.numpy().decode("utf-8")
    filepath = save_prefix + filepath.split('/')[-1][:-3] + "npy"
    np.save(filepath, feat.numpy())

print("Images saved as npy files")
```

该操作所需时间取决于您的计算环境。在 RTX 2070 GPU 的 UbuntuLinux 机器上，该操作需大约 23 min。

数据预处理的最后一步是训练子字编码器(subword encoder)。这一部分您应该非常熟悉，因为它与我们在前几章中所做的相同。

```
# Now, read the labels and create a subword tokenizer with it
# ~8K vocab size
cap_tokenizer = tfds.features.text.SubwordTextEncoder.build_from_
corpus(
    inputs['caption'].map(lambda x: x.lower().strip()).tolist(),
    target_vocab_size = 2 ** 13, reserved_tokens = [' <s> ', ' </s> '])
cap_tokenizer.save_to_file("captions")
```

请注意,此处我们使用了第 5 章中使用过的用两个特殊的令牌来表示序列的开始和结束的技术。在这里,我们使用了一种稍微不同的方法来实现相同的技术,以展示如何以不同的方式实现相同的目标。

完成了预处理和特征提取后,下一步是定义 Transformer 模型。然后,我们将准备好训练模型。

7.6 Transformer 模型

Transformer 模型我们已在第 4 章中进行了讨论。Transformer 模型受 seq2seq 模型的启发,具有编码器和解码器两部分。由于 Transformer 模型不依赖 RNN,输入序列需要使用位置编码进行注释,这允许模型了解输入之间的关系。消除重复会大大提高模型的速度,同时减少内存占用。Transformer 模型的这一创新使得建立 BERT 和 GPT−3 等大型模型成为可能。Transformer 模型的编码器部分如第 4 章所示,完整 Transformer 模型如第 5 章所示。我们将从完整 Transformer 的修改版本开始。具体来说,我们将修改 Transformer 的编码器部分,以创建一个视觉编码器 (visual encoder),它将图像数据作为输入,而不是文本序列。此外还需要进行一些其他小的修改,以适应输入的图像。我们将要构建的 Transformer 模型如图 7.12 所示。这里的主要区别是输入序列的编码方式。在文本的情况下,我们将使用子字编码器令牌化文本,并将其传递到嵌入层,这是可训练的。

随着训练的进行,令牌的嵌入同步被学习。在图像字幕的情况下,我们将图像预处理为 49 个像素的序列,每个像素的"嵌入"大小为 2 048。这实际上简化了填充输入。所有图像都经过预处理,因此它们的长度相同,不需要填充和屏蔽输入。

构建 Transformer 模型需要实现以下代码:
- 输入的位置编码,以及输入和输出掩码。我们的输入是固定长度的,但输出和字幕是可变长度的。
- 缩放点积注意力(scaled dot-product attention)和多头注意力(multi-head attention),使编码器和解码器能够专注于数据的特定方面。
- 由多个重复块组成的编码器。
- 解码器,通过其重复块使用编码器的输出。

Transformer 的代码取自 TensorFlow 教程 *Transformer model for language understanding*。我们将以此代码为基础,并将其用于图像字幕用例。Transformer 架构的一个优点是,如果我们可以将问题转换为序列到序列问题,那么就可以应用 Transformer 模型。在具体实现过程中,我们将突出代码的要点。请注意,本节的代码在 visual_transformer.py 文件中。

实现完整的 Transformer 模型确实需要一些代码。如果您已经熟悉 Transformer 模型,或者只想知道我们的模型与标准 Transformer 的不同之处,请关注

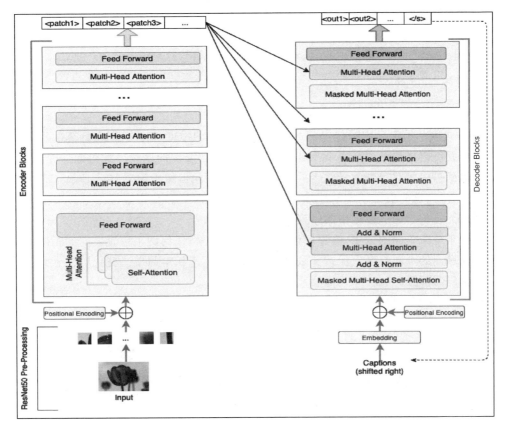

图 7.12　带视觉编码器的 Transformer 模型

7.6.1 小节和 7.6.3 小节。您可以在空闲时阅读其余部分。

7.6.1　位置编码和掩码

Transformer 模型不使用 RNN,使得其能够在一步中计算所有输出,从而显著提高速度,并学习长输入之间的依赖关系。然而,它的代价是模型无法知道相邻单词或令牌之间的关系。位置编码向量具有令牌的奇数和偶数位置的值,以帮助模型学习输入位置之间的关系,有助于补偿令牌排序信息的缺乏。

 　　　　嵌入有助于在嵌入空间中放置意义相似的令牌。位置编码根据令牌在句子中的位置使令牌彼此更接近。总而言之,嵌入和位置编码相当好用。

图像字幕的生成对于字幕很重要。从技术上讲,我们不需要为图像输入提供这些位置编码,因为 ResNet50 应该已经生成了适当的图块。然而,位置编码也可以用于输入。位置编码适用于偶数位置的 sin 函数和奇数位置的 cos 函数。计算位置编

码的公式如下:

$$PE_{pos} = \begin{cases} \sin(w_i \cdot pos), & i = 2k \\ \cos(w_i \cdot pos), & i = 2k+1 \end{cases}$$

这里,w_i 定义如下:

$$w_i = \frac{1}{1\,000^{2k/d\_model}}$$

式中,pos 表示给定令牌的位置,d_model 表示嵌入的维度,i 表示正在计算的特定维度。位置编码过程产生与每个令牌的嵌入具有相同维度的向量。此处有一个问题,从一侧到另一侧对令牌编号是否就已足够?结果表明,位置编码算法必须具有一些特征。首先,这些值必须容易地推广到可变长度的序列。使用直接编号方案使得输入序列无法长于训练数据中的序列。

对于每个令牌的位置,输出应该是唯一的。此外,任何两个位置之间的距离都应在输入序列的不同长度上保持一致。该公式实施起来相对简单。此代码位于文件的位置编码器部分。

首先,我们必须计算角度(angle),如前面的 w_i 公式所示,编码如下:

```
def get_angles(pos, i, d_model):
    angle_rates = 1 / np.power(10000, (2 * (i // 2)) / np.float32(d_
model))
    return pos * angle_rates
```

然后,计算位置编码的向量:

```
def positional_encoding(position, d_model):
    angle_rads = get_angles(np.arange(position)[:, np.newaxis],
                            np.arange(d_model)[np.newaxis, :],
                            d_model)

    # apply sin to even indices in the array; 2i
    angle_rads[:, 0::2] = np.sin(angle_rads[:, 0::2])

    # apply cos to odd indices in the array; 2i + 1
    angle_rads[:, 1::2] = np.cos(angle_rads[:, 1::2])

    pos_encoding = angle_rads[np.newaxis, ...]

    return tf.cast(pos_encoding, dtype = tf.float32)
```

下一步是计算输入和输出的掩码。让我们关注一下解码器。由于我们不使用RNN,所以整个输出一次馈给解码器。然而,我们不希望解码器查看来自未来时间步长的数据。因此,必须屏蔽输出。就编码器而言,如果输入填充到规定长度,则需要屏蔽。然而,在我们的情况下,输入总是精确的长度,为 49。因此,掩码是一个固定的全 1 向量。

```
def create_padding_mask(seq):
    seq = tf.cast(tf.math.equal(seq, 0), tf.float32)


    # add extra dimensions to add the padding
    # to the attention logits.
    return seq[:, tf.newaxis, tf.newaxis, :]
    # (batch_size, 1, 1, seq_len)


# while decoding, we dont have recurrence and dont want Decoder
# to see tokens from the future

def create_look_ahead_mask(size):
    mask = 1 - tf.linalg.band_part(tf.ones((size, size)), -1, 0)
    return mask # (seq_len, seq_len)
```

如果输入被填充,则第一种方法用于屏蔽输入。为了完整起见,此处包含了这个方法,但是您将在后面看到我们传递了一系列别的方法。因此,此处该方法仅仅重塑了屏蔽的形状。第二屏蔽函数用于屏蔽解码器输入,防止其查看未来步长的数据。

传输编码器和解码器的层采用特定的注意力形式。这是架构的基本构建块,将在下一步实现。

7.6.2　缩放点积与多头注意力

注意力函数的目的是将查询向量(query vector)与一组键值对(key-value pairs)进行匹配。输出是由查询向量和键之间的对应关系加权的值的总和。多头注意力(multi-head attention)学习多种方法来计算缩放点积注意力(scaled dot-product attention),并将其组合。

通过将查询向量乘以关键向量(key vector)来计算缩放点积注意力。该乘积按查询(query)和键(key)的维度的平方根进行缩放。注意,该公式假设键向量和查询向量具有相同的维度。实际上,查询、键和值向量(value vector)的维度都设置为嵌入的大小。

这在位置编码中被称为 dmodel。在计算关键向量和查询向量的缩放乘积之后,应用 softmax,并将 softmax 的结果乘以值向量。掩码用于屏蔽查询和键的乘积。

```
def scaled_dot_product_attention(q, k, v, mask):
    # (..., seq_len_q, seq_len_k)
    matmul_qk = tf.matmul(q, k, transpose_b = True)
```

```
# scale matmul_qk
dk = tf.cast(tf.shape(k)[-1], tf.float32)
scaled_attention_logits = matmul_qk / tf.math.sqrt(dk)

# add the mask to the scaled tensor.
if mask is not None：
    scaled_attention_logits += (mask * -1e9)

# softmax is normalized on the last axis (seq_len_k)
# so that the scores
# add up to 1.
attention_weights = tf.nn.softmax(
                    scaled_attention_logits,
                    axis=-1)  # (..., seq_len_q, seq_len_k)
output = tf.matmul(attention_weights, v)
# (..., seq_len_q, depth_v)

return output, attention_weights
```

多头注意力将来自多个缩放点积注意单元的输出连接起来，并将其通过线性层。嵌入输入的维数除以头数，以计算键和值向量的维数。多头注意力被实现为自定义层。首先，我们必须创建构造函数：

```
class MultiHeadAttention(tf.keras.layers.Layer):
    def __init__(self, d_model, num_heads):
        super(MultiHeadAttention, self).__init__()
        self.num_heads = num_heads
        self.d_model = d_model

        assert d_model % self.num_heads == 0
        self.depth = d_model // self.num_heads

        self.wq = tf.keras.layers.Dense(d_model)
        self.wk = tf.keras.layers.Dense(d_model)
        self.wv = tf.keras.layers.Dense(d_model)

        self.dense = tf.keras.layers.Dense(d_model)
```

请注意突出显示的 assert 语句。当 Transformer 模型被实例化时，选择一些参数是至关重要的，以使头部的数量完全划分模型大小或嵌入维度。该层的主要计算在 call() 函数中：

```
def call(self, v, k, q, mask):
    batch_size = tf.shape(q)[0]

    q = self.wq(q)  #(batch_size, seq_len, d_model)
    k = self.wk(k)  #(batch_size, seq_len, d_model)
    v = self.wv(v)  #(batch_size, seq_len, d_model)

    # (batch_size, num_heads, seq_len_q, depth)
    q = self.split_heads(q, batch_size)
    # (batch_size, num_heads, seq_len_k, depth)
    k = self.split_heads(k, batch_size)
    # (batch_size, num_heads, seq_len_v, depth)
    v = self.split_heads(v, batch_size)

    # scaled_attention.shape == (batch_size, num_heads,
    # seq_len_q, depth)
    # attention_weights.shape == (batch_size, num_heads,
    # seq_len_q, seq_len_k)
    scaled_attention, attention_weights = scaled_dot_product_
attention(q, k, v, mask)

    # (batch_size, seq_len_q, num_heads, depth)
    scaled_attention = tf.transpose(scaled_attention,
                                        perm=[0, 2, 1, 3])
    concat_attention = tf.reshape(scaled_attention,
                                    (batch_size, -1,
                            self.d_model))
    # (batch_size, seq_len_q, d_model)
    # (batch_size, seq_len_q, d_model)
    output = self.dense(concat_attention)

    return output, attention_weights
```

突出显示的三行展示了如何将向量拆分为多个头部。split_ heads()定义如下：

```
def split_heads(self, x, batch_size):
    """Split the last dimension into (num_heads, depth).
    Transpose the result such that the shape is (batch_size,
    num_heads, seq_len, depth)
    """
    x = tf.reshape(x, (batch_size, -1,
self.num_heads, self.depth))
```

```
    return tf.transpose(x, perm = [0, 2, 1, 3])
```

这就实现了多头注意力。此处是 Transformer 模型的关键部分。密集层周围有一个小细节,用于聚合多头注意力的输出:

```
def point_wise_feed_forward_network(d_model, dff):
    return tf.keras.Sequential([
        # (batch_size, seq_len, dff)
        tf.keras.layers.Dense(dff, activation = 'relu'),
        tf.keras.layers.Dense(d_model)
        # (batch_size, seq_len, d_model)
    ])
```

到目前为止,我们已经研究了以下用于指定 Transformer 模式的参数:
- dmodel:用于嵌入的大小和输入的主要流量;
- dff:是前馈部分中中间密集层的输出的大小;
- h:指定多头注意力的头数。

接下来,我们将修改视觉编码器(visual encoder)以适应输入的图像。

7.6.3 视觉编码器

4.3.3"Transformer 模型"小节的图显示了编码器的结构。编码器使用位置编码和掩码处理输入,然后将它们传输到通过多头注意力和前馈块的堆栈。该实现不同于 TensorFlow 教程,因为教程中的输入是文本。在我们的例子中,我们传递了 49×2 048 个矢量,这些矢量是通过将图像传递给 ResNet50 生成的。其主要的区别在于如何处理输入。VisualEncoder 构建为一个层,允许合成到最终的 Transformer 模型中:

```
class VisualEncoder(tf.keras.layers.Layer):
    def __init__(self, num_layers, d_model, num_heads, dff,
                 maximum_position_encoding = 49, dropout_rate = 0.1,
                 use_pe = True):
        # we have 7x7 images from ResNet50,
        # and each pixel is an input token
        # which has been embedded into 2048 dimensions by ResNet
        super(VisualEncoder, self).__init__()

        self.d_model = d_model
        self.num_layers = num_layers

        # FC layer replaces embedding layer in traditional encoder
        # this FC layers takes 49x2048 image
```

```
# and projects into model dims
self.fc = tf.keras.layers.Dense(d_model, activation = 'relu')
self.pos_encoding = positional_encoding(
                                    maximum_position_encoding,
                            self.d_model)


self.enc_layers = [EncoderLayer(d_model, num_heads,
                                dff, dropout_rate)
                    for _ in range(num_layers)]
self.dropout = tf.keras.layers.Dropout(dropout_rate)


self.use_pe = use_pe
```

　　构造函数如下所示。此处引入了一个表明层数的新参数。最初的论文中使用了
6 层,dmodel 值为 512,8 个多关注头,2 048 作为中间前馈输出的大小。注意前面代
码中突出显示的行。预处理图像的尺寸可以根据从中提取输出的 ResNet50 的层而
变化。我们将输入通过密集层 fc 传递到模型。这允许我们使用不同的模型进行实
验,以预处理图像,如 VGG19 或 Inception,而不改变架构。

　　此外,最大位置编码被硬编码为 49(ResNet50 模型输出的维度)。最后,添加一
个用以控制视觉编码器中位置编码开闭的标志。可以尝试在输入中分别开、闭位置
编码的训练模型,以检查位置编码对于学习的作用。

　　VisualEncoder 由多个多头注意力和前馈块组成。我们可以利用便利类 En-
coderLayer 定义一个这样的块。基于输入参数创建这些块的堆栈。我们将立即检查
编码器层的内部结构。首先,让我们看看输入如何通过 VisualEncoder。call()函数
用于为给定输入生成输出:

```
def call(self, x, training, mask):
    # all inp image sequences are always 49, so mask not needed
    seq_len = tf.shape(x)[1]

    # adding embedding and position encoding.
    # input size should be batch_size, 49, 2048)
    # output dims should be (batch_size, 49, d_model)
    x = self.fc(x)
    # scaled dot product attention
    x *= tf.math.sqrt(tf.cast(self.d_model, tf.float32))
    if self.use_pe:
        x += self.pos_encoding[:, :seq_len, :]

    x = self.dropout(x, training = training)
```

```
        for i in range(self.num_layers):
            x = self.enc_layers[i](
                x, training, mask) # mask shouldnt be needed

        return x # (batch_size, 49, d_model)
```

由于之前定义的抽象,该代码相当简单。注意使用训练标志打开或关闭 drop-out 层。现在,让我们看看编码器层是如何定义的。每个编码器构建由两个子块组成。第一个子块通过多头注意力传递输入,而第二个子块通过 2 层前馈层传递第一个子块的输出:

```
class EncoderLayer(tf.keras.layers.Layer):
    def __init__(self, d_model, num_heads, dff, rate = 0.1):
        super(EncoderLayer, self).__init__()

        self.mha = MultiHeadAttention(d_model, num_heads)
        self.ffn = point_wise_feed_forward_network(d_model, dff)

        self.layernorm1 = tf.keras.layers.LayerNormalization(
                                                epsilon = 1e - 6)
        self.layernorm2 = tf.keras.layers.LayerNormalization(
                                                epsilon = 1e - 6)

        self.dropout1 = tf.keras.layers.Dropout(rate)
        self.dropout2 = tf.keras.layers.Dropout(rate)

    def call(self, x, training, mask):
        # (batch_size, input_seq_len, d_model)
        attn_output, _ = self.mha(x, x, x, mask)
        attn_output = self.dropout1(attn_output,
                                        training = training)
        # (batch_size, input_seq_len, d_model)
        out1 = self.layernorm1(x + attn_output) # Residual connection

        # (batch_size, input_seq_len, d_model)
        ffn_output = self.ffn(out1)
        ffn_output = self.dropout2(ffn_output, training = training)
        # (batch_size, input_seq_len, d_model)
        out2 = self.layernorm2(out1 + ffn_output) # Residual conx

        return out2
```

第 7 章　基于 ResNets 和 Transformer Networks 的多模式网络和图像字幕

先在每一层中计算多头注意力的输出,并将其传递给 dropout 层。剩余连接
(residual connection)将输出和输入之和通过 LayerNorman 传递。该块的第二部分
将第一层的输出通过前馈层和另一个 dropout 层传递。

同样,剩余连接将前馈部分的输出和输入组合在一起,然后再通过 LayerNor-
man。请注意在 Transformer 架构中为 CV 开发的 dropout 层和剩余连接的使用。

层规范化或层规范

LayerNorm 于 2016 年在一篇同名论文中被提出,作为 RNN 的
BatchNorm 的替代方案。如 CNN 部分所述,BatchNorm 规范化了整个
批次的输出。但是在 RNN 的情况下,序列可以是可变长度的。规范化需
要不同的公式来处理可变序列长度。LayerNorm 规范化给定层中所有隐
藏单元。它与批量大小无关,并且规范化对于给定层中的所有单元都是
相同的。LayerNorm 可显著加快 seq2seq 特征模型的训练和收敛速度。

有了 VisualEncoder,我们已经准备好实现解码器,然后再将所有这些整合到完
整的 Transformer 模型中。

7.6.4　解码器

解码器和编码器一样由块组成。然而,解码器的每个块包含三个子块,如 4.3.3
小节"Transformer 模型"中的图 4.6 所示。有一个屏蔽的多头注意力子块(masked
multi-head attention sub-block),后面是多头注意力块(multi-head attention block),
最后是前馈子块(feed-forward sub-block)。前馈子块与编码器子块(encoder sub-
block)相同。我们必须定义一个可以堆叠的解码器层来构建解码器。此处显示了其
构造函数:

```
class DecoderLayer(tf.keras.layers.Layer):
    def __init__(self, d_model, num_heads, dff, rate = 0.1):
        super(DecoderLayer, self).__init__()

        self.mha1 = MultiHeadAttention(d_model, num_heads)
        self.mha2 = MultiHeadAttention(d_model, num_heads)

        self.ffn = point_wise_feed_forward_network(d_model, dff)

        self.layernorm1 = tf.keras.layers.LayerNormalization(
                                                epsilon = 1e-6)
        self.layernorm2 = tf.keras.layers.LayerNormalization(
                                                epsilon = 1e-6)
        self.layernorm3 = tf.keras.layers.LayerNormalization(
```

```
                                                    epsilon = 1e - 6)

    self.dropout1 = tf.keras.layers.Dropout(rate)
    self.dropout2 = tf.keras.layers.Dropout(rate)
    self.dropout3 = tf.keras.layers.Dropout(rate)
```

基于前面的变量,三个子块应该非常明显。输入通过该层并转换为输出,如 call() 函数中的计算所定义:

```
def call(self, x, enc_output, training,
        look_ahead_mask, padding_mask):
    # enc_output.shape == (batch_size, input_seq_len, d_model)

    attn1, attn_weights_block1 = self.mha1(
        x, x, x, look_ahead_mask)
    # args ^ => (batch_size, target_seq_len, d_model)

    attn1 = self.dropout1(attn1, training = training)
    out1 = self.layernorm1(attn1 + x) # residual

    attn2, attn_weights_block2 = self.mha2(
        enc_output, enc_output, out1, padding_mask)
    # args ^ => (batch_size, target_seq_len, d_model)

    attn2 = self.dropout2(attn2, training = training)
    # (batch_size, target_seq_len, d_model)
    out2 = self.layernorm2(attn2 + out1)

    ffn_output = self.ffn(out2)
    ffn_output = self.dropout3(ffn_output, training = training)
    # (batch_size, target_seq_len, d_model)
    out3 = self.layernorm3(ffn_output + out2)

    return out3, attn_weights_block1, attn_weights_block2
```

第一个子块,也称为屏蔽多头注意力块,使用输出令牌,屏蔽到生成的当前位置。在我们的例子中,输出的是组成标题的令牌。前瞻掩码屏蔽尚未生成的令牌。

注意,该子块不使用编码器的输出。它试图预测下一个令牌与生成的前一个令牌的关系。第二子块使用编码器的输出以及前一子块的输出来生成输出。最后,前馈网络通过对第二子块的输出进行操作来生成最终输出。两个多头部注意力子块都具有它们自己的注意力权重。

我们将解码器定义为由多个解码器层块组成的自定义层。变压器的结构是对称的。编码器和解码器块的数量相同。构造函数首先定义如下：

```python
class Decoder(tf.keras.layers.Layer):
    def __init__(self, num_layers, d_model, num_heads,
                 dff, target_vocab_size,
                 maximum_position_encoding, rate = 0.1):
        super(Decoder, self).__init__()

        self.d_model = d_model
        self.num_layers = num_layers

        self.embedding = tf.keras.layers.Embedding(
                                        target_vocab_size, d_model)
        self.pos_encoding = positional_encoding(
                                maximum_position_encoding,
                                d_model)
        self.dec_layers = [DecoderLayer(d_model, num_heads,
                                        dff, rate)
                           for _ in range(num_layers)]
        self.dropout = tf.keras.layers.Dropout(rate)
```

解码器的输出由 call( ) 函数计算：

```python
def call(self, x, enc_output, training,
         look_ahead_mask, padding_mask):

    seq_len = tf.shape(x)[1]
    attention_weights = {}

    x = self.embedding(x)
    x *= tf.math.sqrt(tf.cast(self.d_model, tf.float32))
    x += self.pos_encoding[:, :seq_len, :]
    x = self.dropout(x, training = training)

    for i in range(self.num_layers):
        x, block1, block2 = self.dec_layers[i](x, enc_output,
                    training, look_ahead_mask, padding_mask)

    attention_weights['decoder_layer{}_block1'.format(i + 1)] =
block1
    attention_weights['decoder_layer{}_block2'.format(i + 1)] =
block2
    # x.shape == (batch_size, target_seq_len, d_model)
    return x, attention_weights
```

代码相当多,Transformer 模型的结构非常优雅。该模型的优点使我们能够堆叠更多的编码器和解码器层,以创建更强大的模型,正如 GPT - 3 最近所展示的那样。让我们将编码器和解码器放在一起创建一个完整的 Transformer 模型。

7.6.5　Transformer 的组成

Transformer 由编码器、解码器和最终密集层(final dense layer)组成,用于生成子字词汇表上的输出令牌分布:

```python
class Transformer(tf.keras.Model):
    def __init__(self, num_layers, d_model, num_heads, dff,
                 target_vocab_size, pe_input, pe_target, rate = 0.1,
                 use_pe = True):
        super(Transformer, self).__init__()

        self.encoder = VisualEncoder(num_layers, d_model,
                                     num_heads, dff,
                                     pe_input, rate, use_pe)

        self.decoder = Decoder(num_layers, d_model, num_heads,
                     dff, target_vocab_size, pe_target, rate)

        self.final_layer = tf.keras.layers.Dense(
                                     target_vocab_size)

    def call(self, inp, tar, training, enc_padding_mask,
             look_ahead_mask, dec_padding_mask):

        # (batch_size, inp_seq_len, d_model)
        enc_output = self.encoder(inp, training, enc_padding_mask)

        # dec_output.shape == (batch_size, tar_seq_len, d_model)
        dec_output, attention_weights = self.decoder(
                               tar, enc_output, training,
                               look_ahead_mask, dec_padding_mask)

        # (batch_size, tar_seq_len, target_vocab_size)
        final_output = self.final_layer(dec_output)

        return final_output, attention_weights
```

这是一个完整的 Transformer 代码的旋风之旅。理想情况下,TensorFlow 中的

Keras 将提供一个更高级的 API，用于定义 Transformer 模型，而无须编写代码。如果感觉需要吸收的知识太多，那么关注掩码和 VisualEncoder，因为它们是与标准 Transformer 架构的唯一偏差。

我们现在已经准备好训练模型。我们将采用与上一章类似的方法，通过设置学习速率退火和检查点进行训练。

7.7　用 VisualEncoder 训练 Transformer 模型

介于此处预期训练约 20 个周期，训练 Transformer 模型可能需要几个小时。最好将训练代码放入文件中，以便可以从命令行运行。请注意，即使只训练 4 个周期，该模型依旧可以显示一些结果。训练代码在 caption-training.py 文件中。在高水平上，在开始训练之前需要执行以下步骤。首先，加载带有字幕和图像名称的 CSV 文件，并附加带有提取图像特征文件的相应路径，同时加载子字编码器（subword encoder）。用编码的字幕和图像特征创建一个 tf.data.Dataset，以便于分批处理，并将它们输入模型进行训练。此处创建了一个损失函数，即用于训练的具有学习速率计划的优化器。自定义训练回路用于训练 Transformer 模型。让我们详细介绍这些步骤。

7.7.1　加载训练数据

以下代码加载我们在预处理步骤中生成的 CSV 文件：

```
prefix = './data/'
save_prefix = prefix + "features/" # for storing prefixes
annot = prefix + 'data.csv'


inputs = pd.read_csv(annot, header = None,
names = ["caption", "image"])
print("Data file loaded")
```

对其中的数据使用我们之前生成并保存到磁盘的子字编码器进行令牌化：

```
cap_tokenizer = \
        tfds.features.text.SubwordTextEncoder.load_from_file(
                                        "captions")


print(cap_tokenizer.encode(
            "A man riding a wave on top of a surfboard.".lower())
)
print("Tokenizer hydrated")
```

```
# Max length of captions split by spaces
lens = inputs['caption'].map(lambda x: len(x.split()))


# Max length of captions after tokenization
# tfds demonstrated in earlier chapters
# This is a quick way if data fits in memory
lens = inputs['caption'].map(
                lambda x: len(cap_tokenizer.encode(x.lower())))
)


# We will set this as the max length of captions
# which cover 99 % of the captions without truncation
max_len = int(lens.quantile(0.99) + 1) # for special tokens
```

生成字幕的最大长度可以容纳 99％的字幕长度。所有字幕都被截断或填充到规定的最大长度：

```
start = ' <s> '
end = ' </s> '
inputs['tokenized'] = inputs['caption'].map(
    lambda x: start + x.lower().strip() + end)


def tokenize_pad(x):
    x = cap_tokenizer.encode(x)
    if len(x) < max_len:
    x = x + [0] * int(max_len - len(x))
    return x[:max_len]


inputs['tokens'] = inputs.tokenized.map(lambda x: tokenize_pad(x))
```

图像功能将持久保存到磁盘。当训练开始时,这些特征需要从磁盘中读取并与编码字幕一起输入。然后将包含图像特征的文件名添加到数据集中：

```
# now to compute a column with the new name of the saved
# image feature file
inputs['img_features'] = inputs['image'].map(lambda x:
                                    save_prefix +
                                    x.split('/')[-1][:-3]
                                    + 'npy')
```

创建一个 tf.data.Dataset,并设置一个映射函数,在枚举批次时读取图像特征：

```
captions = inputs.tokens.tolist()
img_names = inputs.img_features.tolist()

# Load the numpy file with extracted ResNet50 feature

def load_image_feature(img_name, cap):
    img_tensor = np.load(img_name.decode('utf-8'))
    return img_tensor, cap


dataset = tf.data.Dataset.from_tensor_slices((img_train,
                                              cap_train))
# Use map to load the numpy files in parallel
dataset = dataset.map(lambda item1, item2: tf.numpy_function(
    load_image_feature, [item1, item2], [tf.float32, tf.int32]),
    num_parallel_calls = tf.data.experimental.AUTOTUNE)
```

既然数据集已经准备好，我们就可以实例化 Transformer 模型了。

7.7.2　实例化 Transformer 模型

我们将根据层数、注意力头、嵌入维度和前馈单元实例化一个小模型：

```
# Small Model
num_layers = 4
d_model = 128
dff = d_model * 4
num_heads = 8
```

为了便于比较，BERT 基础模型包含以下参数：

```
# BERT Base Model
# num_layers = 12
# d_model = 768
# dff = d_model * 4
# num_heads = 12
```

这些设置在文件中可用，但已注释掉。使用这些设置会降低训练速度并需要大量 GPU 内存。需要设置几个其他参数并实例化 Transformer：

```
target_vocab_size = cap_tokenizer.vocab_size
# already includes start/end tokens
dropout_rate = 0.1
```

```
EPOCHS = 20 # should see results in 4 - 10 epochs also

transformer = vt.Transformer(num_layers, d_model, num_heads, dff,
                             target_vocab_size,
                             pe_input = 49, # 7x7 pixels
                             pe_target = target_vocab_size,
                             rate = dropout_rate,
                             use_pe = False
                             )
```

该模型包含超过 400 万个可训练参数,比我们之前看到的模型要小:

```
Model: "transformer"
_____
Layer (type)                    Output Shape            Param #
=====================================================================
visual_encoder (VisualEncode    multiple                1055360

_____
decoder (Decoder)               multiple                2108544

_____
dense_65 (Dense)                multiple                1058445
=====================================================================
Total params: 4,222,349
Trainable params: 4,222,349
Non - trainable params: 0

_____
```

但是,由于尚未提供输入维度,因此模型总结不可用。一旦我们通过模型运行了一个总结示例,则该模型将可用。

为训练模型创建自定义学习速率计划(custom learning rate schedule)。自定义学习速率调度在模型提高其精度时退火或降低学习速率,从而获得更好的精度。这个过程被称为学习速率衰减(learning rate decay)或学习速率退火(learning rate annealing),在第 5 章中已详细介绍过。

7.7.3 自定义学习速率计划

该速率计划与"Attention Is All You Need"文件中提出的速率计划相同:

```
class CustomSchedule(tf.keras.optimizers.schedules.
LearningRateSchedule):
    def __init__(self, d_model, warmup_steps = 4000):
        super(CustomSchedule, self).__init__()

        self.d_model = d_model
```

```python
        self.d_model = tf.cast(self.d_model, tf.float32)

        self.warmup_steps = warmup_steps
    def __call__(self, step):
        arg1 = tf.math.rsqrt(step)
        arg2 = step * (self.warmup_steps ** -1.5)

        return tf.math.rsqrt(self.d_model) * \
                tf.math.minimum(arg1, arg2)

learning_rate = CustomSchedule(d_model)

optimizer = tf.keras.optimizers.Adam(learning_rate,
                                    beta_1 = 0.9, beta_2 = 0.98,
                                    epsilon = 1e - 9)
```

图 7.13 显示了学习速率计划。

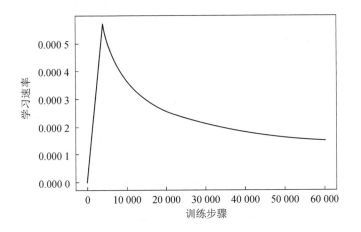

图 7.13　学习速率计划

当训练开始时,损失较高,因此采用较高的学习速率。随着模型学习越来越多,损失开始减少,因此采用较低的学习速率。使用先前的学习速率调度显著加快了训练和收敛。我们还需要一个损失函数来优化。

7.7.4　损失和度量

损失函数基于分类交叉熵(categorical cross-entropy)。这是我们在前几章中使用的常见损失函数。除了损失之外,还定义了一个精度度量来跟踪模型在训练集上的表现。

```
loss_object = tf.keras.losses.SparseCategoricalCrossentropy(
                        from_logits = True, reduction = 'none')


def loss_function(real, pred):
    mask = tf.math.logical_not(tf.math.equal(real, 0))
    loss_ = loss_object(real, pred)

    mask = tf.cast(mask, dtype = loss_.dtype)
    loss_ *= mask

    return tf.reduce_sum(loss_) / tf.reduce_sum(mask)


train_loss = tf.keras.metrics.Mean(name = 'train_loss')
train_accuracy = tf.keras.metrics.SparseCategoricalAccuracy(
                        name = 'train_accuracy')
```

在前几章中也使用了该公式。我们几乎准备好开始训练了。在进入自定义训练功能之前,我们还必须遵循两个步骤。我们需要设置检查点以在出现故障时保存进度,还需要屏蔽编码器和解码器的输入。

7.7.5 检查点和掩码

我们需要为 TensorFlow 指定一个检查点目录以保存进度。此处将使用 CheckpointManager,它自动管理检查点并存储有限数量的检查点(检查点可能相当大)。小型模型的 5 个检查点将占用大约 243 MB 的空间。更大的模型将占用更多空间。

```
checkpoint_path = "./checkpoints/train-small-model-40ep"

ckpt = tf.train.Checkpoint(transformer = transformer,
                        optimizer = optimizer)

ckpt_manager = tf.train.CheckpointManager(ckpt, checkpoint_path,
                        max_to_keep = 5)

# if a checkpoint exists, restore the latest checkpoint.
if ckpt_manager.latest_checkpoint:
    ckpt.restore(ckpt_manager.latest_checkpoint)
    print ('Latest checkpoint restored!!')
```

接下来,必须定义为输入图像和字幕创建掩码的方法:

```
def create_masks(inp, tar):
    # Encoder padding mask - This should just be 1's
    # input shape should be (batch_size, 49, 2048)
    inp_seq = tf.ones([inp.shape[0], inp.shape[1]])

    enc_padding_mask = vt.create_padding_mask(inp_seq)

# Used in the 2nd attention block in the Decoder.
    # This padding mask is used to mask the encoder outputs.
    dec_padding_mask = vt.create_padding_mask(inp_seq)


    # Used in the 1st attention block in the Decoder.
    # It is used to pad and mask future tokens in the input
    # received by the decoder.
    look_ahead_mask = vt.create_look_ahead_mask(tf.shape(tar)[1])
    dec_target_padding_mask = vt.create_padding_mask(tar)
    combined_mask = tf.maximum(dec_target_padding_mask,
                               look_ahead_mask)


    return enc_padding_mask, combined_mask, dec_padding_mask
```

　　输入总是恒定长度,因此输入序列设置为 1。只有解码器使用的字幕被屏蔽。解码器有两种类型的掩码。第一种掩码是填充掩码。由于字幕被设置为最大长度以处理 99% 的字幕(大约需要 22 个令牌),因此任何小于该令牌数的字幕都会在其末尾添加填充掩码。填充掩码有助于将字幕令牌与填充令牌分开。第二种掩码是前瞻掩码,它防止解码器看到将来的令牌或尚未生成的令牌。现在,我们已经准备好训练模型了。

7.7.6　自定义训练

　　与总结模型类似,teacher force 将用于训练。因此,将使用自定义训练功能。首先,我们必须定义一个将在一批数据上进行训练的函数。

```
@tf.function
def train_step(inp, tar):
    tar_inp = tar[:, :-1]
    tar_real = tar[:, 1:]

    enc_padding_mask, combined_mask, dec_padding_mask = create_
masks(inp, tar_inp)

    with tf.GradientTape() as tape:
```

```
            predictions, _ = transformer(inp, tar_inp,
                                          True,
                                          enc_padding_mask,
                                          combined_mask,
                                          dec_padding_mask)
        loss = loss_function(tar_real, predictions)

    gradients = tape.gradient(loss,
                              transformer.trainable_variables)

    optimizer.apply_gradients(zip(gradients,
                                  transformer.trainable_variables))
    train_loss(loss)
    train_accuracy(tar_real, predictions)
```

该方法与总结训练的代码非常相似。我们现在需要做的就是定义周期数和批量大小，并开始训练：

```
# setup training parameters
BUFFER_SIZE = 1000
BATCH_SIZE = 64 # can + / - depending on GPU capacity
# Shuffle and batch
dataset = dataset.shuffle(BUFFER_SIZE).batch(BATCH_SIZE)
dataset = dataset.prefetch(buffer_size = tf.data.experimental.AUTOTUNE)

# Begin Training
for epoch in range(EPOCHS):
    start_tm = time.time()

    train_loss.reset_states()
    train_accuracy.reset_states()

    # inp - > images, tar - > caption
    for (batch, (inp, tar)) in enumerate(dataset):
        train_step(inp, tar)

        if batch % 100 == 0:
            ts = datetime.datetime.now().strftime(
                                      "%d - %b - %Y (%H: %M: %S)")
            print('[{}] Epoch {} Batch {} Loss {:.6f} Accuracy' + \
                '{:.6f}'.format(ts, epoch + 1, batch,
                                    train_loss.result(),
```

```
                                    train_accuracy.result()))

    if (epoch + 1) % 2 == 0:
        ckpt_save_path = ckpt_manager.save()
        print('Saving checkpoint for epoch {} at {}'.format(
                              epoch + 1,
                              ckpt_save_path))

    print('Epoch {} Loss {:.6f} Accuracy {:.6f}'.format(epoch + 1,
                                    train_loss.result(),
                                    train_accuracy.result()))
    print('Time taken for 1 epoch: {} secs\n'.format(
                                    time.time() - start_tm))
```

可以从命令行开始训练：

```
(tf24nlp) $ python caption-training.py
```

此训练可能需要一些时间。在作者的支持 GPU 的机器上，一次训练大约需要 11 min。如果将其与总结模型进行对比，则该模型的训练速度非常快。与包含 1 300 万个参数的总结模型相比，它要小得多，训练速度非常快。这种速度提升是由于缺乏重复性。

> 最先进的摘要模型使用 Transformer 架构和子字编码（subword）。既然您已经学习了 Transformer 的所有部分，那么可以通过试着用编辑 VisualEncoder 来处理文本并将摘要模型重建为 Transformer 来检测自己的掌握程度。然后，您将能够体验这些加速和准确性的提高。

训练时间越长，模型学习效果越好。然而，该模型可以在 5～10 个训练周期内给出合理的结果。一旦训练完成，我们就可以在一些图像上尝试应用模型。

7.8　生成字幕

首先，您需要得到祝贺！您完成了 Transformer 的旋风式实现。我相信您一定已经注意到在前几章中使用的一些常见构建块。由于 Transformer 模型很复杂，我们将其留给本章，先来研究其他技术，如 Bahdanau 注意力、自定义层、自定义速率表、使用 teacher force 的自定义训练和检查点，以便我们在本章中快速涵盖大量内容。当您尝试解决 NLP 问题时，您应该将所有这些构建块视为工具箱的重要部分。

无需进一步讨论，让我们尝试为一些图像添加字幕。同样，我们将使用 Jupyter 笔记本进行推理，以便快速尝试不同的图像。所有用于推理的代码都在 image-captioning-inference. ipynb 文件中。

推理代码需要加载子字编码器、设置掩码、实例化 ResNet50 模型，以从测试图像中提取特征，并一字一字地生成字幕，直到序列结束或达到最大序列长度。让我们一步一步地看这些步骤。

一旦我们完成了适当的导入并可选地初始化了 GPU，就可以加载预处理数据时保存的子字编码器了。

```
cap_tokenizer = tfds.features.text.SubwordTextEncoder.load_from_
file("captions")
```

我们现在必须实例化 Transformer 模型。这是确保参数与检查点参数相同的重要步骤。

```
# Small Model
num_layers = 4
d_model = 128
dff = d_model * 4
num_heads = 8

target_vocab_size = cap_tokenizer.vocab_size # already includes
                                             # start/end tokens

dropout_rate = 0. # immaterial during inference

transformer = vt.Transformer(num_layers, d_model, num_heads, dff,
                     target_vocab_size,
                     pe_input = 49, # 7x7 pixels
                     pe_target = target_vocab_size,
                     rate = dropout_rate
                     )
```

从检查点恢复模型需要优化器，即使我们没有训练模型也是如此。因此，我们将重用训练代码中的自定义调度程序。由于之前提供了此代码，因此此处省略了此代码。对于检查点，此处用了一个训练了 40 个周期的模型，但编码器中没有位置编码。

```
checkpoint_path = "./checkpoints/train-small-model-nope-40ep"

ckpt = tf.train.Checkpoint(transformer = transformer,
                      optimizer = optimizer)

ckpt_manager = tf.train.CheckpointManager(ckpt, checkpoint_path,
                                     max_to_keep = 5)
```

```
# if a checkpoint exists, restore the latest checkpoint.
if ckpt_manager.latest_checkpoint:
    ckpt.restore(ckpt_manager.latest_checkpoint)
    print ('Latest checkpoint restored!!')
```

最后,我们必须为生成的字幕设置掩蔽函数。请注意,由于尚未生成将来的令牌,因此在推理过程中,前瞻掩码实际上没有帮助。

```
# Helper function for creating masks
def create_masks(inp, tar):
    # Encoder padding mask - This should just be 1's
    # input shape should be (batch_size, 49, 2048)
    inp_seq = tf.ones([inp.shape[0], inp.shape[1]])

    enc_padding_mask = vt.create_padding_mask(inp_seq)

    # Used in the 2nd attention block in the Decoder.
    # This padding mask is used to mask the encoder outputs.
    dec_padding_mask = vt.create_padding_mask(inp_seq)

    # Used in the 1st attention block in the Decoder.
    # It is used to pad and mask future tokens in the input received by
    # the decoder.
    look_ahead_mask = vt.create_look_ahead_mask(tf.shape(tar)[1])
    dec_target_padding_mask = vt.create_padding_mask(tar)
    combined_mask = tf.maximum(dec_target_padding_mask,
                                look_ahead_mask)

    return enc_padding_mask, combined_mask, dec_padding_mask
```

推理的主要代码在 evaluate()函数中。该方法将 ResNet50 生成的图像特征作为输入,并使用开始令牌初始化输出字幕序列。然后循环运行,在更新掩码时一次生成一个令牌,直到遇到序列结束令牌或达到字幕的最大长度。

```
def evaluate(inp_img, max_len = 21):
    start_token = cap_tokenizer.encode("<s>")[0]
    end_token = cap_tokenizer.encode("</s>")[0]

    encoder_input = inp_img # batch of 1

    # start token for caption
    decoder_input = [start_token]
```

```
    output = tf.expand_dims(decoder_input, 0)
    for i in range(max_len):
        enc_padding_mask, combined_mask, dec_padding_mask = \
                create_masks(encoder_input, output)

        # predictions.shape == (batch_size, seq_len, vocab_size)
        predictions, attention_weights = transformer(
                                            encoder_input,
                                            output,
                                            False,
                                            enc_padding_mask,
                                            combined_mask,
                                            dec_padding_mask)

        # select the last word from the seq_len dimension
        predictions = predictions[:, -1:, :]

      predicted_id = tf.cast(tf.argmax(predictions, axis=-1),
                            tf.int32)

        # return the result if predicted_id is equal to end token
        if predicted_id == end_token:
            return tf.squeeze(output, axis=0), attention_weights

        # concatenate the predicted_id to the output which is
        # given to the decoder as its input.
        output = tf.concat([output, predicted_id], axis=-1)

    return tf.squeeze(output, axis=0), attention_weights
```

包装方法（wrapper method）用于调用求值方法并打印字幕：

```
def caption(image):
    end_token = cap_tokenizer.encode("</s>")[0]
    result, attention_weights = evaluate(image)

    predicted_sentence = cap_tokenizer.decode([i for i in result
                                        if i > end_token])
    print('Predicted Caption: {}'.format(predicted_sentence))
```

现在剩下的唯一一件事就是实例化一个 ResNet50 模型，以便从动态图像文件中提取特征：

```
rs50 = tf.keras.applications.ResNet50(
    include_top = False,
    weights = "imagenet", # no pooling
    input_shape = (224, 224, 3)
)
new_input = rs50.input
hidden_layer = rs50.layers[-1].output

features_extract = tf.keras.Model(new_input, hidden_layer)
```

最后是验证的时刻。让我们在图像上试用模型。我们将加载图像,为 ResNet50 进行预处理,并从中提取特征:

```
# from keras
image = load_img("./beach - surf.jpg", target_size = (224, 224))
image = img_to_array(image)
image = np.expand_dims(image, axis = 0) # batch of one
image = preprocess_input(image) # from resnet

eval_img = features_extract.predict(image)

caption(eval_img)
```

图 7.14 为示例图像及其字幕。

图 7.14　生成的字幕:A man is riding a surfboard on a wave(一名男子在冲浪)

最终呈现的效果很好。然而,该模型的总体精度在 30 s 以下,仍有很大的改进空间。下一节将讨论最先进的图像字幕技术,并提出一些简单的想法,供您尝试使用。

请注意,得到的结果可能略有不同。如:"A man in a black shirt is riding a surfboard"(一个穿黑衬衫的人骑着冲浪板)。考虑到概率略有差异,并且模型在损失面中停止训练的确切位置不准确,因此这种偏差是符合预期的。在概率领域工作时,有细微的差异很正常。在前几章中,您可能也经历过类似的文本生成和总结代码差异。

图 7.15 显示了更多示例。笔记本中包含了一些生成字幕的成功和失败的例子。

图 7.15　图像及其生成的字幕示例

这些图像都不在训练集中。字幕质量自上而下下降。我们的模型了解特写、蛋糕、人群、沙滩、街道和行李等。然而,最下面的两个例子相互关联,暗示模型中存在一些偏差。在最下面的两张图片中,模型都弄混了性别。

这些图片是特意挑选出来的,展示了一个穿着西装的女人和打篮球的女人。在这两种情况下,模型都在标题中提出了男性。当用一个女网球运动员的照片来测试这个模型时,模型则给出了正确的性别,但它改变了一个女子足球比赛图像中的性别。模型中的偏差是一个非常重要的问题,在图像字幕等模型下,这种偏差非常明显。事实上,2019 年在发现照片中人物的分类和标签存在偏差之后,从 ImageNet 数据库中删除了 60 多万张图像(https://bit.ly/3qk4FgN)。ResNet50 在 ImageNet 上进行预训练。然而,在其他模型中,偏差可能相对更难检测。构建公平的深度学习模型和减少模型中的偏差是 ML 社区的活跃研究领域。

您可能已经注意到,我们跳过了在评估集和测试集上运行模型。这样做一是为了简洁,二也是因为之前已经介绍了这些技术。

关于字幕质量评估指标的简要说明,我们在前几章中看到了 ROUGE 指标。ROUGE-L 仍然适用于图像字幕。您可以使用字幕的心理模型作为图像总结,而不是文本总结中的段落总结。可以有多种方式来表达总结,而 ROUGE-L 试图捕捉意图。还有两种其他常见的报告指标:

① BLEU:Bilingual Evaluation Understudy(双语评估替补),是机器翻译中最流行的度量标准。我们也可以将图像字幕问题视为机器翻译问题。它依赖于 n-gram 来计算预测文本与多个参考文本的重叠,并将结果组合成一个分数。

② CIDEr:Consensus-Based Image Description Evaluation(基于共识的图像描述评估),于 2015 年的一篇同名论文中提出。它试图解决自动评估的困难,因为通过结合 TF-IDF 和 n-gram,多个字幕可能是合理的。该度量试图将模型生成的字幕与人类注释写的多个标题进行比较,并试图基于一致性对它们进行评分。

在结束本章之前,让我们花一点时间讨论如何改进模型性能和目前最先进的模型。

7.9　提高模型的性能以及目前最先进的模型

首先,在讨论最新的模型之前,让我们通过一些简单的实验,使您尝试提高性能。回想一下我们对编码器中输入的位置编码的讨论:加或删除位置编码有助于或阻碍性能。在上一章中,我们实现了用于生成总结的波束搜索算法。您可以调整波束搜索代码,并查看波束搜索结果的改进。

另一种探索途径是 ResNet50。我们使用了预先训练的网络,并没有进一步地进行优化。此处可以构建一个新的架构,使 ResNet 成为该架构的一部分,而不是一个单独的步骤。图像文件被加载,特征作为 VisualEncoder 的一部分从 ResNet50 中提取。ResNet50 层可以从头开始训练,也可以仅在最后几次循环中训练。该想法在 resnet-finetunning.py 文件中已经实现,并供您尝试。

还有一种思路是使用与 ResNet50 不同的对象检测模型,或者使用不同层的输出。您可以尝试更复杂的 ResNet 版本,如 ResNet152,或不同的对象检测模型,如 Facebook 的 Detectron 或其他模型。因为我们的代码是模块化的,因此在代码中使用不同的模型应该很容易。

 当您使用不同的模型提取图像特征时,关键是确保张量维度正确地通过编码器。解码器不需要任何改变。根据模型的复杂性,您可以预处理和存储图像特征,或者动态地计算它们。

此处我们基于最近在 CVPR 发表的一篇题为 *Pixel-BERT* 的论文,直接使用了图像中的像素。而大多数模型则是使用从图像中提取的区域建议,而不是直接使用像素。图像中的对象检测涉及在图像中的该对象周围绘制边界。执行相同任务的另一种方法是将每个像素分类为对象和背景。这些区域建议可以是图像中边界框的形式。最先进的模型使用边界框或区域建议作为输入。

图像字幕的第二大收获来自预训练。回想一下,BERT 和 GPT 是根据特定的预训练目标进行预训练的。模型会因是只有编码器进行预训练还是编码器和解码器都预训练而不同。一个常见的预训练目标是 BERT MLM 任务的一个版本。回想一下,BERT 输入被构造为"[CLS] I1 I2 … In [SEP] J1 J2 … Jk [SEP]",其中来自输入序列的一些令牌被屏蔽。这适用于图像字幕,其中输入中的图像特征和字幕令牌被串联。部分字幕令牌被掩蔽,类似于它们在 BERT 模型中的情况,预训练的目标是让模型能够预测掩蔽令牌。预训练后,CLS 令牌的输出可用于分类或馈送到解码器以生成字幕。必须注意不要在同一数据集上进行预训练,如用于评估的数据集。设置的一个示例可以是使用 Visual Genome 和 Flickr30k 数据集进行预训练,使用 COCO 进行微调(fine-tuning)。

图像字幕是一个活跃的研究领域。一般来说,对多模态网络(multi-modal networks)的研究才刚刚开始。现在,让我们回顾一下本章所学的内容。

7.10 总 结

在深度学习的领域中,已经开发了特定的架构来处理特定的模式。卷积神经网络(Convolutional Neural Networks,CNN)在处理图像方面非常有效,是 CV 任务的标准架构。然而,研究领域正朝着多模态网络(multi-modal networks)的方向发展,它可以接受多种类型的输入,如声音、图像、文本等,并像人类一样进行认知。在回顾了多模态网络之后,我们将目光和语言任务作为一个特定的焦点。这一特定领域存在许多问题,包括图像字幕(image captioning)、可视问答(visual question)、VCR 和文本图像转换(text-to-image)等。

基于我们在前几章关于 seq2seq 架构、自定义 TensorFlow 层和模型、自定义学习计划和自定义训练循环的学习,我们从头开始实现了 Transformer 模型。在撰写本文时,Transformer 是最先进的。我们快速查看了 CNN 的基本概念,以帮助处理事物的图像问题。我们能够建立一个模型,该模型可能无法为每张图片生成大段生动详细的描述文字,但完全能够生成一段可读的字幕。该模型的性能仍然需要改进,我们讨论了一些包括最新的技术在内的可能的改进方法,以供尝试。

　　显然,当深度模型包含大量数据时,它们表现得非常好。BERT 和 GPT 模型显示了对大量数据进行预训练的价值。但仍然很难获得用于预训练或最终调整的高质量标记数据。在自然语言处理领域,我们有大量的文本数据,但没有足够的标记数据。下一章将重点讨论弱监督(weak supervision),以构建分类模型(classification models),该模型可以为预训练甚至在线调整任务标记数据。

第 8 章

基于 Snorkel 分类的弱监督学习

诸如 BERT 和 GPT 之类的模型使用大量未标记数据以及无监督的训练目标，例如用于 BERT 的屏蔽语言模型（Masked Language Model，MLM）或用于 GPT 的下一个词预测模型（next word prediction model），以学习文本的底层结构。少量任务特定数据用于转移学习对预训练模型的微调。这些模型有数亿个参数，相当之大，需要大量数据集进行预训练，并且训练和预训练要求的计算能力也极大。注意，此处我们尝试解决的是缺乏训练数据的关键问题。如果有足够的特定领域的训练数据，那么类似 BERT 的预训练模型的增益不会那么大。在某些领域，如医学，任务特定数据中使用的词汇是该领域的典型词汇。适当增加训练数据可以在很大程度上提高模型的质量。然而，手工标注数据是一项繁琐、资源密集且无法扩展的任务，因为深度学习需要大量的数据才能成功。

我们在本章中讨论了一种基于弱监管概念的替代方法。使用 Snokel 库，我们在几个小时内标记了数以万计的记录，超过了第 3 章中开发的模型的精度。本章包括：

- 弱监督学习概述；
- 生成模型和判别型模型之间的差异概述；
- 使用手工制作的标记数据功能构建基线模型；
- Snorkel 库基础知识；
- 使用 Snorkel 标记功能按比例增加训练数据；
- 使用噪声机器标记数据的训练模型。

理解弱监督学习的概念非常重要，所以让我们先介绍一下。

8.1　弱监督

近年来，深度学习模式取得了令人难以置信的成果。深度学习架构避免了对于特征工程的需要，提供了足够的训练数据。然而，深度学习模型需要大量数据来学习数据的底层结构。一方面,深度学习减少了手工制作功能所需的手动工作;但另一方面,它也显著增加了特定任务对标记数据的需求。在大多数领域中,收集大量高质量的标记数据是一项昂贵且资源密集的任务。

这个问题可以用几种不同的方法解决。在前面的章节中,我们已经了解了如何在为特定任务微调模型之前,使用迁移学习在大型数据集上训练模型。图 8.1 显示了获取标签的这种方法和其他方法。

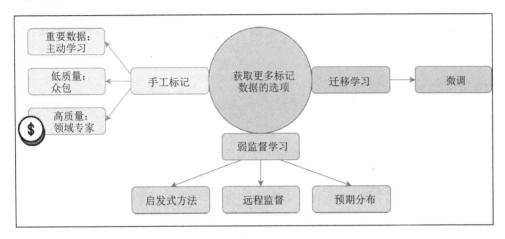

图 8.1　获取更多标记数据的选项

手工标记数据是一种常见的方法。理想情况下,我们有足够的时间和资金雇佣"主题专家"(Subject Matter Experts,SME)来手工标记每一条数据,但这显然是不现实的。不妨以聘请肿瘤专家标记肿瘤检测数据集为例。对于肿瘤专家来说,标记数据的优先级可能远低于治疗肿瘤患者。在以前的一家公司里,我们组织了披萨派对,我们会给人们提供午餐以支付其劳动。在一个小时内,一个人可以标记大约 100 张唱片。在每月 10 个人持续了一年后,最终标记了 12 000 张唱片。该方案对于模型的持续维护非常有用,我们将对未分发或模型信任度较低的记录进行采样。因此,我们采用了主动学习,即在标记时确定记录,这对分类器的性能影响最大。

另一种选择是雇佣非专家但数量更多、价格也更便宜的标记员。这是 Amazon Mechanical Turk Service 所采取的方法。有许多公司提供标签服务。由于标注者不是专家,因此同一记录由多人标注,并且有一些用于确定记录最终标记的机制,如多数票。根据涉及标记所需步骤的复杂性,一个标记商标记一条记录的费用可能从几美分到几美元不等。在预算允许的情况下,该过程将输出一组具有高覆盖率的噪声标记(noisy labels)。但我们仍然需要确定所获取标记的质量,以了解这些标记如何用于最终模型。

弱监督(weak supervision)则试图以不同的方式解决问题。如果(使用启发式)SME 可以在很短的时间内手动标记数千条记录,会怎么样呢? 我们将使用 IMDb 电影评论数据集,并尝试预测评论的情绪。我们曾在第 4 章使用过 IMDb 数据集,并探讨了迁移学习。使用相同的示例来展示转移学习的替代技术是合适的。

> 弱监督技术不仅仅可以替代迁移学习,弱监督技术还有助于创建更大的域特定标记数据集。在没有迁移学习的情况下,较大的标记数据集可以提高模型的性能(即使有来自弱监督的噪声标记)。然而,如果同时使用迁移学习和弱监督,模型性能将会得到更加显著的提高。

用于将评论标记为具有积极情绪的简单启发式函数的示例可以用以下伪代码显示:

```
if movie.review has "amazing acting" in it:
then sentiment is positive
```

虽然这看起来像是我们用例的一个微不足道的例子,但您会惊讶于它的有效性。在更复杂的情况下,肿瘤学家可以提供一些启发式方法,并定义其中一些函数,这些函数可以称为"标记函数"(labeling function)以标记一些记录。这些功能可能相互冲突或重叠,类似于众包标记(crowdsoureced labels)。另一种获取标记的方法是通过远程监督获取。外部知识库,如维基百科,可以用来试探性地标记数据记录。在命名实体识别(NER)用例中,地名录(gazetteer)用于将实体与已知实体列表进行匹配,如第 2 章所示。在实体之间的关系提取中,如"雇员或配偶",可以挖掘实体的维基百科页面以提取关系,并且可以标记数据记录。还有其他获得这些标记的方法,例如使用生成数据的底层分布的透彻知识。

对于给定的数据集,可以有多个标记源。每个众包贴标机(crowdsourced labeler)都是一个来源。每一个启发式函数(heuristic function),如上面所示的"amazing acting"(惊人的行为),也是一个来源。弱监督的核心问题是结合这些多个来源,为最终分类提供足够质量的标签。下一小节将描述模型的关键点。

> 在本章中,领域特定模型被称为"分类器"(classifier),因为我们正在使用的示例是电影评论情感的二元分类。但生成的标记可用于各种特定领域的模型。

具有标记功能的弱监督的内部工作

一些具有低覆盖率和不完全准确度的启发式标记函数可以帮助提高判别型模型(discriminative model)的准确度的想法听起来很神奇。在我们在 IMDb 情感分析数据集上实际看到它之前,本小节提供了一个它如何工作的高级概述。

为了便于解释,我们假设了一个二进制分类问题(该方案适用于任何数量的标记)。二进制分类的标记集为{NEG,POS}。我们有一组未标记的数据点 X,有 m 个样本。

注意,我们无法访问这些数据点的实际标记,但我们可以将生成的标记表示为 Y。假设我们有 n 个标记函数 LF1~LFn,每个标记函数都生成一个标记。此处我们为弱监督额外添加了另一个标记——弃权标记(abstain label)。每个标记函数都可以选择是想要应用标记还是放弃标记。这是弱监督方法的一个重要方面。因此,标记函数生成的标记集被扩展为{NEG,ABSTAIN,POS}。

在这种情况下,我们的目标是训练一个生成模型(generative model),该模型对两件事进行建模:

- 给定标记函数放弃给定数据点的概率;
- 给定标记函数正确地为数据点分配标记的概率。

通过对所有数据点应用所有标记函数,我们生成数据点及其标记的 $m \times n$ 矩阵。数据点 X_i 上启发式 LF$_j$ 生成的标记可以表示为

$$\mathrm{HL}_{i,j} = \mathrm{LF}_j(X_m)$$

生成型模型试图从标记函数之间的一致和不一致中学习参数。

生成模型与判别模型:

如果我们有一组数据 X 和对应于数据的标记 Y,那么我们可以说判别模型试图捕获"条件概率"(conditional probability) $p(Y|X)$,生成模型捕获"联合概率"(joint probability) $p(X,Y)$。生成模型,顾名思义,可以生成新的数据点。我们在第 5 章中看到了生成模型的示例,在其中生成了新闻标题。GANs(Generative Adversarial Networks)(生成对抗网络)和自动编码器(AutoEncoders)是众所周知的生成模型。判别模型标记给定数据集中的数据点。它通过在特征空间中绘制一个平面来实现,该平面将数据点分成不同的类。分类器,如 IMDb 情感评论预测模型,是典型的判别模型。

可以想象,生成模型能够完成更具挑战性的任务,即学习数据的整个底层结构。

生成模型 P_w 的参数权重 w 可通过以下方式估计:

$$\hat{w} = \underset{w}{\mathrm{argmax}} \log \sum_{Y \in \{\mathrm{NEG,POS}\}^m} P_w(\mathrm{HL},Y)$$

并不是说观察到的标记的对数边际可能性将预测标记 Y 排除在外,因此,该生成模型以无监督的方式工作。一旦计算了生成模型的参数,我们就可以预测数据点的标签:

$$\hat{Y}_t = P_{\hat{w}}(Y_i | \mathrm{LF})$$

式中,Y_i 表示基于标记函数的标记,$\hat{Y}_t$ 表示生成模型中的预测标记。这些预测的标记可以被馈送到用于分类的下游判别模型。

这些概念在 Snokel 库中实现。在 2016 年 Neural information Process Systems（神经信息处理系统）会议上发表的一篇同名论文中，Snorkel 库的作者是介绍"Data Programming"（数据编程）方法的关键贡献者。2019 年，Ratner 等人在一篇题为 *Snorkel：rapid training data creation with weak supervision* 的论文中正式介绍了 Snorkel 库。苹果和谷歌已经发表了使用 Snokel 库的论文，分别发表了关于 Overton 和 Snokel Drybell 的论文。通过这些论文，可以深入讨论在弱监督下创建训练数据的数学证明。

尽管基本原理可能很复杂，但使用 Snorkel 标记数据在实践中并不困难。让我们从准备数据集开始。

8.2　使用弱监督标记改进 IMDb 情感分析

IMDb 网站上电影评论的情感分析是分类类型的自然语言处理（NLP）模型的标准任务。我们在第 4 章中使用这些数据来演示 GloVe 和垂直嵌入的迁移学习。IMDb 数据集有 25 000 个训练示例和 25 000 个测试示例。数据集还包括 50 000 篇未标记的评论。在之前的尝试中，我们忽略了这些无监督数据点。添加更多的训练数据将提高模型的准确性。然而，手工标注将是一项耗时且昂贵的工作。我们将使用 Snorkel-powered 的标记函数，看看是否可以在测试集上提高预测的准确性。

8.2.1　预处理 IMDb 数据集

之前，我们使用 tensorflow_datasets 包下载和管理数据集。然而，我们需要对数据进行较低级别的访问，以便能够编写标记函数。因此，第一步是从 Web 下载数据集。

 本章的代码分为两个文件。第一个文件 snorkel-labeling. ipynb，包含使用 Snokel 下载数据和生成标签的代码。第二个文件 imdb-with-snorkel-labels. ipynb，包含用于训练带有或不带有附加标记数据的模型的代码。如果运行代码，那么最好运行 snorkel-labeling. ipynb 文件中所有的代码，以便生成所有标记的数据文件。

数据集在一个压缩存档中可用，可以下载和扩展，如 snokel-labeling. ipynb 所示。

```
(tf24nlp) $ wget https://ai. stanford. edu/~amaas/data/sentiment/aclImdb_
v1.tar.gz
(tf24nlp) $ tar xvzf aclImdb_v1.tar.gz
```

这将扩展 aclImdb 目录中的存档。训练数据和无监督数据位于 train/子目录，而测试数据位于 test/子目录。还有其他文件，但可以忽略。图 8.2 显示了目录结构。

评论作为单独的文本文件存储在叶目录中。每个文件都使用 <review_id> _ <rating> .txt 格式命名。评审标识从 0～24 999 依次编号，用于训练和测试示例。对于无监督数据，最高审查数量为 49 999。

评级是介于 0～9 之间的数字，仅在测试和训练数据中有意义。该数字反映了对某项审查的实际评分。pos/

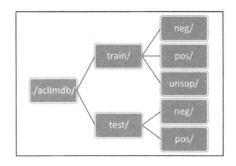

图 8.2　IMDb 数据的目录结构

子目录中所有评论的情绪都是积极的。neg/子目录中的评论意见是负面的。评级 0～4 被视为负面，而评级 5～9 被视为正面。在这个特定示例中，我们不使用实际评级，只考虑整体情绪。

为了便于处理，我们将数据加载到 pandas 数据帧中。定义了一个方便函数，将子目录中的评论加载到数据帧中：

```
def load_reviews(path, columns = ["filename", 'review']):
    assert len(columns) == 2
    l = list()
    for filename in glob.glob(path):
        # print(filename)
        with open(filename, 'r') as f:
            review = f.read()
            l.append((filename, review))
    return pd.DataFrame(l, columns = columns)
```

上述方法将数据加载到两列中———一列用于文件名，另一列用于该文件的文本。使用此方法，加载无监督数据集：

```
unsup_df = load_reviews("./aclImdb/train/unsup/ * .txt")
unsup_df.describe()
```

	filename	review
count	50000	50000
unique	50000	49507
top	./aclImdb/train/unsup/24211_0.txt	Am not from America, I usually watch this show...
freq	1	5

训练和测试数据集使用了一种稍微不同的方法：

```
def load_labelled_data(path, neg = '/neg/',
                       pos = '/pos/', shuffle = True):
    neg_df = load_reviews(path + neg + "*.txt")
    pos_df = load_reviews(path + pos + "*.txt")
    neg_df['sentiment'] = 0
    pos_df['sentiment'] = 1
    df = pd.concat([neg_df, pos_df], axis = 0)
    if shuffle:
        df = df.sample(frac = 1, random_state = 42)
    return df
```

此方法返回三列——文件名、评论文本和情感标签。如果情绪是负面的,则情绪标签为 0;如果情绪是正面的,则情绪标签为 1,这取决于查看的目录。

加载训练数据集:

```
train_df = load_labelled_data("./aclImdb/train/")
train_df.head()
```

	filename	review	sentiment
6 868	./aclImdb/ train// neg/6326_4.txt	If you're in the mood for some dopey light ent...	·0
11 516	./aclImdb/ train// pos/11177_8.txt	*****Spoilers herein***** \ \ What real...	1
9 668	./aclImdb/ train// neg/2172_2.txt	Bottom of the barrel, unimaginative, and pract...	0
1 140	./aclImdb/ train// pos/2065_7.txt	Fearful Symmetry is a pleasant episode with a ...	1
1 518	./aclImdb/ train// pos/7147_10.txt	I found the storyline in this movie to be very...	1

虽然我们不使用原始分数进行情绪分析,但您可以尝试预测分数,而不是自己预测情绪。为了帮助处理原始文件中的分数,可以使用以下代码从文件名称中提取分数:

```
def fn_to_score(f):
    scr = f.split("/")[-1] # get file name
    scr = scr.split(".")[0] # remove extension
    scr = int (scr.split("_")[-1]) #the score
    return scr
train_df['score'] = train_df.filename.apply(fn_to_
score)
```

这将向数据帧中添加一个新的分数列,可以将其用作起点。

通过传递不同的起始数据目录,可以使用相同的方便函数加载测试数据。

```
test_df = load_labelled_data("./aclImdb/test/")
```

加载评论后,下一步是创建分词器。

8.2.2　学习子词分词器

可以使用 tensorflow_datasets 包学习子词分词器。请注意,我们希望在学习此分词器时通过所有训练和无监督审查。

```
text = unsup_df.review.to_list() + train_df.review.to_list()
```

此步骤创建一个 75 000 项的列表。如果检查了评论的文本,则评论中有一些从 IMDb 网站上抓取的 HTML 标签。我们用 Beautiful Soup 来清除这些标签。

```
txt = [ BeautifulSoup(x).text for x in text ]
```

然后,我们学习 8 266 个词条的词汇

```
encoder = tfds.features.text.SubwordTextEncoder.\
          build_from_corpus(txt, target_vocab_size = 2 * *13)
encoder.save_to_file("imdb")
```

此编码器保存到磁盘。学习词汇任务相对耗时,只需要进行一次。将其保存到磁盘可以节省后续代码运行的工作量。

提供了预训练的子词编码器。如果要跳过这些步骤,可以在本章对应的 GitHub 文件夹中找到该编码器,标题为 imdb. subwords。

在使用 Snokel 标记的数据跳转到模型之前,让我们定义一个基线模型,以便我

们可以比较添加弱监督标记前后模型的性能。

8.2.3 BiLSTM 基线模型

为了理解附加标记数据对模型性能的影响,我们需要一个比较点。因此,我们建立了一个 BiLSTM 模型(曾将其作为基线)。数据处理有几个步骤,如令牌化、矢量化和填充/截断数据长度。考虑到该代码已在前面第 3、4 章见过,所以为了完整起见,这里对其进行了复制,并提供了简明的描述。

当训练数据大小为原始数据的 10～50 倍时,Snokel 有效。IMDb 提供了 50 000 个未标记的示例。如果所有这些都被标记,那么训练数据也仅是原始数据的 3 倍,不足以显示 Snorkel 的价值。因此,我们通过将训练数据限制为仅 2 000 条记录来模拟约 18x 比率。其余的训练记录被视为未标记的数据,而 Snokel 用于提供噪声标记。为了防止标记泄漏,我们分割训练数据并存储两个单独的数据帧。此拆分的代码可在 snorkel-labeling.ipynb 笔记本中找到。用于生成拆分的代码片段如下所示:

```
from sklearn.model_selection import train_test_split

# Randomly split training into 2k / 23k sets
train_2k, train_23k = train_test_split(train_df, test_size = 23000,
                                       random_state = 42,
                                       stratify = train_df.sentiment)
train_2k.to_pickle("train_2k.df")
```

分层分割用于确保采样的正负标记数量相等。保存一个包含 2 000 条记录的数据帧。此数据帧用于训练基线。请注意,这可能看起来像是一个人为的例子,但请记住,文本数据的关键特性是其量的庞大,而标记很少。通常,标记的主要障碍是在对更多数据进行标记时所需的庞大工作量。在了解如何标记大量数据之前,让我们先完成基线模型的训练,以便进行比较。

8.2.3.1 令牌化和矢量化数据

我们将训练集中的所有评论令牌化,并截断/填充到最多 150 个令牌。评论通过 Beautiful Soup 传递,以删除所有的 HTML 标记。本小节的所有代码可在 imdb-with-snorkel-labels.ipynb 文件中题为"Training Data Vectorization"的部分中找到。为了简洁起见,这里只显示了特定的代码:

```
# we need a sample of 2000 reviews for training
num_recs = 2000
train_small = pd.read_pickle("train_2k.df")
# we dont need the snorkel column
train_small = train_small.drop(columns = ['snorkel'])
```

```
# remove markup
cleaned_reviews = train_small.review.apply(lambda x: BeautifulSoup(x).
text)
# convert pandas DF in to tf.Dataset
train = tf.data.Dataset.from_tensor_slices(
                       (cleaned_reviews.values,
                        train_small.sentiment.values))
```

令牌化和矢量化通过辅助函数完成，并应用于数据集：

```
# transformation functions to be used with the dataset
from tensorflow.keras.pre-processing import sequence


def encode_pad_transform(sample):
    encoded = imdb_encoder.encode(sample.numpy())
    pad = sequence.pad_sequences([encoded], padding = 'post', maxlen = 150)
    return np.array(pad[0], dtype = np.int64)



def encode_tf_fn(sample, label):
    encoded = tf.py_function(encode_pad_transform,
                             inp = [sample],
                             Tout = (tf.int64))
    encoded.set_shape([None])
    label.set_shape([])
    return encoded, label


encoded_train = train.map(encode_tf_fn,
            num_parallel_calls = tf.data.experimental.AUTOTUNE)
```

测试数据也以类似方式处理：

```
# remove markup
cleaned_reviews = test_df.review.apply(
lambda x: BeautifulSoup(x).text)
# convert pandas DF in to tf.Dataset
test = tf.data.Dataset.from_tensor_slices((cleaned_reviews.values,
                             test_df.sentiment.values))
encoded_test = test.map(encode_tf_fn,
            num_parallel_calls = tf.data.experimental.AUTOTUNE)
```

一旦数据准备就绪，下一步就是建立模型。

8.2.3.2　用 BiLSTM 模型进行训练

创建和训练基线的代码在笔记本的"Baseline Model"部分。创建了一个规模适中的模型，重点是显示无监督标记相对于模型复杂性的收益。此外，更小的模型训练速度更快，允许更多的迭代：

```python
# Length of the vocabulary
vocab_size = imdb_encoder.vocab_size

# Number of RNN units
rnn_units = 64

# Embedding size
embedding_dim = 64

#batch size
BATCH_SIZE = 100
```

该模型使用小的 64 维嵌入和 RNN 单元。创建模型的功能如下：

```python
from tensorflow.keras.layers import Embedding, LSTM, \
                                    Bidirectional, Dense,\
                                    Dropout


dropout = 0.5

def build_model_bilstm(vocab_size, embedding_dim, rnn_units, batch_
size, dropout = 0.):
    model = tf.keras.Sequential([
        Embedding(vocab_size, embedding_dim, mask_zero = True,
                batch_input_shape = [batch_size, None]),
        Bidirectional(LSTM(rnn_units, return_sequences = True)),
        Bidirectional(tf.keras.layers.LSTM(rnn_units)),
        Dense(rnn_units, activation = 'relu'),
        Dropout(dropout),
        Dense(1, activation = 'sigmoid')
    ])
    return model
```

为了使模型更好地泛化，添加了少量的 dropout 层。该模型具有约 700K 个参数。

```
bilstm = build_model_bilstm(
    vocab_size = vocab_size,
    embedding_dim = embedding_dim,
    rnn_units = rnn_units,
    batch_size = BATCH_SIZE)

bilstm.summary()
```

Model: "sequential"

Layer (type)	Output Shape	Param #
embedding_4 (Embedding)	(100, None, 64)	529024
bidirectional_8 (Bidirection	(100, None, 128)	66048
bidirectional_9 (Bidirection	(100, 128)	98816
dense_6 (Dense)	(100, 64)	8256
dropout_6 (Dropout)	(100, 64)	0
dense_7 (Dense)	(100, 1)	65

Total params: 702,209
Trainable params: 702,209
Non－trainable params: 0

该模型使用二进制交叉熵损失函数和 ADAM 优化器进行编译,跟踪准确性、精确度和召回指标。该模型训练了 15 个周期,可以看出该模型是饱和的:

```
bilstm.compile(loss = 'binary_crossentropy',
               optimizer = 'adam',
               metrics = ['accuracy', 'Precision', 'Recall'])

encoded_train_batched = encoded_train.shuffle(num_recs, seed = 42).\
                                     batch(BATCH_SIZE)

bilstm.fit(encoded_train_batched, epochs = 15)
```

Train for 15 steps
Epoch 1/15

```
20/20 [==============================] - 16s 793ms/step - loss: 0.6943
- accuracy: 0.4795 - Precision: 0.4833 - Recall: 0.5940
...
Epoch 15/15
20/20 [==============================] - 4s 206ms/step - loss: 0.0044 -
accuracy: 0.9995 - Precision: 0.9990 - Recall: 1.0000
```

正如我们所看到的,即使在退出正则化之后,模型也会过度拟合到小的训练集。

Batch-and-Shuffle 或 Shuffle-and-Batch

请注意上面片段中的第二行代码,它对数据进行混洗和批处理。先对数据进行混洗,然后进行批处理。在不同时期之间混洗数据是一种正则化形式,使模型能够更好地学习。在 TensorFlow 中,分批处理之前的混洗是要记住的一个关键点。如果数据在混洗之前进行了批处理,则在将数据输入模型时,只会移动批处理的顺序,而各批次的成分在不同时期保持相同。先混洗再批处理,可以确保每批在每个周期中不同。我们鼓励您尝试探究混洗数据对于训练的影响。虽然混洗稍微增加了训练时间,但它在测试集上提供了更好的性能。

让我们看看这个模型对测试数据的影响:

```
bilstm.evaluate(encoded_test.batch(BATCH_SIZE))
```

```
250/250 [==============================] - 33s 134ms/step - loss:
2.1440 - accuracy: 0.7591 - precision: 0.7455 - recall: 0.7866
```

模型的准确率为 75.9%,精度高于召回率。现在我们有了基线,我们可以看到弱监督标记是否有助于提高模型性能。这是下一节的重点。

8.3　带 Snorkel 的弱监督标记

IMDb 数据集有 50 000 条未标记评论,是训练集的 2 倍(25 000 个标记评论)。如 8.2 节所述,除了用于弱监督标记的无监督集之外,我们还从训练数据中保留了 23 000 条记录。通过标记功能在 Snokel 中标记记录。每个标记函数都可以返回标记中一个可能的放弃标记。由于这是一个二进制分类问题,因此定义了相应的常数。还显示了一个示例标记函数。本节的所有代码都可在名为 snokel-labeling.ipynb 的笔记本中找到。

```
POSITIVE = 1
NEGATIVE = 0
ABSTAIN = -1
```

```
from snorkel.labeling.lf import labeling_function
@labeling_function()
def time_waste(x):
    if not isinstance(x.review, str):
        return ABSTAIN
    ex1 = "time waste"
    ex2 = "waste of time"
    if ex1 in x.review.lower() or ex2 in x.review.lower():
        return NEGATIVE
    return ABSTAIN
```

标记函数用 Snorkel 提供的 labeling_function()。请注意,需要安装 Snorkel 库。详细说明可以在本章的子目录的 GitHub 中找到。简而言之,Snorkel 可以通过以下方式安装:

```
(tf24nlp) $ pip install snorkel == 0.9.5
```

因库使用不同版本组件(如 TensorBoard)导致的安全警告均可忽略。更确切地说,您可以为 Snokel 及其依赖项创建单独的 conda/虚拟环境。

> 没有 Snorkel.ai 团队的支持,本章内容是无法实现的。Snorkel.ai 的 Frederic Sala 和 Alexander Ratner 在提供指导和超参数调整脚本以充分利用 Snorkel 方面做出了卓越贡献。

回到标记函数,上面的函数需要数据帧中的一行。该行应该有一个文本 "review"(评论)列。此函数尝试查看评论是否指出电影或节目是浪费时间。如果是,则返回否定标记;否则,它将放弃标记数据行。请注意,我们试图使用这些标记函数在短时间内标记数千行数据。最好的方法是打印一些正面和负面评论的随机样本,并使用文本中的一些词作为标记函数。这里的中心思想是创建大量对于行的子集具有良好精度的函数。此处以训练集中的负面评论为例创建标记函数:

```
neg = train_df[train_df.sentiment == 0].sample(n = 5, random_state = 42)
for x in neg.review.tolist():
    print(x)
```

其中一篇评论以 "A very cheesy and dull road movie"(一部非常低俗和乏味的公路电影)开头,提供了一种可能的标记函数的创建方法:

```
@labeling_function()
def cheesy_dull(x):
    if not isinstance(x.review, str):
        return ABSTAIN
```

```
ex1 = "cheesy"
ex2 = "dull"
if ex1 in x.review.lower() or ex2 in x.review.lower():
    return NEGATIVE
return ABSTAIN
```

负面评论中有许多不同的关键词。此处陈列了部分的负标记函数,完整列表在笔记本中:

```
@labeling_function()
def garbage(x):
    if not isinstance(x.review, str):
        return ABSTAIN
    ex1 = "garbage"
    if ex1 in x.review.lower():
        return NEGATIVE
    return ABSTAIN


@labeling_function()
def terrible(x):
    if not isinstance(x.review, str):
        return ABSTAIN
    ex1 = "terrible"
    if ex1 in x.review.lower():
        return NEGATIVE
    return ABSTAIN


@labeling_function()
def unsatisfied(x):
    if not isinstance(x.review, str):
        return ABSTAIN
    ex1 = "unsatisf" # unsatisfactory, unsatisfied
    if ex1 in x.review.lower():
        return NEGATIVE
    return ABSTAIN
```

将所有负标记功能添加到列表中:

```
neg_lfs = [atrocious, terrible, piece_of, woefully_miscast,
            bad_acting, cheesy_dull, disappoint, crap, garbage,
            unsatisfied, ridiculous]
```

检查负面评论的样本可以给我们很多想法。通常,特定领域的专家仅需要稍稍努力便可以产生多个易于实现的标记函数。如果您看过电影，就数据集而言，您是专家。检查正面评论的样本会产生更多的标记功能。以下是标识评论中积极情绪的标记函数示例：

```python
import re

@labeling_function()
def classic(x):
    if not isinstance(x.review, str):
        return ABSTAIN
    ex1 = "a classic"
    if ex1 in x.review.lower():
        return POSITIVE
    return ABSTAIN


@labeling_function()
def great_direction(x):
    if not isinstance(x.review, str):
        return ABSTAIN
    ex1 = "(great|awesome|amazing|fantastic|excellent) direction"
    if re.search(ex1, x.review.lower()):
        return POSITIVE
    return ABSTAIN

@labeling_function()
def great_story(x):
    if not isinstance(x.review, str):
        return ABSTAIN
    ex1 = "(great|awesome|amazing|fantastic|excellent|dramatic)
(script|story)"
    if re.search(ex1, x.review.lower()):
        return POSITIVE
    return ABSTAIN
```

所有的正标记函数均可以在笔记本中找到。与负标记函数类似，定义了正标记函数的列表：

```python
pos_lfs = [classic, must_watch, oscar, love, great_entertainment,
           very_entertaining, amazing, brilliant, fantastic,
           awesome, great_acting, great_direction, great_story,
           favourite]

# set of labeling functions
lfs = neg_lfs + pos_lfs
```

标记的开发是一个迭代过程。此处显示的标记数量虽大,但大部分都很简单。为了帮助您了解工作量,作者总共花了 3 个小时创建并测试标记函数。

 请注意,笔记本中包含大量的简单标记函数,此处仅显示其中的一个子集。请参考所有标记功能的实际代码。

该过程涉及样本查看、标记函数的创建,以及评估数据子集的结果。检查标记函数与标记示例不一致的示例对于缩小函数范围或添加补偿函数非常有用。所以,让我们看看如何计算这些函数,以便对其进行迭代。

标记函数的迭代

一旦定义了一组标记函数,就可以将它们应用于 pandas 数据帧,并用于训练模型,以便在计算标记的同时计算分配给各种标记函数的权重。Snokel 提供了帮助完成这些任务的功能。首先,让我们应用这些标记函数来计算矩阵。该矩阵的列数与每行数据的标记函数数量一样多:

```python
# let's take a sample of 100 records from training set
lf_train = train_df.sample(n = 1000, random_state = 42)


from snorkel.labeling.model import LabelModel
from snorkel.labeling import PandasLFApplier


# Apply the LFs to the unlabeled training data
applier = PandasLFApplier(lfs)
L_train = applier.apply(lf_train)
```

在上面的代码中,从训练数据中提取 1 000 行数据的样本。然后,将先前创建的所有标记函数的列表传递给 Snokel,并应用于该训练数据样本。如果我们创建25 个标记函数,L_train 的形状将是(1 000,25)。每列表示标记函数的输出。现在可以在此标记矩阵上训练生成模型:

```python
# Train the label model and compute the training labels
label_model = LabelModel(cardinality = 2, verbose = True)
label_model.fit(L_train, n_epochs = 500, log_freq = 50, seed = 123)
lf_train["snorkel"] = label_model.predict(L = L_train,
                                tie_break_policy = "abstain")
```

创建一个 LabelModel 实例时,使用一个参数来指定实际模型中标记的数量。然后训练该模型,并预测数据子集的标记。这些预测标记将作为新列添加到数据帧中。注意传递到 predict()方法中的 tie_break_policy 参数。如果模型具有来自标记函数的冲突输出,并且其模型分数相同,则该参数指定了如何解决冲突。在这里,我们指示模型在发生冲突时避免标记记录。另一种可能的设置是"random"（随机），其中模型将随机分配一个绑定标记函数的输出。在当前问题的背景下，这两个选项之间的主要区别在于精度。通过要求模型放弃标记，我们得到了更高精度的结果，但标记的记录更少。随机选择一个绑定的函数可以提高覆盖率，但质量可能降低。该假设可以通过分别使用两个选项的输出来训练同一模型进行检验。我们鼓励您进行尝试，并亲自查看结果。

由于选择了放弃策略，1 000 行数据可能均未标记：

```
pred_lfs = lf_train[lf_train. snorkel>−1]
pred_lfs. describe()
```

	sentiment	score	snorkel
count	598.000 000	598.000 000	598.000 000

在 1 000 条记录中，只有 458 条被标记。让我们检查其中有多少标记错误：

```
pred_mistake = pred_lfs[pred_lfs. sentiment != pred_lfs. snorkel]
pred_mistake. describe()
```

	sentiment	score	snorkel
count	164.000 000	164.000 000	164.000 000

配备标记函数的 Snokel 标记了 598 条记录，其中 434 条标记正确，164 条标记错误，准确率约为 72.6％。要获得更多标记函数的灵感，可以检查标记模型产生错误结果的行记录，以更新或添加标记函数。如上所述，迭代和创建标记函数总共花费了大约 3 个小时，获得总共 25 个函数。为了获得更多的 Snorkel，我们需要增加训练数据量。我们的目标是找到一种方法，可以在非手动操作的情况下快速获得大量标记。在这种特定情况下可以使用的一种技术是训练简单的 Naïve – Bayes 模型，以获得与正标记或负标记高度相关的单词。这是下一节的重点。"Naïve – Bayes"（NB）是许多 NLP 书籍中所涵盖的基本技术。

8.4　查找关键字的 Naïve – Bayes 模型

在该数据集上构建 NB 模型需要不到一个小时，并有可能显著提高标记函数的质量和覆盖率。NB 模型的核心模型代码可以在 spam-inspired-technique-naive-bayes. ipynb 笔记本中找到。请注意，这些探索与主标记代码无关，如果需要，可以跳过本节，因为本节中的学习将用于构建 snorkel-labeling. ipynb 笔记本中提到的更优的标记函数。

基于 NB 的探索的主要流程是加载评论，删除停止词，取前 2 000 个词构建简单的矢量化方案,并训练 NB 模型。由于数据加载与前几节中所述相同,因此本节将跳过详细信息。

 本节使用 NLTK 和 wordcloud Python 包。
NLTK 应该已经安装。wordcloud 的安装可以使用:(tf24nlp) $ pip-install wordcloud==1.8。

单词云有助于获得对正面和负面评论文本的总体理解。注意,top-2000 字矢量化方案需要计数器。一个方便的函数可以清除 HTML 文本,同时删除停止词,并将其余部分标记为列表,定义如下:

```python
en_stopw = set(stopwords.words("english"))

def get_words(review, words, stopw = en_stopw):
    review = BeautifulSoup(review).text # remove HTML tags
    review = re.sub('[^A-Za-z]', ' ', review) # remove non letters
    review = review.lower()

    tok_rev = wt(review)
    rev_word = [word for word in tok_rev if word not in stopw]
    words += rev_word
```

然后,将正面评论分开,并为实现可视化的目标生成一个词云:

```python
pos_rev = train_df[train_df.sentiment == 1]
pos_words = []
pos_rev.review.apply(get_words, args = (pos_words,))
from wordcloud import WordCloud
import matplotlib.pyplot as plt

pos_words_sen = " ".join(pos_words)
pos_wc = WordCloud(width = 600, height = 512).generate(pos_words_sen)
plt.figure(figsize = (12, 8), facecolor = 'k')
plt.imshow(pos_wc)
plt.axis('off')
plt.tight_layout(pad = 0)
plt.show()
```

上述代码的输出如图 8.3 所示。

毫不奇怪,"movie"(电影)和"film"(电影)是最重要的词汇。然而,在这里可以看到许多关于关键字的其他建议。类似地,可以生成负面评论的词云,如图 8.4 所示。

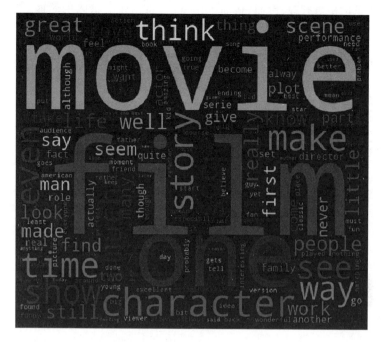

图 8.3　词云的正面评论

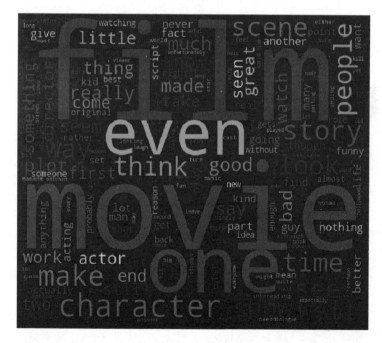

图 8.4　词云的负面评论

这些可视化相当有趣；然而，在训练模型后，将出现更清晰的画面。训练模型只需要前 2 000 个单词：

```
from collections import Counter
pos = Counter(pos_words)
neg = Counter(neg_words)
# let's try to build a naive bayes model for sentiment classification
tot_words = pos + neg
tot_words.most_common(10)
```

```
[('movie', 44031),
 ('film', 40147),
 ('one', 26788),
 ('like', 20274),
 ('good', 15140),
 ('time', 12724),
 ('even', 12646),
 ('would', 12436),
 ('story', 11983),
 ('really', 11736)]
```

组合计数器显示所有评论中出现频率最高的前 10 个词并提取到一个列表中：

```
top2k = [x for (x, y) in tot_words.most_common(2000)]
```

每个评论的矢量化相当简单——2 000 个单词中的每一个都成为给定评论的一列。如果该列表示的单词出现在评论中，则该列的值标记为该评论的 1，否则标记为 0。因此，每个评论都由一系列 0 和 1 表示，表示评论包含的前 2 000 个单词。下面的代码显示了这种转换：

```
def featurize(review, topk = top2k, stopw = en_stopw):
    review = BeautifulSoup(review).text # remove HTML tags
    review = re.sub('[^A-Za-z]', ' ', review) # remove nonletters
    review = review.lower()

    tok_rev = wt(review)
    rev_word = [word for word in tok_rev if word not in stopw]
    features = {}
    for word in top2k:
        features['contains({})'.format(word)] = (word in rev_word)
    return features


train = [(featurize(rev), senti) for (rev, senti) in
        zip(train_df.review, train_df.sentiment)]
```

训练模型非常简单。注意，这里使用 Bernoulli NB 模型，因为每个词都是根据其在评论中的存在或不存在来表示的。或者，也可以使用评论中单词的频率。如果在对上述评论进行矢量化时使用了词的频率，则应使用 NB 的多项式形式。

NLTK 还提供了一种检查信息量最大的特征的方法：

```
classifier = nltk.NaiveBayesClassifier.train(train)
# 0: negative sentiment, 1: positive sentiment
classifier.show_most_informative_features(20)
```

```
Most Informative Features
contains(unfunny) = True          0 : 1      =        14.1 : 1.0
contains(waste) = True            0 : 1      =        12.7 : 1.0
contains(pointless) = True        0 : 1      =        10.4 : 1.0
contains(redeeming) = True        0 : 1      =        10.1 : 1.0
contains(laughable) = True        0 : 1      =        9.3 : 1.0
contains(worst) = True            0 : 1      =        9.0 : 1.0
contains(awful) = True            0 : 1      =        8.4 : 1.0
contains(poorly) = True           0 : 1      =        8.2 : 1.0
contains(wonderfully) = True      1 : 0      =        7.6 : 1.0
contains(sucks) = True            0 : 1      =        7.0 : 1.0
contains(lame) = True             0 : 1      =        6.9 : 1.0
contains(pathetic) = True         0 : 1      =        6.4 : 1.0
contains(delightful) = True       1 : 0      =        6.0 : 1.0
contains(wasted) = True           0 : 1      =        6.0 : 1.0
contains(crap) = True             0 : 1      =        5.9 : 1.0
contains(beautifully) = True      1 : 0      =        5.8 : 1.0
contains(dreadful) = True         0 : 1      =        5.7 : 1.0
contains(mess) = True             0 : 1      =        5.6 : 1.0
contains(horrible) = True         0 : 1      =        5.5 : 1.0
contains(superb) = True           1 : 0      =        5.4 : 1.0
contains(garbage) = True          0 : 1      =        5.3 : 1.0
contains(badly) = True            0 : 1      =        5.3 : 1.0
contains(wooden) = True           0 : 1      =        5.2 : 1.0
contains(touching) = True         1 : 0      =        5.1 : 1.0
contains(terrible) = True         0 : 1      =        5.1 : 1.0
```

整个练习是为了找出对于判断负面和正面评论时最有价值的词汇。上表显示了单词和似然比。以单词"unfunny"的第一行输出为例，该模型表示包含"unfunny"的评论是负面评论的频率，是正面评论的 14.1 倍。使用其中一些关键词来更新标记函数。

在分析由 snorkel-labeling.ipynb 中的标记函数分配的标记后可以看出，与正面评论相比，负面评论更多。因此，与负面标记相比，标记功能中正面标记单词列表包含的单词更多。请注意,不平衡数据集在整体训练精度和召回率方面存在问题。以下代码片段显示了使用通过上述 NB 发现的关键字的增强标记函数:

```
# Some positive high prob words - arbitrary cutoff of 4.5x
'''
contains(wonderfully) = True          1 : 0 = 7.6 : 1.0
contains(delightful) = True           1 : 0 = 6.0 : 1.0
contains(beautifully) = True          1 : 0 = 5.8 : 1.0
contains(superb) = True               1 : 0 = 5.4 : 1.0
contains(touching) = True             1 : 0 = 5.1 : 1.0
contains(brilliantly) = True          1 : 0 = 4.7 : 1.0
contains(friendship) = True           1 : 0 = 4.6 : 1.0
contains(finest) = True               1 : 0 = 4.5 : 1.0
contains(terrific) = True             1 : 0 = 4.5 : 1.0
contains(gem) = True                  1 : 0 = 4.5 : 1.0
contains(magnificent) = True          1 : 0 = 4.5 : 1.0
'''

wonderfully_kw = make_keyword_lf(keywords = ["wonderfully"],
label = POSITIVE)
delightful_kw = make_keyword_lf(keywords = ["delightful"],
label = POSITIVE)
superb_kw = make_keyword_lf(keywords = ["superb"], label = POSITIVE)

pos_words = ["beautifully", "touching", "brilliantly",
"friendship", "finest", "terrific", "magnificent"]
pos_nb_kw = make_keyword_lf(keywords = pos_words, label = POSITIVE)

@labeling_function()
def superlatives(x):
    if not isinstance(x.review, str):
    return ABSTAIN
    ex1 = ["best", "super", "great","awesome","amaz", "fantastic",
           "excellent", "favorite"]
    pos_words = ["beautifully", "touching", "brilliantly",
                 "friendship", "finest", "terrific", "magnificent",
                 "wonderfully", "delightful"]
    ex1 += pos_words
    rv = x.review.lower()
    counts = [rv.count(x) for x in ex1]
    if sum(counts) >= 3:
        return POSITIVE
    return ABSTAIN
```

由于基于关键字的标记函数非常常见,Snokel 提供了定义此类函数的简单方法。以下代码片段使用两种编程方式将单词列表转换为一组标记函数:

```
# Utilities for defining keywords based functions
def keyword_lookup(x, keywords, label):
    if any(word in x.review.lower() for word in keywords):
        return label
    return ABSTAIN


def make_keyword_lf(keywords, label):
    return LabelingFunction(
        name = f"keyword_{keywords[0]}",
        f = keyword_lookup,
        resources = dict(keywords = keywords, label = label),
    )
```

第一个函数执行简单的匹配并返回特定的标记,或者放弃。查看 snorkel-labeling.ipynb 文件,其中包含迭代开发的标记函数的完整列表。总而言之,作者在标记功能和调查上花费了 12~14 h。

在尝试使用该数据训练模型之前,让我们评估整个训练数据集上该模型的准确性。

8.4.1　训练集上弱监督标记的评价

我们应用标记函数并在整个训练数据集上训练模型,以评估该模型的质量:

```
L_train_full = applier.apply(train_df)
label_model = LabelModel(cardinality = 2, verbose = True)
label_model.fit(L_train_full, n_epochs = 500, log_freq = 50, seed = 123)

metrics = label_model.score(L = L_train_full, Y = train_df.sentiment,
                            tie_break_policy = "abstain",
                            metrics = ["accuracy", "coverage",
                                       "precision",
                                       "recall", "f1"])
print("All Metrics: ", metrics)
```

```
Label Model Accuracy: 78.5 %
All Metrics: {'accuracy': 0.7854110013835218, 'coverage': 0.83844,
'precision': 0.8564883605745418, 'recall': 0.6744344773790951, 'f1':
0.7546367008509709}
```

我们的标记函数集覆盖了 25 000 条训练记录中的 83.4%，标记正确率为 85.6%。Snokel 能够分析每个标记函数的性能：

```
from snorkel.labeling import LFAnalysis

LFAnalysis(L = L_train_full, lfs = lfs).lf_summary()
```

	j	Polarity	Coverage	Overlaps	Conflicts
atrocious	0	[0]	0.00816	0.00768	0.00328
terrible	1	[0]	0.05356	0.05356	0.02696
piece_of	2	[0]	0.00084	0.00080	0.00048
woefully_miscast	3	[0]	0.00848	0.00764	0.00504
bad_acting	**4**	**[0]**	**0.08748**	**0.08348**	**0.04304**
cheesy_dull	5	[0]	0.05136	0.04932	0.02760
bad	11	[0]	0.03624	0.03624	0.01744
keyword_waste	12	[0]	0.07336	0.06848	0.03232
keyword_pointless	13	[0]	0.01956	0.01836	0.00972
keyword_redeeming	14	[0]	0.01264	0.01192	0.00556
keyword_laughable	15	[0]	0.41036	0.37368	0.20884
negatives	16	[0]	0.35300	0.34720	0.17396
classic	17	[1]	0.01684	0.01476	0.00856
must_watch	18	[1]	0.00176	0.00140	0.00060
oscar	19	[1]	0.00064	0.00060	0.00016
love	20	[1]	0.08660	0.07536	0.04568
great_entertainment	21	[1]	0.00488	0.00488	0.00292
very_entertaining	22	[1]	0.00544	0.00460	0.00244
amazing	**23**	**[1]**	**0.05028**	**0.04516**	**0.02340**
great	31	[1]	0.27728	0.23568	0.13800
keyword_wonderfully	32	[1]	0.01248	0.01248	0.00564
keyword_delightful	33	[1]	0.01188	0.01100	0.00500
keyword_superb	34	[1]	0.02948	0.02636	0.01220
keyword_beautifully	35	[1]	0.08284	0.07428	0.03528
superlatives	36	[1]	0.14656	0.14464	0.07064
keyword_remarkable	37	[1]	0.32052	0.26004	0.14748

请注意，此处提供了输出的截取版本。笔记本中有完整的输出。对于每个标记函数，该表显示了生成的标记和函数的覆盖范围，即它为其提供标记的记录部分、它与生成相同标记的另一个函数重叠的部分，以及它与生成不同标记的其他函数冲突的部分。正标记和负标记功能高亮显示。bad_ acting()函数覆盖了约 8.7%的记录，但与其他函数重叠的时间约为 8.3%。然而，它与在大约 4.3%的时间内产生正标记的函数冲突。amazing()函数覆盖了大约 5%的数据集，约 2.3%的时间发生冲突。这些数据可用于进一步优化特定函数，并检查我们如何分离数据。图 8.5 显示

了正面、负面和弃权标记之间的平衡：

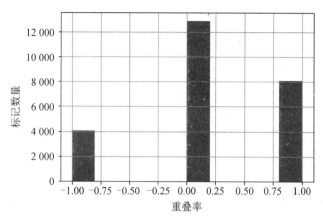

图 8.5　Snorkel 生成的标记分布

　　Snokel 有几个超参数调整选项，可以进一步提高标记质量。我们对参数执行网格搜索以找到最佳训练参数，同时排除在最终输出中添加噪声的标记函数。

　　超参数调整（hyperparameter tuning）是通过选择不同的学习速率、L2 正则化（L2 regularizations）、运行训练的时间段数和使用优化器来完成的。最后，阈值用于确定实际标记任务应保留哪些标记函数：

```
# Grid Search
from itertools import product


lrs = [1e-1, 1e-2, 1e-3]
l2s = [0, 1e-1, 1e-2]
n_epochs = [100, 200, 500]
optimizer = ["sgd", "adam"]
thresh = [0.8, 0.9]
lma_best = 0
params_best = []


for params in product(lrs, l2s, n_epochs, optimizer, thresh):
    # do the initial pass to access the accuracies
    label_model.fit(L_train_full, n_epochs = params[2], log_freq = 50,
                    seed = 123, optimizer = params[3], lr = params[0],
                    l2 = params[1])


    # accuracies
    weights = label_model.get_weights()


    # LFs above our threshold
```

```
    vals = weights > params[4]

    # the LM requires at least 3 LFs to train
    if sum(vals) >= 3:
        L_filtered = L_train_full[:, vals]

        label_model.fit(L_filtered, n_epochs = params[2],
                        log_freq = 50, seed = 123,
                        optimizer = params[3], lr = params[0],
                        l2 = params[1])

        label_model_acc = label_model.score(L = L_filtered,
                                            Y = train_df.sentiment,
                                            tie_break_policy = "abstain")["accuracy"]

        if label_model_acc > lma_best:
            lma_best = label_model_acc
            params_best = params

print("best = ", lma_best, " params ", params_best)
```

Snokel 可能会警告仅能在非弃权标记上计算指标。这是预先设计好来探究高可信度标记的步骤。如果标记函数之间存在冲突，则模型不会进行标记。输出的最佳参数如下：

```
best = 0.8399649430324277 params (0.001, 0.1, 200, 'adam', 0.9)
```

调整后，模型的精度从 78.5％提高到 84％。

利用这些参数，我们标记了来自训练集的 23k 条记录和来自无监督集的 50k 条记录。对于第一部分，我们标记所有 25k 条训练记录并分成两组。上述基线模型部分中提到了拆分的这一特定部分：

```
train_df["snorkel"] = label_model.predict(L = L_filtered,
                        tie_break_policy = "abstain")
from sklearn.model_selection import train_test_split

# Randomly split training into 2k / 23k sets
train_2k, train_23k = train_test_split(train_df, test_size = 23000,
                                        random_state = 42,
                                        stratify = train_df.sentiment)
train_23k.snorkel.hist()
train_23k.sentiment.hist()
```

最后两行代码检查标记的状态，并与实际标记进行对比，生成图如图 8.6 所示。

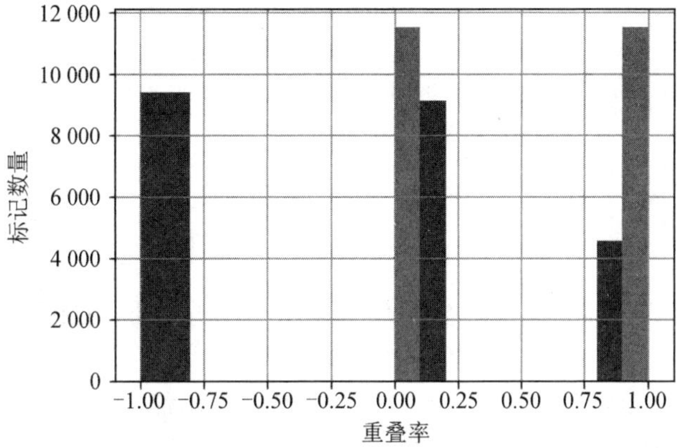

图 8.6　训练集中的标记与使用 Snorkel 生成的标记的比较

当 Snorkel 模型放弃标记时，它会为标记赋值－1。我们看到，该模型能够标记的负面评论远超正面评论。我们筛选出 Snokel 放弃标记的行，并保存记录：

```
lbl_train = train_23k[train_23k.snorkel > -1]
lbl_train = lbl_train.drop(columns = ["sentiment"])
p_sup = lbl_train.rename(columns = {"snorkel": "sentiment"})
p_sup.to_pickle("snorkel_train_labeled.df")
```

然而，我们面临的关键问题是，如果用这些噪声标记（准确率为 84％）来增强训练数据，那么对于模型性能是好是坏呢？请注意，基线模型的准确率约为 74％。

为了回答这个问题，我们标记无监督集，然后训练与基线相同的模型架构。

8.4.2　为未标记数据生成无监督标记

正如我们在上一小节中看到的，我们标记了训练数据集，在数据集的未标记评论上运行模型非常简单：

```
# Now apply this to all the unsupervised reviews
# Apply the LFs to the unlabeled training data
applier = PandasLFApplier(lfs)

# now let's apply on the unsupervised dataset
L_train_unsup = applier.apply(unsup_df)
label_model = LabelModel(cardinality = 2, verbose = True)
label_model.fit(L_train_unsup[:, vals], n_epochs = params_best[2],
                optimizer = params_best[3],
                lr = params_best[0], l2 = params_best[1],
                log_freq = 100, seed = 42)
```

```
unsup_df["snorkel"] = label_model.predict(L = L_train_unsup[:, vals],
                                 tie_break_policy = "abstain")
# rename snorkel to sentiment & concat to the training dataset
pred_unsup_lfs = unsup_df[unsup_df.snorkel > - 1]
p2 = pred_unsup_lfs.rename(columns = {"snorkel": "sentiment"})
print(p2.info())
p2.to_pickle("snorkel - unsup - nbs.df")
```

现在,标记模型被训练,预测被添加到无监督数据集的附加列中。模型标记了 50 000 条记录中的 29 583 条,约等于整个训练数据集。假设无监督集上的错误率与在训练集上观察到的错误率相似,我们只在训练集中添加了约 24 850 条标记正确的记录和约 4 733 条标记不正确的记录。然而,该数据集的平衡非常倾斜,因为正面标记覆盖率仍然很低,大约有 9 000 个正面标记,超过 20 000 个负面标记。笔记本的 "Increase Positive Label Coverage"部分试图通过添加更多关键字函数来进一步提高正面标记的覆盖率。

这会产生一个稍微更平衡的集合,如图 8.7 所示。

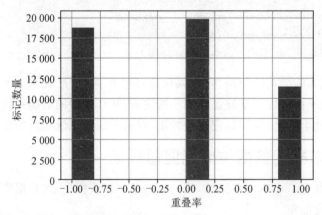

图 8.7 进一步改进了正面标记后应用于无监督数据集的标记函数

此数据集保存到磁盘,以便在训练期间使用:

```
p3 = pred_unsup_lfs2.rename(columns = {"snorkel2": "sentiment"})
print(p3.info())
p3.to_pickle("snorkel - unsup - nbs - v2.df")
```

 标记的数据集保存到磁盘并重新加载到训练代码中,以优化模块化并提高易读性。在生产流水线中,中间输出可能不会持续并直接输入到训练步骤中。这里的另一个考虑是分离 visual/conda 环境以运行 Snorkel。为弱监督标记提供单独的脚本也允许使用不同的 Python 环境。

我们将关注点返回到 imdb-with-snorkel-labels. ipynb 笔记本中(包含用于训练的模型)。本部分的代码从 With Snorkel Labeled Data 的部分开始。新标记的记录需要从磁盘加载、清理、矢量化和填充,然后才能运行训练。我们提取标记的记录并删除 HTML 标记,如下所示:

```
# labelled version of training data split
p1 = pd.read_pickle("snorkel_train_labeled.df")


p2 = pd.read_pickle("snorkel - unsup - nbs - v2.df")
p2 = p2.drop(columns = ['snorkel']) # so that everything aligns


# now concatenate the three DFs
p2 = pd.concat([train_small, p1, p2]) # training plus snorkel
                                      # labelled data
print("showing hist of additional data")


# now balance the labels
pos = p2[p2.sentiment == 1]
neg = p2[p2.sentiment == 0]
recs = min(pos.shape[0], neg.shape[0])
pos = pos.sample(n = recs, random_state = 42)
neg = neg.sample(n = recs, random_state = 42)


p3 = pd.concat((pos,neg))
p3.sentiment.hist()
```

原始训练数据集在正负标记之间保持平衡。然而,使用 Snorkel 标记的数据存在不平衡。我们平衡数据集并忽略带有负标记的多余行。请注意,基线模型中使用的 2 000 条训练记录也需要添加进去,共记 33 914 条训练记录。如前所述,当数据量是原始数据集的 10~50 倍时,它确实会发光。如果再算上 2 000 条训练记录,我们事实上实现了接近 17x 或 18x 的比率。

如图 8.8 所示,负面记录被删除以平衡数据集。接下来,需要使用子词词汇表对数据进行清理和矢量化:

```
# remove markup
cleaned_unsup_reviews = p3.review.apply(
                            lambda x: BeautifulSoup(x).text)
snorkel_reviews = pd.concat((cleaned_reviews, cleaned_unsup_reviews))
snorkel_labels = pd.concat((train_small.sentiment, p3.sentiment))
```

最后,我们将 pandas 数据帧转换为 TensorFlow 数据集,并对其进行矢量化和填充:

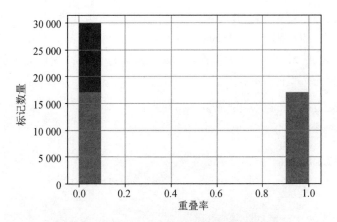

图 8.8　使用 Snorkel 和弱监督后的记录分布

```
# convert pandas DF in to tf.Dataset
snorkel_train = tf.data.Dataset.from_tensor_slices((
                            snorkel_reviews.values,
                            snorkel_labels.values))
encoded_snorkel_train = snorkel_train.map(encode_tf_fn,
                num_parallel_calls = tf.data.experimental.AUTOTUNE)
```

我们已经准备好尝试训练 BiLSTM 模型,看看性能是否在这项任务上有所改善。

8.4.3　基于来自 Snorkel 的弱监督数据训练 BiLSTM

为了保证比较的准确性,我们使用了与基线模型相同的 BiLSTM。我们实例化了一个具有 64 维嵌入、64 个 RNN 单元和批量大小为 100 的模型。该模型使用二进制交叉熵损失和 Adam 优化器。在模型训练过程中,跟踪准确度、精确度和召回率。一个重要的步骤是对每个周期的数据集进行混洗,以帮助模型将误差保持在最小。

这是一个重要的概念。深度模型工作的假设是,损失是一个凸曲面,梯度下降到该曲面的底部。曲面在现实中具有许多局部极小值或鞍点。如果模型在一个小批量中陷入局部极小值,考虑到跨周期的影响,模型将很难走出该值,将一次又一次地接收相同的数据点。混洗数据会改变数据集和模型接收数据的顺序,使得模型能够更快地脱离这些局部极小值,从而更好地学习。本小节的代码在 imdb-with-snorkel-labels.ipynb 文件中:

```
shuffle_size = snorkel_reviews.shape[0] // BATCH_SIZE * BATCH_SIZE
encoded_snorkel_batched = encoded_snorkel_train.shuffle(
                            buffer_size = shuffle_size,
                            seed = 42).batch(BATCH_SIZE,
                            drop_remainder = True)
```

请注意,我们缓存了将成为批处理的一部分的所有记录,以便获得完美的缓冲(以训练速度的稍微降低和更高的内存占用为代价)。此外,由于批处理大小为 100,而数据集有 35 914 条记录,因此我们要删除其余记录。模型进行 20 个周期的训练,比基线模型(baseline model)稍多。基线模型在 15 个时间点出现过拟合,由此看出一味延长训练时间并没有作用。这个模型有更多的数据需要训练,需要更多的时间来学习。

```
bilstm2.fit(encoded_snorkel_batched, epochs = 20)
```

```
Train for 359 steps
Epoch 1/20
359/359 [==============================] - 92s 257ms/step - loss:
0.4399 - accuracy: 0.7860 - Precision: 0.7900 - Recall: 0.7793
...
Epoch 20/20
359/359 [==============================] - 82s 227ms/step - loss:
0.0339 - accuracy: 0.9886 - Precision: 0.9879 - Recall: 0.9893
```

该模型的准确率为 98.9%,和召回率非常接近。在测试数据上评估基线模型的准确率为 76.23%,清楚地表明其对训练数据有过拟合。在评估用弱监督标记训练的模型后,获得以下结果:

```
bilstm2.evaluate(encoded_test.batch(BATCH_SIZE))
```

```
250/250 [==============================] - 35s 139ms/step - loss:
1.9134 - accuracy: 0.7658 - precision: 0.7812 - recall: 0.7386
```

该模型在弱监督噪声标记上训练,精度达到 76.6%,比基线模型高 0.7%。此外,在准确率从 74.5% 上升到 78.1% 的同时,召回率有所下降。该设置中,我们保持了许多变量不变,如模型类型(model type)、退出率(dropout ratio)等。在现实设置中,通过优化模型架构和超参数调整,可以提高精度。还有其他选择可以尝试,如我们之前指示 Snokel 对不确定的内容跳过不标记。

通过将调整为多数票等其他政策,可以进一步增加训练数据量。您还可以尝试在不平衡的数据集上进行训练,并查看其影响。此处的重点在于展示弱监督对于大量增加训练数据量的价值,而不在于构建模型本身。当然,其间所得的经验教训仍有其独特的价值。

花点时间思考一下造成这种结果的原因是很重要的,在整个过程中隐藏着一些重要的深刻教训。第一点经验教训是,对于给定的复杂模型,标记数据越多越好。数据量和模型容量之间存在相关性,模型容量越高,对于处理数据中复杂的关系越有利(模型还需要更大的数据集来了解复杂性)。然而,如果模型保持恒定并具有足够的容量,则标记数据的数量会产生巨大的差异,如上文所示。通过增加标记数据规模来改进模型终究有着极限。Chen Sun 等人于 2017 年在 ICCV 上发表了一篇题为 *Revisiting Unreasonalbe Effectiveness of Data in Deep Learning Era* 的论文,作者研究了数据在计算机视觉领域的作用。研究所得的第一个结果是,随着训练数据的增加,模型的性能呈对数增长;第二个结果是,通过预训练学习表征对下游任务有很大帮助。本章中的技术可以生成更多的数据用于微调(fine-tuning)步骤,这将显著提高微调模型(fine-tuned)的性能。

第二点经验教训是关于机器学习的基础知识——对训练数据集的混洗对模型的性能有着不成比例的影响。在本书中,我们并非总是通过混洗来管理训练时间。对于训练生产模型(production models),重要的是关注基础知识,例如在每个周期之前对数据集进行混洗。

让我们回顾一下本章内容。

8.5 总 结

显然,深度模型在拥有大量数据时表现优异。BERT 和 GPT 模型显示了对大量数据进行预训练的价值。但仍然很难获得用于预训练或在线调整的高质量标记数据。我们使用弱监督的概念结合生成模型(generative models)来廉价地标记数据。通过相对较小的努力,我们便能够将训练数据量乘以 18x。即使额外的训练数据有噪声,BiLSTM 模型仍然能够有效地学习,并比基线模型快 0.6%。

表征学习(representation learning)或预训练(pre-training)使得迁移学习(transfer learning)和微调模型(fine-tuning)在其下游任务中表现良好。然而,在许多领域(如医学),标记数据的数量可能很小或获取成本很高。使用本章中学习的技术,可以轻松快速地扩展训练数据量。构建一个最先进的击败模型(state-of-the-art-beating model)有助于回忆深度学习中的一些基本经验教训,例如,数据量增大是如何提高性能的,以及模型并非越大越好。

现在,我们将注意力转向对话 AI(conversational AI)。构建对话式人工智能系统是一项有很多层的非常具有挑战性的任务。到目前为止,本书所涵盖的材料可以帮助构建聊天机器人的各个部分。下一章将介绍聊天人工智能或聊天机器人系统的关键部分,并概述构建它们的有效方法。

第 9 章

通过深度学习构建聊天 AI 应用程序

谈话交流被认为是人类具有的特质,而实现机器与人类的对话在多年来一直是热门研究话题。艾伦·图灵(Alan Turing)提出了著名的图灵测试(Turing Test),以观察人类是否可以通过书面消息与另一个人和机器进行对话,并识别对话者的身份是机器还是人类。最近,亚马逊的 Alexa 和苹果的 Siri 等数字智能体在聊天人工智能领域取得了长足的进步。本章利用前面章节学到的知识,讨论几种不同的聊天代理。我们将重点介绍最新的深度学习方法,并涵盖以下主题:

① 会话智能体(conversational agents)及其总体架构概述。

② 用于构建会话智能体的端对端管道(end-to-end pipeline)。

③ 不同类型会话智能体的架构,如:

- 问答机器人(question-answering bots);
- 填词或任务导向机器人(slot-filling or task-oriented bots);
- 一般聊天机器人(general conversation bots)。

我们将首先概述会话智能体的一般架构。

9.1 会话智能体概述

会话智能体使用语音或文本与人进行互动交流。Facebook Messenger 是文本型智能体的一个例子,而 Alexa 和 Siri 则是通过语音进行交互的智能体。在任何一种情况下,智能体都需要理解用户的意图并相应地做出响应。因此,智能体的核心部分将是自然语言理解(Natural Language Understanding,NLU)模块。该模块将与自然语言生成(Natural Language Generation,NLG)模块接口,以向用户返回响应。与文本智能体相比,语音智能体具有将语音转换为文本的附加模块,反之亦然。我们可以想象该系统对于语音激活智能具有如图 9.1 所示的概念架结构。

基于语音的系统和基于文本的系统之间的主要区别在于用户如何与系统通信。

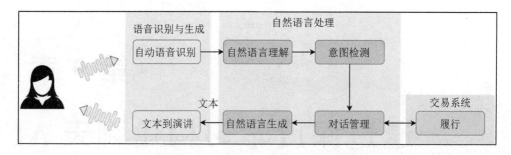

图 9.1　对话式人工智能系统的概念架构

除图 9.1 所示的语音识别与生成部分外,其余部分两种会话人工智能系统都相同。

用户通过语音与智能体进行通信。智能体首先将语音转换为文本。在过去几年里,这一领域取得了许多进展,在英语等主要语言方面,已基本实现语音和文本的转换。

不同英语地区的英语发音、口音等有所区别。因此,像苹果这样的公司为不同的发音开发了不同的模型,例如英国英语、印度英语和澳大利亚英语。图 9.2 显示了装载 iOS 13.6 的 iPhone 11 的 Siri 控制面板上的一些英语和法语口音(法语、德语和其他一些语言也有多种变体)。另一种方法是将口音和语言分类模型作为第一步,然后通过适当的语音识别模型处理输入。

虚拟助理有特定的唤醒字检测模型。该模型的目标是,一旦机器人检测到唤醒词或短语,如"OK Google",就会启动机器人。唤醒词会触发机器人接收话语,直到对话结束。一旦用户的语音被转换成单词,再应用我们在前几章中学到的各种自然语言处理技术就

图 9.2　用于语音识别的 Siri 语言变体

简单多了。图 9.1 中 NLP 框内所示元素的分解可视为概念性的。根据系统和任务,这些组件可以是不同的模型或一个端对端模型(end-to-end model)。然而,考虑逻辑故障是有用的。

理解用户的命令和意图是至关重要的部分。意图识别对于通用系统(如亚马逊的 Alexa 或苹果的 Siri)至关重要,这些系统具有多种用途。特定的对话管理系统可根据识别的意图调用。对话管理可调用由功能设备系统提供的 API。在银行机器人中,命令可能是获取最新余额,负责履行的可能是检索最新余额的银行系统。对话管

理器将处理余额,并使用 NLG 系统将余额转换为适当的句子。请注意,这些系统中的一些是基于规则的系统,而另一些则使用端到端的深度学习。问答系统是端到端深度学习系统(end-to-end deep learning system)的一个示例,其中对话管理和 NLU 是单个单元。

有不同类型的对话式人工智能应用程序。最常见的是:

- 任务导向或插槽填充系统(task-oriented or slot-filling systems);
- 问答(question-answering);
- 机器阅读理解(machine reading comprehension);
- 社交或聊天机器人(social or chit-chat bots)。

以下各小节分别介绍这些类型。

任务导向或插槽填充系统

任务导向系统(task-oriented systems)是专门为满足特定任务而构建的。任务的一些示例包括:订购比萨饼、获取银行账户的最新余额、打电话给某人、发送短信、打开灯,等等。虚拟助理展示的大多数功能都可以归入这一类。一旦识别了用户的意图,控制就转移到管理特定意图的模型,以收集所有信息来执行任务并管理与用户的对话。NER 和 POS 检测模型构成了此类系统的关键部分。假设用户需要在表单中填写一些信息,机器人与用户交互以查找所需信息并完成任务。让我们以订购比萨饼为例。表 9.1 显示了该过程中选择的简化示例。

表 9.1　订购比萨饼

Size(尺寸)	Crust(饼皮)	Toppings(浇头)	Delivery(送货方式)	Quantity(数量)
Small(小)	Thin(薄)	Cheese(起司)	Take-out(到店自取)	1
Medium(中)	Regular(常规)	Jalapeno(墨西哥胡椒)		2
Large(大)	Deep dish (深盘)	Pineapple (菠萝)	Delivery(外卖)	⋮
XL(加大)	Gluten-free(无谷胶)	Pepperoni(意大利辣香肠)		

图 9.3 是一个与机器人对话的虚构示例。

机器人会跟踪所需的信息,并在对话过程中不断标记收到的信息。收集完所有信息后,机器人就可以执行任务。请注意,为了简洁起见,一些步骤(如确认订单或客户询问浇头选项)被排除在外。

在当今世界,像 DialogFlow(Google Cloud 的一部分)和 LUIS(Azure 的一部分)这样的解决方案简化了会话智能体的构建。让我们看看如何使用 DialogFlow 实现一个能够完成上述部分比萨饼订购任务的简单机器人。请注意,本示例保持简单,以简化配置并使用 DialogFlow 的自由层。第一步是导航到 https://cloud. google. com/dialogflow,这是此服务的主页。DialogFlow 有两个版本——Essentials(ES)和 CX。CX 是具有更多功能和控制的高级版本。Essentials 是一个简化版,有一个免费

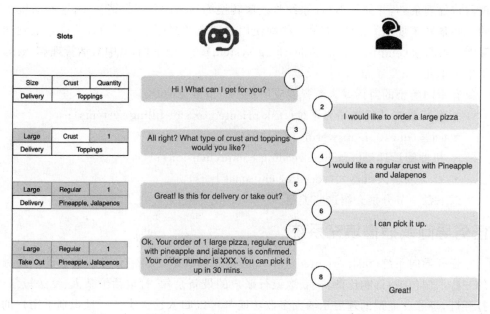

图 9.3　可能的比萨饼订购机器人对话

层,非常适合机器人的试用版。向下滚动页面,以便您可以看到 DialogFlow Essentials 部分,并单击"Go to console"链接,如图 9.4 所示。

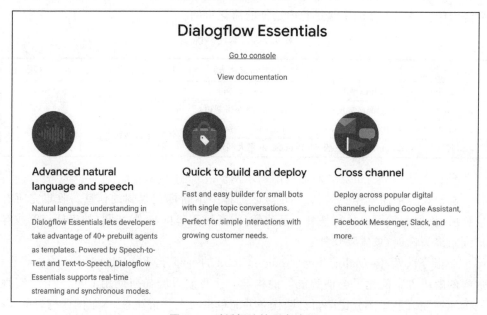

图 9.4　对话框流控制台访问

　　点击"console"可能需要服务授权,您可能需要使用您的 Google Cloud 账户登录。或者,您可以导航到 dialogflow. cloud. google. com/＃/agents 查看已配置智能体的列表。该屏幕如图 9.5 所示。

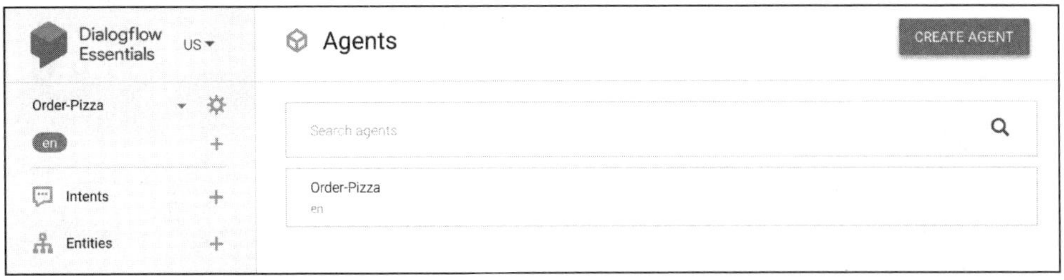

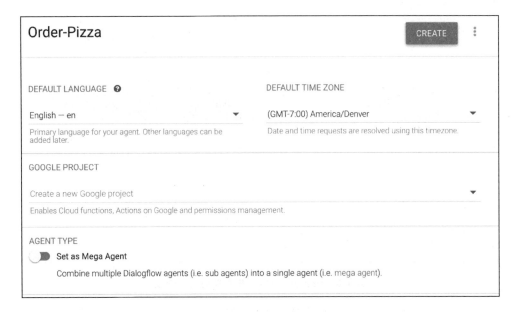

图 9.5　DialogFlow 中的智能体配置

单击右上角的蓝色"CREATE AGENT"按钮可以创建新智能体。如果您看到不同的界面,请检查您是否正在使用 DialogFlow Essentials。您还可以使用此 URL 访问代理部分:https://dialogflow.cloud.google.com/♯/agents。这将显示新智能体配置界面,如图 9.6 所示。

图 9.6　创建新智能体

请注意,这不是 DialogFlow 的全面教程,因此我们将使用几个默认值来说明构建插槽填充机器人的概念。单击"CREATE"将构建一个新的机器人并加载一个界面,如图 9.7 所示。构建机器人的主要部分是定义意图。我们构建机器人的主要目的是订购比萨饼。在创建意图之前,我们将确认几个实体。

这些实体是机器人将在与用户对话时填充的插槽。在这种情况下,我们将定义两个实体——比萨饼的饼皮和尺寸。单击上一界面截图左侧实体旁边的＋号,您将

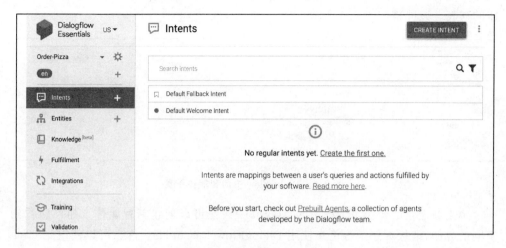

图 9.7　准备配置的主干代理

看到如图 9.8 所示的界面。

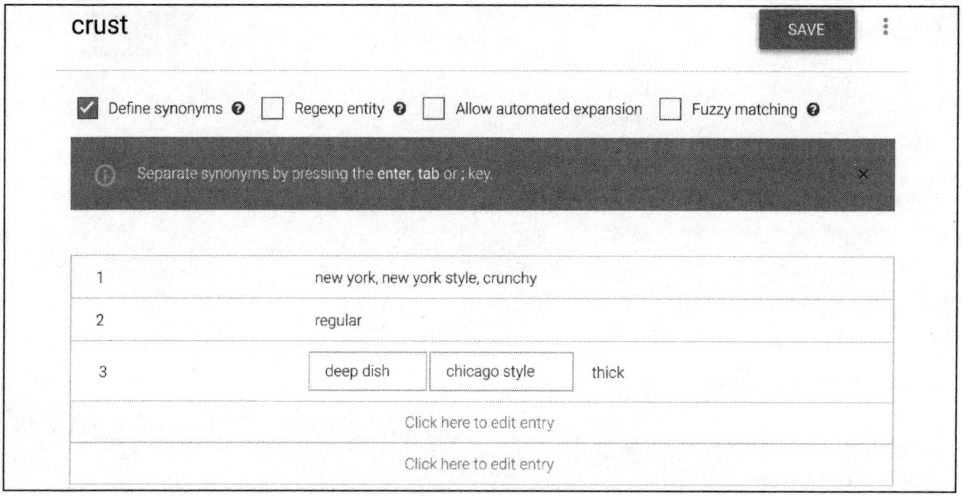

图 9.8　Dialogflow 中饼皮实体的配置选项

图 9.8 中左侧的值表示饼皮实体的值,右侧的多个选项或同义词是用户可以输入或说出的与每个选项相对应的术语。我们将根据表 9.1 配置四个选项。比萨饼的尺寸将单独创建另一个实体。配置的实体如图 9.9 所示。

现在我们已经准备好构建意向。我们将命名此意向为"order(订单)",其将从用户处获得有关饼皮和尺寸的选择。首先,我们需要指定一组将触发此意图的训练短语。这类训练短语的一些例子可以是"I would like to order pizza?(我想点比萨饼)"或"Can I get a pizza(我能点份比萨饼吗?)"。图 9.10 显示了一些已确认的意向训练短语。

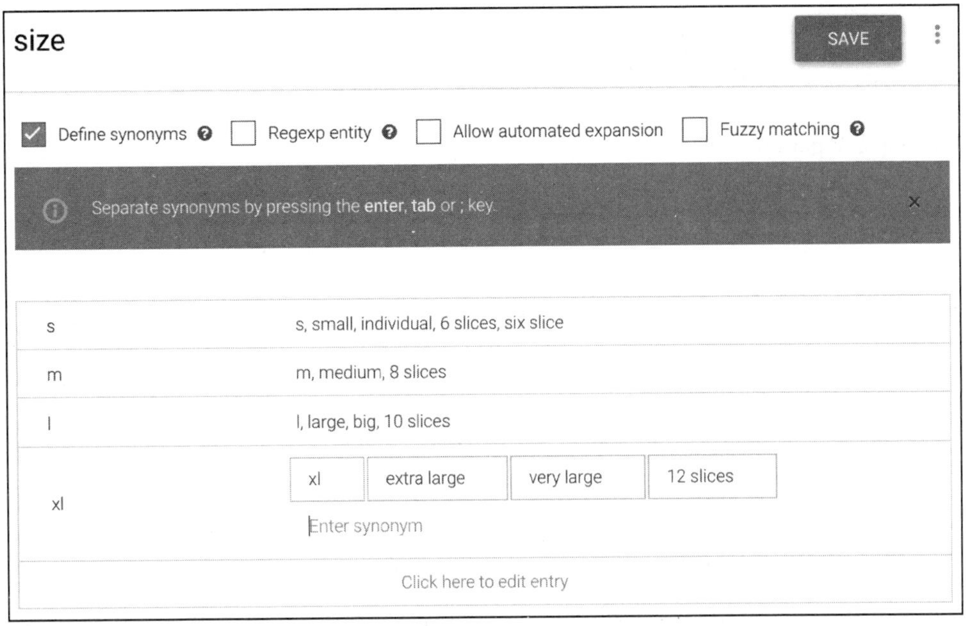

图 9.9　尺寸实体的配置

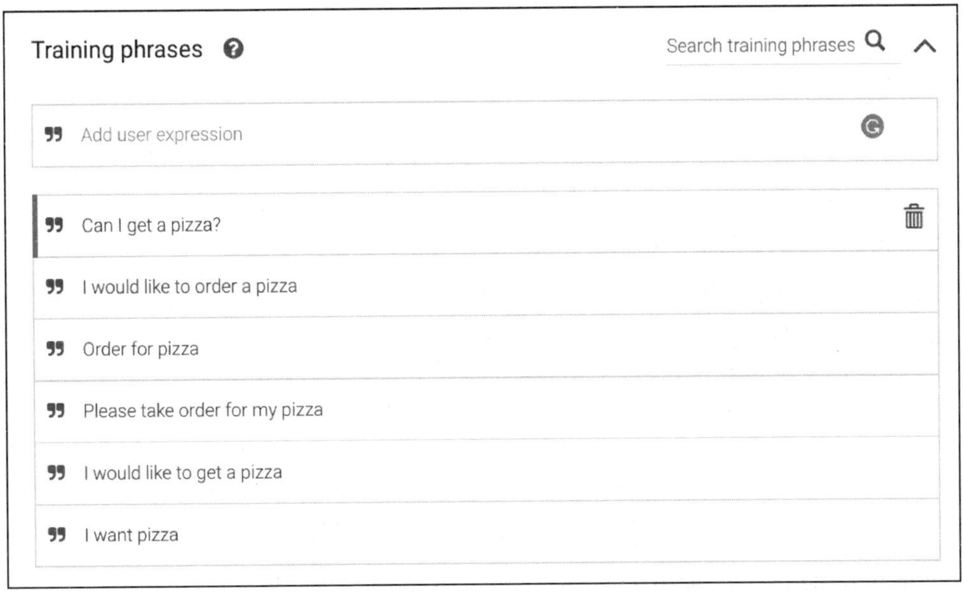

图 9.10　触发订购意图的训练短语

　　图中有许多通过 DialogFlow 简化的隐藏的机器学习和深度学习。例如,该平台可以处理文本输入和语音。这些训练示例是指示性的,并且实际短语不需要直接匹配这些表达式中的任何一个。

下一步是定义用户需要的参数，如图 9.11 所示。此处我们添加了两个参数——尺寸和饼皮。请注意，“ENTITY”列将参数链接到定义的实体及其值。“VALUE”列定义了一个变量名，该变量名可用于将来的会话或基于 API 的集成。

Action and parameters
order-params
REQUIRED
PARAMETER NAME
ENTITY
VALUE
IS LIST
PROMPTS
crust
@crust
$crust
What crust w oul...
size
@size
$size
Define promp ts...
+ New parameter

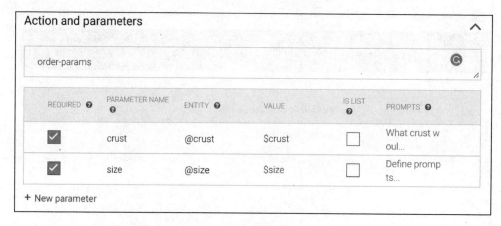

图 9.11　订单意图所需参数

每个参数都需要指定一些提示，智能体将使用这些提示向用户询问信息。图 9.12 显示了尺寸参数的一些示例提示。您可以选择为提示配置短语。

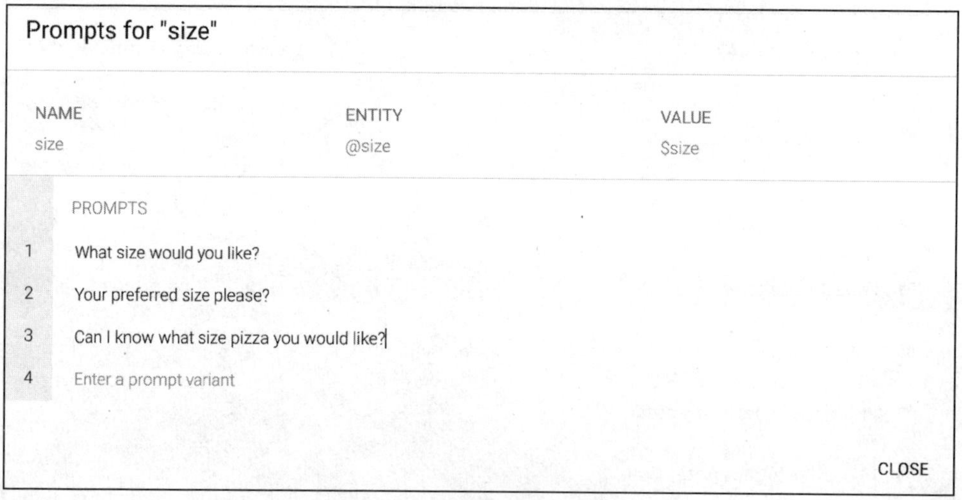

Prompts for "size"
NAME
size
ENTITY
@size
VALUE
$size
PROMPTS
1 What size would you like?
2 Your preferred size please?
3 Can I know what size pizza you would like?
4 Enter a prompt variant
CLOSE

图 9.12　尺寸参数的提示选项

确认意图的最后一步是在收集信息后确认响应。该配置在“Responses”（响应）部分完成，如图 9.13 所示。

注意回复文本中 $ size. original 和 $ crust. original 的使用。当重复订单时，智能体会返回用户在最初订购时使用的选项。最后在我们获得了所需的所有数据后，将此意图设置为对话的结束。我们的机器人已经准备好接受训练和测试。确认训练

Responses
DEFAULT
Text Response
1 You ordered a $crust.original crust pizza of $size.original size. It will be ready soon!
2 Thanks for your order of a $size.original sized pizza with a $crust.original crust. Enjoy!
3 Enter a text response variant
ADD RESPONSES
Set this intent as end of conversation

图 9.13　订单意向的响应配置

短语、操作和参数以及响应后，点击页面顶部的蓝色保存按钮。底部 fulfilment 的部分能将意图与 Web 服务连接以完成意图。可以通过右侧测试机器人。请注意，尽管我们只配置了文本，但 DialogFlow 同时启用了文本和语音界面。此处只演示了文本界面，鼓励您自行尝试语音界面。图 9.14 为显示响应处理和设置变量的对话框示例。

Agent
1
USER SAYS
COPY CURL
hi
DEFAULT RESPONSE
Hello! How can I help you?
INTENT
Default Welcome Intent
ACTION
input.welcome
Agent
2
USER SAYS
COPY CURL
pizza please
DEFAULT RESPONSE
What crust would you like?
CONTEXTS
RESET CONTEXTS
0630cb6f-f5bb-4263-b350-e66a80825710_id_dialog_context
order_dialog_context
order_dialog_params_crust
__system_counters__
INTENT
order
ACTION
order-params
PARAMETER
VALUE
crust
size
Agent
3
USER SAYS
COPY CURL
I would like an extra large pizza
DEFAULT RESPONSE
What crust would you like?
CONTEXTS
RESET CONTEXTS
0630cb6f-f5bb-4263-b350-e66a80825710_id_dialog_context
order_dialog_context
order_dialog_params_crust
__system_counters__
INTENT
order
ACTION
order-params
PARAMETER
VALUE
size
xl
crust

图 9.14　显示响应处理和设置变量的对话框示例

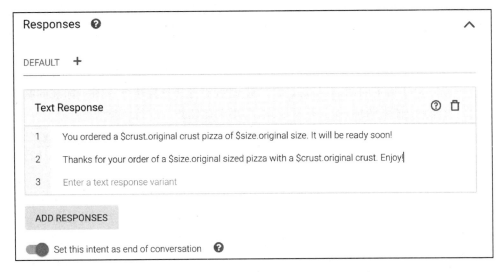

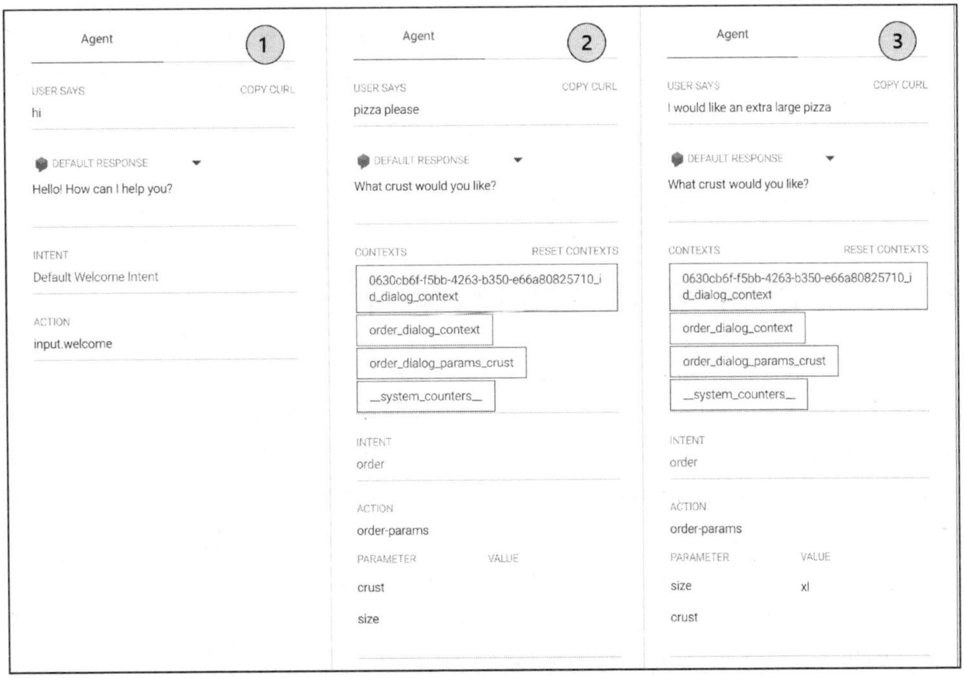

基于云的解决方案使得构建导向任务的会话智能体变得非常容易。然而,为医疗用途等特定领域构建代理时需要自定义构建。让我们看一下此类系统特定部分的选项:

- 意图识别(intent identification):识别意图的最简单方法是将其视为分类问题。对于给定的话语或输入文本,模型需要将其分为几个意图。标准的基于 RNN 的体系结构,如前几章所述,可用于此任务并进行调整。
- 槽位标记(slot tagging):标记句子中用于对应输入的槽位可被视为序列分类问题。这类似于第 2 章中使用的方法,其中命名实体按文本序列进行标记。双向 RNN 模型在这一部分非常有效。

可以为这些部分开发不同的模型,也可以使用对话框管理器(dialog manager)将它们组合为一个端到端模型(end-to-end model)。对话状态跟踪系统可以通过专家生成的一组规则构建,也可以用 CRF 来构建(详见第 2 章)。最新的方法包括 Mrkšić 等人在 2017 年发表的题为 *Neural Belief Tracker:Data-Driven Dialogue State Tracking* 的论文中提出的 Neural Belief Tracker。该系统有 3 个输入:

① 最后的系统输出;

② 最后的用户表达;

③ 来自可能的槽位候选的槽位值对。

这 3 个输入通过文本模型和语义解码模型进行组合,并馈送到二进制决策(softmax)层以产生最终输出。深度强化学习用于优化对话策略。

在 NLG 部分,最常见的方法是定义一组可以动态填充的模板。这种方法如图 9.13 所示。神经方法,如 Wen 等人在 2015 年发表的论文 *Semantically Conditioned LSTM-based Natural Language Generation for Spoken Dialogue Systems* 中提出的语义控制的 LSTM,正在积极研究。

现在,让我们转到会话智能体的另一个有趣领域——问答和机器阅读理解。

9.2 问答和 MRC 会话智能体

可以训练机器人根据知识库(Knowledge Base,KB)中包含的信息回答问题,此设置称为问答设置。另一个相关领域是机器阅读理解(Machine Reading Comprehension,MRC)。在 MRC 中,需要回答一组伴随段落或文档提出的问题。这两个领域都有大量的创业活动和创新。这两种类型的会话智能体都可以启用大量业务用例。将财务报告传递给机器人,并回答与其相关的问题(如财务报告中的收入增加情况)是 MRC 的一个例子。组织拥有大量的数字信息缓存,每天都有新的信息涌入。构建这样的智能体使知识工作者能够快速地处理和解析大量信息。像 Pryon 这样的初创公司正在提供交流型人工智能体,将大量结构化和非结构化数据合并、吸收并整合到统一的知识域中,让用户可以通过自然语言提问来发现信息。

　　KB 通常由主谓宾（subject-predicate-object）三元组组成。主语和宾语是实体，而谓词表示它们之间的关系。KB 可以表示为知识图，其中对象和主题是由谓词边连接的节点。在现实生活中维护这些知识库和图表是一个相当巨大的挑战。大多数深层自然语言处理（deep NLP）方法集中于确定给定的主谓宾三元组（subject-predicate-object triplet）是否为真。通过这种重新表述，问题被简化为二进制分类问题，包括 BERT 模型在内的诸多方法均可用于解决该分类问题。此处的关键是学习知识库的嵌入，然后在此嵌入的基础上构建查询（query）。Dat Nguyen 题为 *A survey of embedding models of entities and relationships for knowledge graph completion*（知识图完成的实体和关系嵌入模型调查）的论文为深入研究提供了极好的有关各种主题的概述。我们将在本节的其余部分重点讨论 MRC。

　　MRC 的目标是回答关于给定段落或文章的各类问题，这些文章内容未知、长度不定，因此相当具有挑战性。用于评估模型的最常见的研究数据集是"Stanford Question Answering Dataset"或简称 SQuAD。该数据集针对不同的维基百科文章提出了共计 100 000 个问题。该模型的目标是从回答问题的文章中输出文本范围。微软基于 Bing 查询发布了一个更具挑战性的数据集。该数据集称为"Machine Reading Comprehension"或 MARCO，该数据集有超过 100 万个匿名问题，从 350 多万份文件中提取了超过 880 万段。该数据集中的一些问题可能无法根据文章回答，而 SQuAD 数据集则不会出现这种情况，这也使得 MARCO 成为一个具有挑战性的数据集。与 SQuAD 相比，MARCO 的第二个挑战性方面是：MARCO 需要通过组合多个段落的信息来生成答案，而 SQuAD 需要标记给定段落的跨度。

　　BERT 及其变体，如在 ICLR 2020 上发布的 *ALBERT：A Lite BERT for Self-supervised Learning of Language Representations*，构成了当今最具竞争力的基线的基础。BERT 体系结构非常适合这项任务，因为它允许传递由 [SEP] 令牌分隔的两段输入文本。BERT 的论文评估了他们在许多任务上的语言模型，包括 SQuAD 任务的表现。问号令牌构成了该对的第一部分，passage/document（文章/文件）构成了该组的第二部分。对应于第二部分（文章）的输出令牌被评分，以区分令牌是表示跨度的开始还是跨度的结束。

　　架构的高级描述如图 9.15 所示。

　　问答的一个多模式模型是 Visual QA，曾在第 7 章中简要介绍过。类似于为图像字幕提出的架构，可以选取图像和文本令牌，用于应对这一挑战。

　　因为用户提出的问题附带有需要回答问题的段落，故上述 QA 设置被称为 single turn。然而，人们的对话是前后对话。这种设置称为 multi-turn dialog（多回合对话）。后续问题可能与对话中先前的问题或答案有关。多回合对话中的挑战之一是共指解析（coreference resolution）。考虑以下对话：

　　人：Can you tell me the balance in my account ♯XYZ?（你能告诉我我账户 ♯XYZ 上的余额吗?）

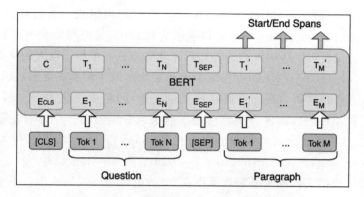

图 9.15　用于 SQuAD 问答的 BERT 微调方法

机器人：Your balance is ＄NNN.（您的余额是＄NNN。）

人：Can you transfer ＄MM to account ♯ABC from that account?（你能从这个账户里转出＄MM 到♯ABC 账户上吗？）

第二条说明中的"that"指的是账户♯XYZ,该账户在第一个问题中提到。这称为共指解析（coreference resolution）。在 multi-turn 中,根据引用之间的距离,解析引用可能相当复杂。在这方面,我们已经取得了一些进展,我们接下来会讲到。

9.3　一般会话智能体

seq2seq 模型为学习多回合一般对话（multi-turn general conversations）提供了最佳灵感。此处可以用机器翻译作为心理模型进行理解。类比成翻译问题,对问题的回答可以认为是将输入翻译成回复的过程。

可以通过传递前一个会话回合的滑动窗口来将更多的文本内容编码到会话中,而不仅仅包括最后的一个会话回合中提出的问题或是陈述。术语"open-domain"（开放域）通常用于描述对话领域不固定的机器人,此类机器人应该能够讨论各种各样的话题。有几个问题是机器人自己的研究课题。

缺乏个性或平淡就是这样一个问题:对话非常枯燥。例如,我们在前几章中已经看到使用温度超参数来调整回复的可预测性。

由于对话中缺乏特定性,会话智能体很容易产生"I don't know（我不知道）"的响应。该问题可通过包括 GANs 在内的多种技术解决。Zhang 等人在 Facebook 上发表的论文 *Personalizing Dialogue Agents* 概述了解决这一问题的一些方法。

两个来自 Google 和 Facebook 的最新例子突出了机器人撰写类人评论（human-like comments）的水平。谷歌发表了一篇题为 *Towards a Human-like Open-Domain Chatbot* 的论文和一个拥有超过 26 亿个参数、名为 Meena 的聊天机器人。该机器人的核心模型是使用 Evolved Transformer（ET）块进行编码和解码的 seq2seq

模型。模型架构在编码器中有 1 个 ET 块,在解码器中有 13 个 ET 块。

　　ET 块是通过 Transformer 架构之上的 Neural Architecture Search,NAS(神经架构搜索)发现的。本书提出了一种新的人类评价指标:"Sensibleness and Specificity Average,SSA)"。当前文献中提出了各种不同的度量标准,用于评估这种标准化程度很低的开放域聊天机器人。

　　Facebook 在 https://ai.Facebook.com/blog/state-of-the-art-open-source-chatbot/上描述了另一个开放域聊天机器人的例子。该文建立在多年研究的基础上,将个性化、移情和 KBs 的工作结合到一个名为 BlenderBot 的混合模型中。类似于谷歌的研究,不同的数据集和基准被用来训练这个聊天机器人。机器人的代码共享在 https://parl.ai/projects/recipes/上,Facebook research 的 ParlAI 在 https://github.com/facebookresearch/ParlAI 上为聊天机器人提供了几个模型。

　　这是一个非常活跃且有许多活动的研究领域。要想对这一领域进行详细且全面的介绍,需要单独用一本书来完成。希望您可以将本书中学到的内容结合起来构建一个堪称惊艳的会话智能体。

9.4　总　　结

　　我们讨论了各种类型的会话智能体,如任务导向、问答、机器阅读理解和一般聊天机器人。构建对话式人工智能系统是一项涉及多个层面、非常具有挑战性的任务,也是一个研究和开发活动非常活跃的领域。本书前面介绍的内容也可以帮助构建聊天机器人的各个部分。

9.5　结　　语

　　首先,恭喜您完成了整本书的阅读与学习。我希望这本书能帮助您在学习高级NLP 模型中打下基础。像这类关于 NLP 模型的书在出版时很可能就已经过时了。但核心是,新的发展是在过去的发展的基础上产生的,例如,Evolved Transformer 是在 Transformer 架构的基础上诞生的。了解本书中介绍的所有模型将为您奠定坚实的基础,并显著减少您理解该领域中新的发展所需的时间。GitHub 存储库中还提供了每章相关的有影响力的论文。我很期待您接下来将发现和构建什么!

第 10 章
代码的安装和设置说明

本章提供了为本书中的代码设置环境的说明：

- 已在 macOS 10.15 和 Ubuntu 18.04.3 LTS 上测试。您可能需要为 Windows 翻译这些说明。
- 仅涵盖 TensorFlow 的 CPU 版本。有关最新的 GPU 安装说明，请参照 https://www.tensorflow.org/install/gpu。强烈建议使用 GPU，它可以大幅缩短复杂模型的训练时间。

安装使用 Anaconda 和 pip。假设 Anaconda 已设置并准备好在您的机器上运行。注意，我们使用了一些新的和不常见的包。这些软件包可能无法通过 conda 获得。在这种情况下，我们将使用 pip。

备注：
- 在 macOS 上：conda 49.2，pip 20.3.1；
- 在 Ubuntu 上：conda 4.6.11，pip 40.0.2。

设置 conda 环境的常见步骤如下：

步骤 1：使用 Python 3.7.5 创建新的 conda 环境。

```
$ conda create - n tf24nlp python = = 3.7.5
```

环境名为 tf24nlp(可任意改名)，并确保在以下步骤中使用该名称。作者喜欢在自己的环境前面加上正在使用的 TensorFlow 版本，如果该环境有 GPU 版本的库，则会加上后缀"g"。我们将使用 TensorFlow 2.4。

步骤 2：激活环境并安装以下软件包：

```
$ conda activate tf24nlp
(tf24nlp) $ conda install pandas = = 1.0.1 numpy = = 1.18.1
```

这将在新创建的环境中安装 NumPy 和 panda 库。

步骤 3：安装 TensorFlow 2.4。我们需要使用 pip 来完成此步。在撰写本书时，TensorFlow 的 conda 分布仍为 2.0。TensorFlow 一直在快速发展。一般来说，conda 发行版略落后于最新版本。

```
(tf24nlp) $ pip install tensorflow == 2.4
```

请注意，这些说明适用于 TensorFlow 的 CPU 版本。有关 GPU 安装说明，请参阅 https://www.tensorflow.org/install/gpu。

步骤 4：安装 Jupyter 笔记本，随时安装最新版本。

```
(tf24nlp) $ conda install Jupyter
```

其余的安装说明是关于特定章节中使用的特定库。如果您无法通过 Jupyter 笔记本安装，您可以从命令行安装它们。

各章的具体说明如下：

第 1 章安装说明

本章的代码在 Google Colab 上运行，无需特殊说明，网址为 Colab.research.Google.com。

第 2 章安装说明

需要安装 tfds 包：

```
(tf24nlp) $ pip install tensorflow_datasets == 3.2.1
```

在接下来的大部分章节中都要用到 tfds。

第 3 章安装说明

① 通过以下命令安装 matplotlib：

```
(tf24nlp) $ conda install matplotlib == 3.1.3
```

更新的版本也可以工作。

② 为 Viterbi 解码安装 TensorFlow 插件包：

```
(tf24nlp) $ pip install tensorflow_addons == 0.11.2
```

请注意，此软件包不可通过 conda 获得。

第 4 章安装说明

本章要求安装 sklearn：

```
(tf24nlp) $ conda install scikit-learn == 0.23.1
```

Hugging Face 的 Transformers 库也需要安装：

```
(tf24nlp) $ pip install transformers == 3.0.2
```

第 5 章安装说明

无要求。

第 6 章安装说明

需要安装用于计算 ROUGE 分数的库：

```
(tf24nlp) $ pip install rouge_score
```

第 7 章安装说明

我们需要 Pillow 库来处理图像。该库是 Python Imaging 库的友好版本。安装如下：

```
(tf24nlp) conda install pillow == 7.2.0
```

TQDM 是一个很好的工具，可以在执行长循环时显示进度条：

```
(tf24nlp) $ conda install tqdm == 4.47.0
```

第 8 章安装说明

需要安装 Snorkel。在撰写本书时，安装的 Snorkel 版本为 0.9.5。请注意，此版本的 Snorkle 使用了旧版本的 Panda 和 TensorBoard。对于本书中的代码，大概率可忽略关于不匹配版本的警告。但是，如果您的环境中仍然存在冲突，那么我建议您创建一个单独的特定于 Snorkel 的 conda 环境。

在该环境中运行标记功能，并将输出存储为单独的 CSV 文件。TensorFlow 训练可以通过切换回 tf24nlp 环境并在其中加载标记数据来运行：

```
(tf24nlp) $ pip install snorkel == 0.9.5
```

我们还将使用 BeautifulSoup 解析文本中的 HTML 标记：

```
(tf24nlp) $ conda install beautifulsoup4 == 4.9
```

本章中有一个可选部分涉及绘制单词云。这需要安装以下软件包：

```
(tf24nlp) $ pip install wordcloud == 1.8
```

请注意，本章还使用 NLTK（第 1 章中安装）。

第 9 章安装说明

无要求。